U0542612

Ego, Hunger and Aggression:
A Revision of Freud's Theory and Method

格式塔治疗丛书
主编 费俊峰

自我、饥饿与攻击：
对弗洛伊德理论与方法的修正

Ego, Hunger and Aggression:
A Revision of Freud's Theory and Method

〔德〕弗雷德里克·皮尔斯（Frederick Perls） 著
韩晓燕 译

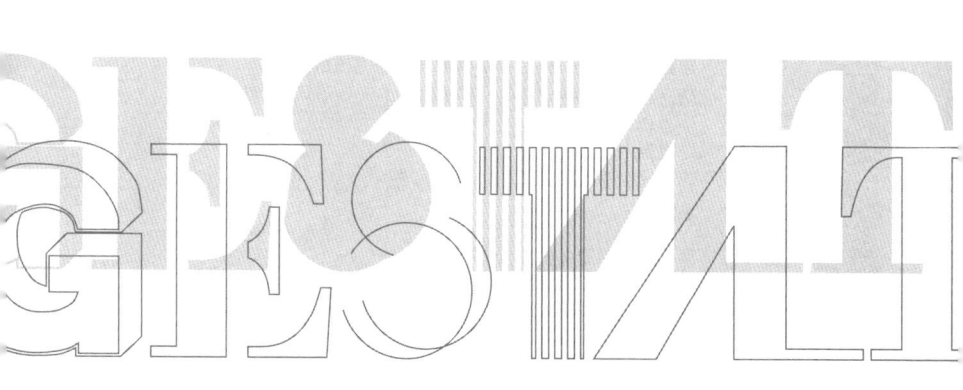

南京大学出版社

图书在版编目(CIP)数据

自我、饥饿与攻击：对弗洛伊德理论与方法的修正 /
(德)弗雷德里克·皮尔斯著；韩晓燕译.—南京：南
京大学出版社，2025.1
(格式塔治疗丛书 / 费俊峰主编)
书名原文：Ego，Hunger and Aggression：A
Revision of Freud's Theory and Method
ISBN 978-7-305-27414-5

Ⅰ.①自… Ⅱ.①弗…②韩… Ⅲ.①完形心理学
Ⅳ.①B84-064

中国国家版本馆 CIP 数据核字(2023)第 225129 号

出版发行 南京大学出版社
社　　址 南京市汉口路 22 号　邮编 210093
丛 书 名 格式塔治疗丛书
丛书主编 费俊峰
书　　名 自我、饥饿与攻击：对弗洛伊德理论与方法的修正
　　　　　ZIWO JI'E YU GONGJI：DUI FULUOYIDE LILUN YU FANGFA DE XIUZHENG
著　　者 (德)弗雷德里克·皮尔斯
译　　者 韩晓燕
责任编辑 陈蕴敏
封面设计 冯晓哲

照　　排 南京紫藤制版印务中心
印　　刷 江苏苏中印刷有限公司
开　　本 635 mm×965 mm　1/16　印张 23.25　字数 291 千
版　　次 2025 年 1 月第 1 版　2025 年 1 月第 1 次印刷
ISBN 978-7-305-27414-5
定　　价 98.00 元

网　　址 http://www.njupco.com
官方微博 http://weibo.com/njupco
官方微信 njupress
销售咨询 (025)83594756

* 版权所有，侵权必究
* 凡购买南大版图书，如有印装质量问题，请与所购
 图书销售部门联系调换

"格式塔治疗丛书"序一
格式塔治疗,存在之方式

[德] 维尔纳·吉尔

我是维尔纳·吉尔(Werner Gill),是一名在中国做格式塔治疗的培训师,也是德国维尔茨堡整合格式塔治疗学院(Institute für Integrative Gestalttherapie Würzburg - IGW)院长。

我学习、教授和实践格式塔治疗已三十年有余。但是我的初恋是精神分析。

二者之间有相似性与区别吗?

格式塔治疗的创始人弗里茨和罗拉,都是开始于精神分析。他们提出了一个令人惊讶的观点:在即刻、直接、接触和创造中生活与工作。

此时此地的我汝关系。

不仅仅是考古式地通过理解生活史来探索因果关系,而是关注当下、活力和具体行动。

成长、发展和治疗,这是接触和吸收的功能,而不仅是内省的功能。

在对我和场的充分觉察中体验、理解和行动,皮尔斯夫妇尊崇这三者联结中的现实原则。

格式塔治疗是一种和来访者及病人在不同的场中工作的方式，也是一种不以探讨对错为使命的存在方式。

现在，我们很荣幸可以为一些格式塔治疗书籍中译本的出版提供帮助，以便广大同行直接获取。

让我们抓住机会迎接挑战。

好运。

（吴艳敏　译）

"格式塔治疗丛书"序二
初　　心

施琪嘉

皮尔斯的样子看上去很粗犷，他早年就是一个不拘泥于小节的问题孩子，后来学医，学戏剧，学精神分析，学哲学。现在看来这些都是为他后来发展出来的格式塔心理治疗准备的。

他满心欢喜地写了精神分析的论文，在大会上遇见弗洛伊德，希望得到肯定和接受。然而，他失望了，因为弗洛伊德对他的论文反应冷淡。据说，这是他离开精神分析的原因。

从皮尔斯留下来的录像中可以看出，他的治疗充满激情，在美丽而神经质的女病人面前大口吸烟，思路却异常敏捷，一路紧追其后地觉察，提问。当病人癫狂发作大吼大叫并且打人毁物时，他安然坐在椅子上，适时伸手摸摸病人的手，轻轻地说，够啦，病人像听到魔咒一样安静下来。

去年全美心理变革大会上，年过九十的波尔斯特（Polster）做大会发言，一名女性治疗师作为客上台演示。她描述了她的神经症症状，波尔斯特说，我年纪大了，听不清楚，请您到我耳边把刚才讲的再说一遍。于是那个治疗师伏在波尔斯特耳边用耳语重复了一遍。波尔斯特又说，我想请您把刚才对我说的话唱出来，那个治疗师愣了一会儿，居然当着全场数千人的面把她想说的话唱了出来。大家看见，短短十几分钟内，那个治疗师的神采出现了巨大的改变。

波尔斯特是皮尔斯同辈人，那一代前辈仍健在的已经寥寥无几，波尔斯特到九十岁，仍然在展示格式塔心理治疗中创造性的无处不在。

格式塔心理治疗结合了格式塔心理学、现象学、存在主义哲学、精神分析、场理论等学派，成为临床上极其灵活、实用和具有存在感的一个流派。

本人在临床上印象最深的一次格式塔心理治疗情景为：一名十五岁女孩因父亲严苛责骂而惊恐发作，经常处于恐惧、发抖、蜷缩的小女孩状态中，我请她在父亲面前把她的恐惧喊出来，她成功地在父亲面前大吼出来。后来她考上了音乐学院，成为一名歌唱专业的学生。

格式塔心理治疗培训之初重点学习的一个概念是觉察，当一个人觉察力提高后，就像热力催开的水一样，具有无比的能量。最大的能量来自内心的那份初心，所以格式塔心理治疗让人回到原初，让事物回归真本，让万物富有意义，从而获得顿悟。

中国格式塔心理治疗经过超过八年的中德合作项目，以南京、福州作为基地，分别培养出六届和四届总计近两百人的队伍，我们任重而道远啊！

2018 年 5 月 30 日

致马克斯·韦特海默

目　录

前言 ……………………………………………… 1
意图 ……………………………………………… 5
第一部分　整体论和精神分析 …………………… 1
对策 ……………………………………………… 3
第一章　差异思维 ……………………………… 4
第二章　心理学取向 …………………………… 20
第三章　有机体及其平衡 ……………………… 28
第四章　现实 …………………………………… 37
第五章　有机体的回答 ………………………… 44
第六章　防御 …………………………………… 50
第七章　好与坏 ………………………………… 55
第八章　神经症 ………………………………… 66
第九章　有机体重组 …………………………… 82
第十章　经典精神分析 ………………………… 93
第十一章　时间 ………………………………… 106
第十二章　过去和未来 ………………………… 113
第十三章　过去和现在 ………………………… 119

第二部分 精神的新陈代谢……127

第一章 饥饿本能……129
第二章 阻抗……135
第三章 内转和文明……144
第四章 精神食物……148
第五章 内摄……155
第六章 奶嘴情结……163
第七章 作为有机体功能的自我……168
第八章 人格分裂……179
第九章 感觉运动阻抗……188
第十章 投射……194
第十一章 偏执型性格的伪代谢……201
第十二章 自大狂-被遗弃情结……209
第十三章 情绪阻抗……215

第三部分 专注治疗……227

第一章 技术……229
第二章 专注和神经衰弱……232
第三章 专注于进食……238
第四章 可视化……249
第五章 现实感……257
第六章 内在静默……264
第七章 第一人称单数……269
第八章 消除内转……274
第九章 身体专注……284
第十章 投射的同化……296
第十一章 消除否定（便秘）……309

第十二章　关于存有自体意识……………………316
第十三章　失眠的意义……………………………323
第十四章　口吃……………………………………328
第十五章　焦虑状态………………………………334
第十六章　杰基尔博士和海德先生………………336

译名对照表…………………………………………343
译后记………………………………………………347

前　言

本书有诸多缺点和不足，我完全明白这一点。因此，我告诫读者您对此要有所预期，尽管我无法为它们的出现而道歉。

如果我能写一本更好的书，我一定会那样去做。如果我讲英语超过 10 年，我的词汇量就会更大，表达方式就会更好。如果我智商更高，就能看到更多的基本结构，并在其他理论和我自己的理论中发现更多的矛盾之处。如果再有 50 到 100 年的经验，我就会使用大量的个案故事，以便对读者产生巨大影响。如果我有更好的记忆力……如果没有战争……等等。

现在有很多"**心理学**"①，每一个学派都至少在某种程度上是正确的。但是，唉，每个学派也都是正义的。在大多数情况下，宽容的**心理学教授**把不同的学派从它们各自的分类里拉出来，讨论它们，表现出他对其中一两个学派的偏爱，但他对它们的融合做得多么少啊！

我试图证明这种性质的事情是可以做到的，如果有人在鸿沟上架起桥梁的话；我只希望能够刺激其他数以百计的心理学家、

---

① 原文表强调的首字母大写词语中译对应以黑体，原文的斜体中译对应以楷体。——译注（本书未标明"译注"的注释皆为原注。）

精神分析学家、精神科医生等去做同样的事情。

在撰写本书的过程中，我得到了来自很多书籍、朋友和老师的帮助、激发与鼓励，但最重要的是我的妻子洛尔·皮尔斯[①]博士，我和她讨论了本书中提出的问题，许多问题得以澄清，她为本书做出了宝贵的贡献，比如，对奶嘴态度（dummy attitude）的描述。

多亏了K. 戈尔德施泰因（K. Goldstein）教授，我才第一次认识格式塔心理学。遗憾的是，1926年，当我在法兰克福神经病学研究所（Frankfurt Neurological Institute）为他工作时，我还沉浸在正统的精神分析方法之中，没有吸收他提供给我的知识的任何一部分。

是W. 赖希（W. Reich）第一次将我的注意力引向心身医学（psycho-somatic medicine）最重要的一个方面——作为一种铠甲（armour）的运动系统功能。

最后，感谢我的朋友们帮助我克服了语言上的困难，也感谢他们在技术上的帮助。

自从几年前我写了本书的手稿以来，更多的实践工作证明了我在本书中提出的理论，但这些理论只是一个开始。目前我从事的研究工作主要是一般情况下精神病患者图形-背景（figure-background）现象的失调，以及特殊情况下**精神分裂症**的结构。要说会取得什么样的成果为时过早，但看起来似乎会有所收获。因此，我希望，在不太遥远的将来，我能够阐明这一神秘的疾病。

因此，就目前而言，我将本书作为对有机体（心身）医学的

[①] 即罗拉·皮尔斯，她婚前姓名为洛尔·波斯纳（Lore Posner）。——译注

贡献，这是向最终目标——一个涵盖所有生理和心理现象的整合理论——迈出的一步。尽管我们离这个目标还很遥远，但我们现在知道它确实存在，而且它可以通过目前存在的所有不同学派的综合与合作来实现，但在这种综合之前，必须无情地清除所有仅仅是假设的想法，特别是那些已经僵化、一成不变的信念的假设，那些在一些人心目中已成为现实而不具弹性的理论假设，以及那些仍然有待于反复检验的假设。

这份手稿写于 1941/1942 年。当读者拿到本书时，许多关于严峻的政治和军事局势的文献都已经过时了，但在其特定的情境脉络中仍然是相关的。

F. S. 皮尔斯
1944 年 12 月于南非 134 军事医院

意 图

> 精神分析牢固地建立在对精神生活事实的观察之上,由于这个原因,其上层建筑仍然是不完整的,并受到不断的改变。
>
> ——西格蒙德·弗洛伊德

本书的目的是在环境中考察人类有机体的一些心理和心理病理学反应。

本书的中心思想是有机体努力维持一种平衡的理论,这种平衡不断受到其自身需要的干扰,并通过满足或消除需要来重新获得。

个人与社会之间的困难会导致犯罪和神经症的产生,神经症的特点是有多种逃避行为,主要是逃避接触。

如果不考虑攻击问题,就无法理解个人与社会之间以及社会群体之间存在的关系。

在目前这场战争中,没有哪个词比"攻击"用得更多,也没有哪个词比"攻击"更遭人鄙视。大量书籍得以出版,它们不仅谴责攻击,而且试图找到补救办法,但对攻击的分析及其意义都未能得到充分澄清,就连劳施宁(Rauschning)对攻击的生物学基础也只是浅谈辄止。另一方面，为治愈攻击开出的药方总是同样老套无效的镇压手段：理想主义和宗教。

尽管弗洛伊德警告说，被压抑的能量不仅不会消失，而且如果被转移到地下，甚至可能变得更危险、更有效，但我们尚未学到任何关于攻击的动力学。

当我开始研究攻击的本质时，我越来越确信没有攻击这种能量，攻击是一种生物功能，在我们这个时代已经变成了集体精神错乱的工具。

然而，通过使用新的知识工具整体论（场概念）和语义学（意义的意义），我们的理论观点现在可以得到极大的改善。关于集体攻击，恐怕我无法给出一个实际的补救办法。

采用整体-语义的取向，而不是从纯粹心理学的视角来看待神经症和攻击性，揭示了一些即使是发展得最好的心理学方法——即精神分析——的缺陷。

精神分析强调**无意识**和性本能的重要性，强调过去和因果关系的重要性，强调联想、移情和压抑的重要性，但它低估或忽视了**自我**（Ego）和饥饿本能的功能，低估或忽视了现在和目的性的功能，低估或忽视了专注、自发反应和内转（retroflection）的功能。

在填补了这些空隙，并考察了很难拿捏的精神分析术语如力比多、死亡本能和其他术语之后，第二部分将处理精神同化和偏执狂性格，新的概念将在更大范围内得以阐明。

第三部分是对一种因理论观点的改变而产生的治疗方法进行详细说明。由于逃避被视为神经症障碍的主要症状，我用逃避-专注的矫正方法来代替自由联想或异想天开的方法。

第一部分

整体论和精神分析

对 策

> 有些书可以浅尝辄止，有些书可以囫囵吞下，而少数书需要细嚼慢咽，慢慢消化。
>
> ——培根

这本书恐怕不能囫囵吞下。相反，你们——读者先生和读者女士——越愿意细嚼慢咽，就越能吸收并从中受益。但是，你可能会发现很多部分难以把握，而且只有在你将一些内容的概念作为一个整体时，你才能够去理解它们。把这本书至少读两遍可能是明智的。

读第一遍的时候，不要为那些不能马上理解的部分——主要是前两章——而烦恼。把它想象成一次穿越云山的旅行，如果你在这里或那里看到一座山峰穿过云雾，在朦胧的背景下看到一个地标，你就会感到满足了。

在最后一部分中，你会发现一些你可能会喜欢的练习。如果你认为本书有意义，对培养专注力、智力和享受生活有帮助，那就开始研读它，细细咀嚼每一个部分，直到你"拥有它"。这意味着仅仅凭借你的智力去理解它是不够的，你可以用你的整个有机体去消化吸收它，直到你能看到真相（或现实，因为除了现实没有别的真相）。

第一章
差异思维

想要了解自己和自己同类的强烈愿望，促使各个时代的年轻知识分子向伟大的哲学家寻求关于人类人格的信息。有些人取得了令他们满意的看法，但仍然有许多人不甚满意并感到失望。他们要么觉得学术哲学和心理学不够现实，要么感到自卑、愚钝，显然无法掌握如此复杂的哲学和科学概念。

在我自己的生活中，有很长一段时间，我属于那种感兴趣却不能从学术哲学和心理学的研究中获得任何益处的人，直到我读到西格蒙德·弗洛伊德的著作，他当时还完全不属于学术科学和心理学，还有弗里德伦德尔（Friedlaender）的"**创造性中立**"（Creative Indifference）哲学观点。

弗洛伊德指出，人类创造了**哲学**、**文化**和**宗教**，为了解开关于我们存在的一些谜团，我们必须从人的角度出发，而不是像所有宗教和许多哲学家所主张的那样，从任何外部因素出发。观察者与被观察到的事实之间的相互依赖，正如当今科学所假定的那样，已经被弗洛伊德的发现完全证实了。因此，他的体系也不应该把他自己这个创作者排除在外。

在弗洛伊德的研究中，几乎所有人类活动领域都是富有创造性的，或者至少都是令人振奋的。为了理清许多被观察到的事实之间的关系，他提出了许多理论，这些理论共同构成了第一个真正的结构心理学体系。一方面因为弗洛伊德所建立的体系材料不够充分，另一方面因为存在着一定的个人复杂性，而那时我们已经获得了很多新的科学洞见，所以可以尝试去加强精神分析系统的结构，该结构的不完整甚至不完善是最显而易见的：

(1) 在处理心理事实时，把它们当作与有机体分离而存在；
(2) 运用线性联想心理学作为四维系统的基础；
(3) 忽视分化（differentiation）现象。

在对精神分析的这一修正中，我打算：

(1) 用有机体的概念取代心理的概念（第一部分第八章）；
(2) 用格式塔心理学取代联想心理学（第一部分第二章）；
(3) 在 S. 弗里德伦德尔的"**创造性中立**"基础上应用差异思维。

差异思维与辩证理论有其相似之处，却没有其形而上学的含义。因此，它很好地避免了对这个主题的激烈讨论（对于辩证的方法和哲学，许多读者可能要么充满热情，要么颇为反感），但又保留辩证思维的精髓。

辩证方法可能会被误用，而且经常被误用：有时人们甚至会倾向于认同康德的观点，即辩证法是一种诡辩、闲谈——一种态度，然而，这并不妨碍康德自己运用辩证思维。

黑格尔的辩证唯心主义是一种试图用其他形而上学概念取代上帝的哲学尝试，对此我们有很多话要反驳。马克思的唯物辩证法是进步的，但不是一种解决方法。他把科学研究与一厢情愿的想法相结合，同样也没有达到辩证现实主义。

我打算在作为一个哲学概念的辩证法与黑格尔和马克思哲学中发现并应用的某些规则的有用性之间做出明确的区分，这些规则与我们所说的"差异思维"大致上是一致的。就我个人而言，我的观点是，在许多情况下，差异思维是一种获得新的科学洞见的途径，它会使其他智力方法（如因果思维）失效。

许多读者不太会对一本以相当理论化的讨论开篇、探讨实践心理学问题的书感兴趣，尽管他需要对贯穿全书的某些基本概念有所了解。虽然这些概念的实际价值只有通过不断重复的应用才能显现出来，但他至少应该从一开始就知道它们的大致结构。这种方法还有一个更大的优势：以前人们普遍认为，科学家观察一些事实，并从中得出结论。然而，我们现在已经认识到，每个人的观察都受到特定利益、先入为主的观念以及一种常常是无意识的态度的支配，据此收集和选择事实。换句话说，客观科学是不存在的，因为每个作者都有自己的主观观点，所以每一本书都取决于作者的思维方式。相较于其他科学，心理学中的观察者与所观察到的事实更密不可分。如果我们能弄明白观察者所获得的最全面、最完整视角的切入点，就能找到最确切的方向。我相信 S. 弗里德伦德尔已经发现了这样一个视角。

弗里德伦德尔在他的《创造性中立》（Creative Indifference）一书中提出了一个理论，即每一件事都与一个分化为对立面的零点有关。这些对立面在其特定的脉络中彼此之间表现出极大

第一章　差异思维

的密切关系。通过在中间保持警惕，我们可以获得一种创造性能力，即看到一个事件的两面，并完成一个不完整的一半。通过避免片面的观点，我们可以对有机体的结构和功能有一个更深刻的认识。

我们可以从下面的例子中得到一个初步的方向。看看这 6 个生物的群体：一个愚蠢的人（i）、一个普通的"正常"公民（n）、一个杰出的政治家（s）、一只乌龟（t）、一只猫（c）和一匹赛马（r），我们立刻意识到他们把自己分成了两类——人类和动物，在生命的无数的特征中，每个群体都有一个特定的特质：i、n 和 s 表现出不同程度的智力，t、c 和 r 则体现出不同的速度——他们在智力或速度上彼此"不同"。如果我们对他们进一步分类，就可以很容易地建立一个顺序：人们将发现 n 的智商高于 i，s 的智商高于 n，就像 c 的速度大于 t，r 的速度大于 c 一样（s＞n＞i；r＞c＞t）。

现在我们可以选择更多的动物和人类——每一个在选择的特征上都略有不同，我们可以测量差异，我们甚至可以用微积分来弥合差距，但最后我们会谈到数学和心理学的不同之处。

数学语言不知道"慢"和"快"，只知道"更慢"和"更快"，但在心理学中，我们用"慢""快""愚蠢"或"聪明"这样的术语。这些术语都是从"正常"的视角构想出来的，这个视角有别于那些并非由于不同寻常而给我们留下印象的事件。从我们的主观观点来看，我们对"不构成区别/差异"的一切都漠不关心，这些事在我们身上唤起的兴趣是"零"。

这个"零"有双重意义，既是起点，又是中心。在原始部落和孩子们的计数中，零是一行的开始，0、1、2、3 等等——在算术中，它是正/负系统的中间，它是在正和负方向上有两个分支的一个零点。如果我们把两个关于零的函数应用到我们的例子中，我们就可以得到两行或者两个系统。如果我们假设 i 的智商为 50，n 为 100，s 为 150，那么我们可以构造一行，即 0、50、100、150，这是对智商的升序排列。然而，如果我们接受智商为 100 的人是正常的，那么我们就有了一个正/负系统：－50、0、＋50，其中的数字表示与零（中心）点的差异程度。

事实上，在我们有机体中有许多系统以"正常""健康""平凡"等零点为中心，每个系统都分化成对立面，比如正/负、聪明/愚蠢、快/慢等等。

也许心理学领域中最明显的例子就是快乐/痛苦系统，它的零点——这将在后面展开阐述——是有机体的平衡，任何对这种平衡的干扰都会被体验为痛苦，而复位会被体验为快乐。

医生对代谢零点（基础代谢率）非常熟悉，虽然得到的公式很复杂，但有一个实用的方面，即正常＝0，偏离（代谢增加或代谢减少）是与零点相关的。

差异思维——对这类系统运行的洞察——为我们提供了一种既不难掌握也不难操作的心理精确工具。我将把讨论范围限制在理解本书所必需的三个要点：对立面、前差异（[pre-difference]零点）和分化程度。

*   *   *

就我在这里的论点而言，这三个数字 1（a）、1（b）和 1（c）可能有助于澄清我的差异思维概念。

1(a)

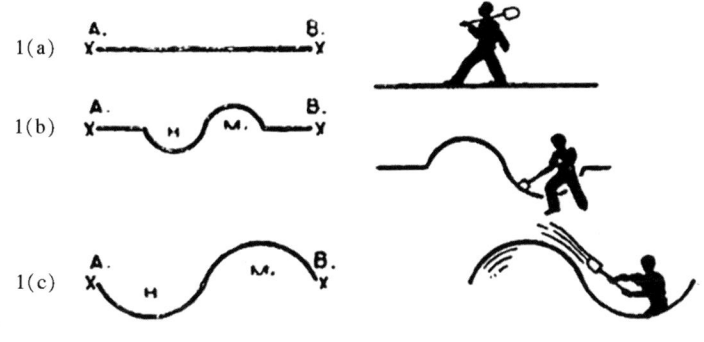

1(b)

1(c)

图1（a）

假设 A—B 代表一块地面的表面，我们取任意一点作为零点，从这个点开始分化。

图1（b）

我们将地面的部分分化为一个洞（H）和相应的土丘（M）。这种分化是渐进的，同时（在时间上）以完全相同的程度向两侧（在空间上）进行。每一铲土都会在地面上产生一种缺损，这种缺损会作为一种剩余堆积在小土丘上（极化）。

图1（c）

分化完成，整个平面被改变成两个对立面：洞和土丘。

对立思维是辩证法的精髓。在相同的语境中，对立面之间的联系比任何其他概念之间的联系都要密切。在色彩场中，你想到白色就会联想到黑色，而不是绿色或粉色。白天和黑夜、温暖和寒冷，事实上成千上万的对立面在日常语言中是相互关联的。我们甚至可以这样说，如果没有"黑夜"和"寒冷"的反义词，"白天"和"温暖"无论在事实上还是词汇里都不会存在，取而代之的，是毫无生气的冷漠。在精神分析的术语中，我们发现愿望实现/愿望受挫、施虐狂/受虐狂、有意识/无意识、现实原则/

快乐原则等等。①

弗洛伊德看到并记录了"最令我们惊讶的发现之一",即在显化或记忆的梦境中,存在对立面的元素可能代表它自己,可能代表它的对立面,也可能同时代表两者。

他还让我们注意到这样的事实,在我们所知的最古老的语言中,诸如光明/黑暗、大/小等对立词都是由相同的词根所表达的(即所谓的原始词的对立意义)。在口语中,它们通过语调和伴随的手势被区分出两种不同的含义,而在书写时,则通过添加一个限定符来加以区分,这个限定符是一种不能用声音来口头表达的图画或符号。

对于我们的"高"和"深"这两个词,拉丁语中只有一个词"*altus*",意思是在垂直平面上延伸。由情境或语境来决定我们在翻译这个词时是用"高"还是"深"。

同样,拉丁语中"*sacer*"的意思是"禁忌",通常被翻译成

---

① 罗热(Roget)在他的《同类词汇编》(*Thesaurus*)中,认识到词语的世界是如何存在于对立面的:

"为了更好地区分表达相对概念和相关概念的词语之间的关系,每当主题允许这样安排的时候,我就把它们平行地放在同一页的两栏里,这样每一组的表达就可以很容易地与相邻一栏的表达形成对比,并构成它们的对立面。"

进一步说,反义词不是由词语决定的,而是由其语境决定的:

"根据不同的关系,同一个词往往会有几个关联词。因此,对于'给予'这个词,'接受'和'取得'都是对立的:前者的关联指的是转移中有关的人,而后者涉及的是转移的方式。根据对事物或生物的应用,'老'有'新'和'年轻'两个反义词。'攻击'和'防御'是相互联系的术语,'攻击'和'抵抗'也是相互联系的术语。'抵抗'与'服从'又有关联。抽象的'真理'与'错误'相对立,而与传播的真理相对立的则是'谎言',等等。"

"神圣的"或"被诅咒的"。

对立思维深深植根于人类有机体中。分化成对立面是我们心理和生活本身的基本品质。要掌握两极分化的艺术并不难,只要你能记住在前差异的点,否则就会出现错误,导致武断和错误的二元论。对于宗教人士来说,"**天堂**和**地狱**"是正确的对映体(antipodes),而"**上帝**和**世界**"则不是。在精神分析中,我们发现爱和恨是真正的对立面,而性本能和死亡本能则是不真实的两极。

对立面是通过对"未分化的事物"的分化而产生的,对此我建议用"前差异"这个词。分化开始的点通常称为零点。①

零点要么是由两个对立面给出的——就像磁铁的情况一样——要么或多或少是任意决定的。例如,在测量温度时,科学已经把融化的冰的温度接受为零度;**华氏**温度计在世界许多地方仍然普遍使用,把摄氏 17.8 度的温度选择为零度。为了医疗目的,可以引入把正常体温当作零点的温度计。我们通常根据有机体的觉察来区分冷暖。一洗完热水澡,我们就会觉得房间的温度是冷的,而在洗完冷水澡后,我们会把这个房间的温度描述为温暖宜人。

---

① 大多数宇宙起源神话和哲学都试图通过假设宇宙处于完全无分化的原始阶段来解释宇宙的形成。这种前差异的状态就是中国的"无极",用一个简单的圆圈 O 来表示,表示没有开始,类似于《圣经》中的"*tahu wawohu*"(创世前的混沌)。

　　太极图通过一个符号表达了逐渐分化为对立面的过程,其意义与《圣经》中的创世故事相对应。

无极　　　　　　太极

情境，也就是"场"，是零点选择的决定性因素。张伯伦从慕尼黑回来时，如果人们迎接他时齐声唱道"打倒希特勒！"，那一定会引起一片哗然，抗议他这样侮辱了一个友好国家的元首，然而两年之后，这句话成了英国的口号。希特勒在 1938 年和在 1940 年一样，都是一个流浪儿，但英国人的情绪零点已经发生了巨大变化。

S. 弗里德伦德尔在"漠不关心"——"我不在乎"的态度——和"创造性中立"之间进行了区分。创造性中立是充满趣味的，向着分化的两边延伸。它与绝对的零点绝不相同，但总是有一个平衡的方面。人们可以从医疗领域引用人体内甲状腺素的数量或 pH 值作为例子：对立面（偏离零点）分别是格雷夫斯病（Grave's disease）或黏液腺瘤病（myxoedema），以及酸中毒（acidosis）或碱中毒（alkalinosis）。①

必须强调的是，分化的两个（或更多）分支是同时发展的，一般来说，两边的延伸是相等的。在磁体中，磁极吸引能量的强度随着磁极与零点的距离而同等地增加和减小。分化的数量虽然

---

① 罗热对这个主题的评论是：："在许多情况下，两个完全对立的概念都承认一个中间的或中性的概念与两者之间的距离相等，所有这些都是可以用相应的特定术语来表达的。因此，在下面的例子里，第一栏和第三栏里的词，虽然表达相反的意思，但相对于前者，具有中间的意义。"

认同	不同	矛盾
开始	中间	结束
过去	现在	未来

在其他情况下，中间词只是两个相反位置的否定，例如：

| 凸面 | 平面 | 凹面 |
| 渴望 | 冷漠 | 厌恶 |

有时，中间词是比较两个极端的恰当标准，如在下面的例子中：

| 不足 | 充足 | 过多 |

在这里，"充足"这个中间词同样是对立的，一方面与"不足"对立，另一方面又与"过多"对立。

经常被忽视为"只是一个程度问题",但是非常重要。有益的药物和致命的毒药,虽然效果恰好相反,但那只是在程度上有所区别。从量变到质变。随着紧张程度的降低,痛苦变成了快乐,反之亦然。

这里有一个"对立思维"的例子,可以说明这种思维方式的优点。让我们假设你已经失望了,你可能会倾向于责备他人或环境。如果你极化"失望",你会发现它的对立面是:"满足的期望"。你因此获得了一个新的角度——知道在你的失望和你的期望之间存在着一种功能性的联系:巨大的期望-巨大的失望,较小的期望-较小的失望,没有期望-没有失望。①

"分化"和"进步"这两个词经常被当作同义词使用。在一个组织良好的社会中,高度分化的成员被称为专家。如果他们被消灭,整个组织的正常运作将受到严重阻碍。胚胎的发育就是分化成相应地具有不同功能的各种细胞和组织。如果完成的有机体中高度复杂的细胞被破坏,就会发生向低分化细胞生产的退行(例如疤痕)。如果一个自我功能(ego-functions)发育不充分的人在生活中遇到难以解决的问题,这些问题就会被避开,不会有新的分化和成长,但有时会带着先前的成长退行。然而,这种退行很少会回到真正意义上的婴儿水平。

K. 戈尔德施泰因已经证明了大脑损伤士兵的这种退行。在这种情况下,不仅人格中那些与大脑受损区域相对应的部分停止了正常工作,而且整个人格会退化到一种更原始的状态。尽管我们可以做一些复杂而高难度的事情,比如将单词从它们的意思中

---

① A. S. 爱丁顿(A. S. Eddington)最近试图借助两极分化以形成一种新的宇宙理论。这里的分化称为分岔,两极是对称的(空间、时间和引力)和反对称的(电磁)场。

分离出来，给出"雪是黑的"这样的论断，但这样的论断对于大脑有特定损伤的人来说是不可能的；他们会像孩子一样反驳说："但这不是真的，雪是白色的。"

* * *

在本书中，我打算充分应用以上所展示的差异思维。另一方面，我打算在运用因果法则时尽可能谨慎。最近的科学发现[1]不仅对这一定律的一般价值提出疑问，即认为因果法则是唯一能够解释事件的定律，而且也质疑不分青红皂白、近乎痴迷地寻找"原因"的做法，这已经成为科学和日常生活中的绊脚石，而不是帮助。大多数人把这当作回答他们"为什么"的满意答案：

合理化（他杀了他是因为他的荣誉要求他这样做）；

正当理由（他杀了他是因为他冒犯了他）；

遵守（他被处决是因为法律对他的罪行判了死刑）；

借口（他误杀了他是因为扳机走火了）；

同一性（他上班迟到了是因为他错过了公共汽车）；

目的（他进城是因为他想买些东西）。

放弃对事件的因果解释，把自己限定在对事件的描述中，问"如何？"而不是"为什么？"，这是可取的，而且会产生极好的结果。现代科学越来越多地认识到，所有相关的问题都可以通过精确而详细的描述来回答。

此外，因果解释只适用于一系列孤立的事件。在现实中，我们发现过度决定（弗洛伊德）或巧合——许多意义或大或小的原因汇聚成特定的事件。

---

[1] 普朗克（Planck）的量子理论，海森堡（Heisenberg）和 S. 诺丁格（S. Nordinger）的"不确定性原理"，源于量子能量的无序行为。

第一章　差异思维

一个人被从屋顶上掉下来的瓦片砸死,他的死因是什么?

这有无数的原因。那一刻他恰好经过危险的地点;暴风雨弄松了瓦片;建筑工人的粗心大意;房子的高度;瓦片的材料;死者头骨的厚度;他没有看到掉落的瓦片;等等,无穷无尽。

在精神分析(我自己的观察场)中,每当一个人相信自己找到了"原因"时,他总是倾向于说"我找到了"(Eureka)。随后,当病情没有发生预期的变化时,患者必然会感到失望。

达朗贝尔(D'Alembert)、马赫(Mach)、阿芬那留斯(Avenarius)等人用功能的概念(如果"a"改变,则"b"也改变)代替因果关系的概念。马赫甚至把因果关系称为一种笨拙的概念:"一个药因就会带来一种药效,这是一种药学的世界观。"

功能的概念同时涵盖了事件及其原动力。在本书中,当我使用"能量"这个词的时候,我指的是功能的一个方面。能量是事件中所固有的。用 F. 毛特纳(F. Mauthner)的定义来说,它是"原因与效果之间的关系",但绝不应认为它是一种与事件不可分割的力量,又以某种神奇的方式促成了事件的发生。

希腊哲学将 $ένέργεια$($έν$ $έργω$)[①]简单地当作行动、活动,几乎等同于 $πρᾶξις$[②]。然而,后来它越来越具有一种力量的意义,这种力量是事件产生的源泉。物理学家 J. P. 焦耳(J. P. Joule,1818—1889)谈到了上帝赋予事件能量。

神学上关于能量的概念是在事件背后工作的某种东西,以某种无法解释的方式引起事件,这纯粹是魔法。生与死,战争与流行病,闪电与下雨,地震与洪水,让人们觉得这些现象是由"能

---

① 希腊语,可英译为 energy (not at work),即"能量(不在运转中)"。——译注
② 希腊语,可英译为 practice,即"实践"。——译注

量""原因",例如由"神"所制造的。这些神-能量是根据人类的模式构想出来的。在摩西宗教中,他们被简化为唯一的神,也就是耶和华。从理论上说,耶和华代表的是一种无形的能量。

然而,这样的一种能量,太没有分化了。这是一种屏幕能量,去解释一切,却什么也没解释。因此,新的神被创造出来,为了将他们与古代超自然的神-能量区分开来,他们被称为自然的力量(如引力、电)。

弗洛伊德的著作中有一个"被压抑者的回归"的有趣例子。在这里,对上帝的否认被力比多的支配力量所追随,后来的"**生命**"被认为是厄洛斯(Eros)和塔纳托斯(Thanatos)之间的冲突,是爱神与死神之间的冲突。

如果我们确认因果思维太武断,把我们的方向更多地放在差异和功能思维上,我们就可能试图在构成我们存在的多种功能和能量中获得一个定位。

科学已经揭示了两种能量——磁力和电力(以前被认为是两种不同的力),它们有一些共同的功能。因此,它们被归入一个类名下:电磁学。

另一方面,与这种简化相反,又出现了新的复杂情况。因此,人们假定,死了的、无机物的原子内包含着巨大的能量:这种巨大的合力把一个原子的粒子聚在一起。数以百万计的伏特被用来分离这些粒子并释放连接的功能,正是在这些连接和分离的过程中,我们遇到了一个定律,我相信,它是普遍适用的。

世间万物的每一次变化都发生在空间和时间上。每一次变化都意味着世界上的粒子要么更紧密地聚集在一起,要么彼此疏离。一切事物都处于一种流动状态中——即使是同一物质的密度也会随着压力、引力和温度的不同而改变。

磁铁的功能提供了一个简单而明显的例子。磁铁的一边吸引磁化的铁粒子，另一边排斥，距离零点（无差异点）的距离越大，这些力也就越大。

然而，作为一种规则，连接和分离的功能同时工作，通常很难将其分开。

化学中的连接功能用"亲和"（affinity）一词来表示。在电解过程中，电流的分离功能是明显的。闪电或 X 射线具有破坏性倾向，就像万有引力的特征一样为人所熟知。

热本质上是一个分离功能。作为地球引力的一个功能，大气压力将水聚集为一种液体。如果我们减小这个压力（如在真空中，或在高空），或者施加热量，我们就克服了压力的联合力。①

在本书中，我将用符号¶表示连接的功能或能量，‡表示其反面。

我想提出一个方案，该方案虽然含糊不清，但可以粗略地说明人际关系中这两种对立功能的分布情况。

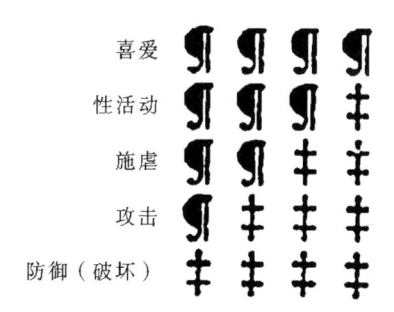

喜爱	¶	¶	¶	¶
性活动	¶	¶	¶	‡
施虐	¶	¶	‡	‡
攻击	¶	‡	‡	‡
防御（破坏）	‡	‡	‡	‡

喜爱（affection）是一种友好接触的倾向，是将自己与自己

---

① 在焊接和钎焊中明显矛盾地使用热，目的是连接金属，这很容易解释。热量融化，分子分解，冷却后分子结合。

感兴趣的人相连接或希望从对方那里得到所期望的温柔的倾向。人们有一种永恒的愿望，希望与心爱的人或属于他或她的任何东西保持接触，希望它不受打扰地存在。

喜爱的对立面是防御，它（作为一种破坏的倾向）是针对任何令人不安的因素的，无论这些因素是什么。

必须强调的是，破坏和毁灭（annihilation）绝不是相同的。毁灭意味着使一个东西消失，使"某物"变成"无"，而破坏，正如这个词所表示的，意味着只是使"结构"消失。一个物体被破坏后，尽管物质的物理状态或化学状态发生了变化，但物质本身仍然存在。打扰者可能是在我们周围嗡嗡作响的一只蚊子，或者是我们自己内心谴责的一种冲动，或者是我们不喜欢一个孩子的坐立不安，认为那太顽皮了。任何这类性质的事情都可能使我们烦躁不安，在所有这些情况下，我们都希望消除那些令人不安的因素，但我们在破坏中得到满足，因为真正的毁灭是不可能的。伪毁灭发生了——正如我们之后将看到的——在某种心理魔术的帮助下，如遗忘、投射、盲点化（scotomizing），或者压抑或逃避问题。

在这两个极端之间，我将施虐作为¶和‡的混合体。施虐狂爱他的虐待对象，又想要伤害它。施虐狂的一种较温和的形式是戏弄，被戏弄的对象很容易识别出其中隐藏的敌意。

在性活动中，¶的存在是显而易见的。‡——例如克服阻抗——是不太容易认识到的。但这种情况可能过于突出，以致如果伴侣太容易屈服，许多人就会对任何性活动失去兴趣。更难以意识到的是，在性活动中，热量充当了‡因素。就像热量使分子间的接触变得松散一样，在性生活中，在¶发挥作用之前，必须先进行预热。如果一个人无法融化，保持冷漠（性冷淡），不散发出任何激情（这是引起伴侣反应的自然方式），那么对方可能会以喝酒或贿赂（如奉承或礼物）来取代这种基本的方式。

剩下要考虑的只有攻击了。在攻击中，试图接触敌对对象是一种¶的表达。例如，我们发现在文学作品中有许多关于人们如何克服重重困难去追踪并报复"恶棍"的例子，反之亦然：大灰狼煞费苦心地去抓住小红帽。

第二章
心理学取向

患者:"是的,医生,我以前有过这种症状。"
医生:"你接受过治疗吗?"
患者:"接受过,我去看过 X 医生。"
医生:"那他开了什么药?"
患者:"他给了我一些白色小药片……"

我想知道是否有这样一种全科医生,在询问之前治疗的细节时,他从来没有得到过类似的含糊回答。"白色小药片"什么都表示不了,它们可能代表数百种完全不同的药物,它们是一种屏幕表达(screen expression)。

我们经常看到这样的屏幕表达,没有明确的所指,是隐藏而不是揭示。人们谈到紧张可能意味着焦虑、易怒、烦恼、性紧张、尴尬等等。

"思维"是最常见的屏幕词汇之一,涵盖了各种各样的心理过程,如计划、记忆、想象、下意识地说话等等。

在努力澄清我们的思想时,我们应该避免屏幕表达,而使用能表达我们想要传达的确切意思的词语。我们不说"我想起了我的童年""我以为你生气了""我想到了这次事故",而是应该明确地说"我记得我的童年""我担心（猜想）你生气了""我回顾了这次事故"。这样的语言更接近现实，更清楚地表达了心理活动的含义。

在思维的心理活动中，词语的使用如此广泛，以至我们不得不将思维定义为无声的或不出声的说话。

这意味着思维总是通过言语来完成的，但是，举个例子，一个国际象棋棋手，在思考时，使用言语的程度要比他使用棋子组合的可视化程度小得多。

换句话说，虽然是一种常见的思维方式，但无声说话只是一种形式。

我们可以辨别出两者的对立面：发声说话和无声说话。它们的前分化（pre-differential）阶段可以在儿童和土著人身上观察到，比如咕咕哝哝、喃喃自语和低声耳语，兴奋的人、老年人或精神病患者可能会退行到该阶段。

思维的其他方面与相信和猜测相反。思维是一种"凭借手段"，借此我们不仅可以预测未来，而且可以假装回到过去（回忆），创建我们自己的画面（幻想），在逻辑的棋盘上玩各种智力游戏（哲学思维）。

思维是顺势疗法剂量中的行动，它是一个"时间"和节能装置。当我们需要一双鞋的时候，事先计划、想象或可视化我们喜欢什么样的鞋以及我们可能在哪里找到它们会节省很多时间。

由此节省下来的能量进一步发展：我们将不同的感官体验融合成"客体"，贴上标签，操作这些"单词"-象征符，仿佛它们本身就是客体一样。在这里，我们不能详细讨论更高层次的思维形式，即分类（有时称为"抽象"）思维。分类思维是将不同的相关客体和抽象事物进行分类，促进人类在环境中的定位和处理。丧失分类思维意味着方向和行动的限制。（K. 戈尔德施泰因）。

这里我们要讨论量变到质变定律的另一个应用。通过减少行动的强度，同时保持最初的刺激，行动变成了思维。如果是这样，我们应该能够找到零点，即思维和行动的前差异阶段。科勒（Köhler）用类人猿做的实验证明了这种零点的存在（《类人猿智力测验》[Intelligenz-prüfungen an Anthropoiden] 1917）。有一项实验特别说明了一种情况，在这种情况下，思维和行动还没有被恰当地分化。它进一步地被用作"场"心理学下面讨论的引子。

其中一只动物试图抓取一个掉在地上够不着的水果。他（He）有很多竹竿，这些竹竿是空心的，可以互相插在一起。起初，这只动物试图用其中的一根竿子去取水果，但没有成功。然后他又试了其他的，但是发现它们都不够长。最后，他似乎想到了一根更长的棍子，通过实验，他成功地把两根竿子放在一起，最后设法取到了水果。

不难发现，猿类已经创造了工具。两根竿子的组合本身并不是工具，只有在这只特定的动物使用时，它才会在这个特定的情境下成为一种工具。对于狗来说，这不是一种工具（一种具有"充分功能"的东西），甚至对于猿类来说，如果水果是在盒子里，它也不是一种工具。只有在一个特定的"场"里，只有在被描述情境的整体论所决定时，它才是一种工具。

"场"的概念与传统科学截然相反，传统科学总是把现实看作孤立部分的集合体——如同一个由无数碎片组成的世界。

根据这个概念，甚至我们的思想也是由许多单一元素组成的。该理论被称为联想心理学，它基于这样一个假设：在我们的头脑中，一个想法与另一个想法就像被一根绳子连接在一起，当绳子被拉动时，一个又一个想法就会浮出水面。

实际上，联想是一些心理粒子，人为地与我们称之为领域、情境、语境、类别等更综合的名目分离开来。联想绝不是简单地连在一起的。相反，它涉及相当复杂的心理运作。例如，如果我把"茶碟"和"杯子"联系在一起，我就会联想到陶器的图片或类别。从这里我选择了一个茶碟。把"茶"和"杯子"联系起来，意味着完成了一个不完整的情境：在这种情况下，给杯子倒茶可能还暗示了我很渴。说到"黑色"，如果我对颜色感兴趣，就会联想到"白色"；如果我把黑色解释为哀悼语境的一部分，就会联想到"死亡"。

没有人能摆脱这样一种印象，即联想具有某种奇怪和矫揉造作的成分。例如，双关语是基于一种表面的声学相似性，与事实内容相去甚远，它是词语的使用，与词语所指分离开来。

弗洛伊德运用联想心理学，尽管有这个缺陷，他还是有了惊人的发现，直觉地看到联想背后有许多"格式塔"。联想的价值不在于联想本身，而在于联想所构成的特定领域的存在。荣格的联想计划是一种煽动情绪的手段，例如，让人感到尴尬或困惑。弗洛伊德的发现包含着"**整体**"，如**超我**和**无意识**，以及"全息体"（holoids）——情结、重复模式、梦境，但是，尽管他打破了纯粹的隔离主义（isolationist）的观点，还是忽视了领域的无所不在，而只是主要认识到那些具有病理意义的领域。如果没有弗洛伊德，联想心理学就会在它归属的地方歇息，如在某个科学博物馆的化石部里。

联想心理学的位置已经被格式塔心理学所取代，后者主要是由 W. 科勒（W. Köhler）和 M. 韦特海默发展起来的，他们认为主要有一个综合的形式——他们称之为"格式塔"（图形形成）——孤立的碎片是次级形式。韦特海默如此阐述**格式塔**理论："整体的行为不是由它们的个体元素决定的，但部分过程本身是由整体的内在本质决定的。格式塔理论希望确定这种整体的性质。"由于"格式塔"一词具有特定的科学意义，而对应的英语单词并不存在，因此德语表达在很大程度上被保留了下来。R. H. 索利斯（[R. H. Thouless, in G. F. Stout, *A Manual of Psychology*, London, 1938）建议用以"相对论"为基础的更为恰当的心理学场理论替换习惯用语格式塔心理学。

我将在我的打字机上演示两个简单的例子，说明相同的"事物"如何根据它们呈现的格式塔而有不同的含义：

```
    A              B
    3              2
    2              1
 soldier         Order
    2              1
    3              2
```

垂直的列由数字3、2、1、2、3和2、1、0、1、2组成，但是没有人会把水平的行读成"so-1-dier"和"0-rder"。符号1和0是表示字母还是数字取决于它们的语境，取决于它们构成部分的格式塔。字母的范畴和数字的范畴是相互重叠的，虽然符号在形式上是相同的，但它们在意义上是不同的。

口语是一种格式塔，是声音的整体性，这很容易理解。只有当这种格式塔还不清楚的时候——例如，我们在电话里听不出一个人的名字——我们才要求把这个词切成单个字母。这一裁定也适用于印刷文字。阅读中的错误会表现出阅读格式塔与印刷格式塔之间的明显关系。

一个白色物体在暗色（灰色或黑色）背景下看起来是白色的，而同一个物体在绿色背景下看起来是红色的，在红色背景下看起来是绿色的，等等。

另一个具有启发性的例子是音乐主题。当一个旋律被转换成另一个音调时，每一个音符都改变了，但"整体"保持不变。

盒子里的一组棋子不可能因为它包含 32 个独立的棋子而长久地吸引玩家的兴趣，但在比赛时，因为这些棋子之间的相互依赖性和不断变化的情境，玩家会着迷。盒子里的棋子代表了隔离主义者的观点——在国际象棋"场"中代表的是"整体"概念。

整体主义（$\delta\lambda o\varsigma$——整体）是由菲尔德-马歇尔·史末资（《整体主义和进化论》[Field-Marshal Smuts, *Holism and Evolution*]，1926）创造的一个术语，指的是一种认识到世界"本身"（*per se*）不仅是由原子组成的，而且是由具有不同于其部分之和意义的结构组成的态度。在一场国际象棋比赛中，仅仅改变一个棋子的位置就可能意味着完全不同的输赢。

隔离主义与整体论的观点的区别就像雀斑与晒黑的皮肤之间的区别一样。

虽然**格式塔**心理学的研究需要广泛的科学和细致的实验工作，但对于很多人，我强烈建议他们仔细阅读史末资的书。在生物学以及其他许多科学分支中，这本书对整体的重要性都做出了最全面的概述。就我个人而言，我同意所谓的"结构整体主义"是对¶（连接的功能或能量）的一种特定表达，我也欢迎整体与全息体（holoids）之间的区别：如果军队是一个进攻-防御的整体，那么各营、各中队等等都是全息体；如果人类的人格是一个整体，我们就可以称之为复合体和重复全息体模式。然而，在史末资的概念中，存在着神化的危险，我称之为理想主义的甚至是神学的**整体论**。

通过关注一种现象所嵌入的背景、领域或整体，我们可以避免许多由于隔离主义的观点而产生的误解，它们在科学中比在日常生活中更经常出现。因此，通常认为，为了使读者或听者理解一个词的含义，对这个词下个定义就足够了。然而，同一个词可能属于不同的领域或语境，在每一个语境中可能有不同的含义。

我们在符号 I 和 O 以及像"think"这样的屏幕词语中看到过这种情况。脱离语境的一句话、一段话或一个字母可能会使意思完全扭曲。

我们还必须记住，对立思维只适用于特定的领域或背景，就像定义取决于特定的情境一样。下面的方案可以说明这一点，同时也可以使我们对分化问题有更深入的认识。它给出了"演员"一词的一些用法，并与它的反义词进行了对比。

	一个演员是一个……	与……形成对照	属于……的范围	前差异的例子
1.	舞台员工	他的导演	社会秩序	查理·卓别林
2.	表演者	一个旁观者	表演	哈姆雷特
3.	男人	一个女演员	性别	希腊舞台演员
4.	演员	作者	文学	莎士比亚
5.	专业人士	一个注重隐私的人	个人地位	业余爱好者
6.	角色扮演游戏的人	一个举止自然的人	表达	玩耍的孩子

前三列不需要解释，但由于理解前差异的例子可能比较困难，因此可以添加一些解释性注释。

（1）众所周知，查理·卓别林既是他电影的主演，又是他电影的导演。在一个小酒馆里，导演和他的雇员之间的区别可能并不明显，但在百老汇剧院里，导演甚至可能不认识他的一些演员。

（2）我指的是舞台内的舞台场景，扮演哈姆雷特的演员在观看演出。

在任何对话中，都会发生一种功能的振荡：在某个时刻是表演者或说话者的那个人，在下一个时刻可能是观众或听众。

更具有分化（和表现出某种人格分裂）的情境是，一个人在公开露面或去见他想给对方留下深刻印象的人之前，会在镜子前排练。自体意识（self-conscious）的病理现象属于这一范畴。表演者和观众的分化出现了：在聚光灯下和旁观者之间存在着一种冲突。

（3）在许多剧院（如希腊剧院、日本剧院、莎士比亚剧院）中，演员全是男性。

（4）莎士比亚的例子是众所周知的。如果他没有成功地成为一名作家，他可能还会继续做一名演员。

（5）专业演员是风景艺术发展到一定程度的结果。在《仲夏夜之梦》中，我们找到了一个令人信服的例子来说明小丑们前差异的状态。

（6）当一个孩子扮演狮子的时候，他可能是一头狮子，他可能如此沉迷于游戏，以致当他被唤回到日常生活时，他会很生气。

因此，有了"场"、语境，我们可以确定对立面。有了对立面，我们可以确定特定的场。这一洞见将对研究有机体在其环境中的结构和行为有很大帮助。

第三章
有机体及其平衡

一个医科学生在他的学习最初之时，要面对成千上万的孤立事实。只考虑解剖学的学习，在这里，学生的教育不是遵循医学科学的发展，而是与之截然相反，医学科学是因分化而进步的：这是从一般到特殊、从全面到细节、从整体到部分的过程。

我认为，在这些问题上彻底改变教育方法可能对医科学生大有益处。在观察完整的情境（简单的案例）时，他那强烈的好奇心使他能够通过学习与活的有机体相关的解剖、生理和病理细节来建立知识岛屿。老师们应该通过专业的团队合作来阐述一种更全面地研究人类有机体的方法，而不是由个别教师讲授孤立事实的习惯性教学。通过直接与患者打交道，学生将面对人的个性，而在目前的体系下，他先研究尸体，然后研究活的有机体的机械功能，最后才啜饮一滴"灵魂"的知识。

对人类人格不同方面的孤立对待只支持魔法思维，并支持身体和灵魂是孤立的东西且以某种神秘方式连接在一起的信念。

人是一个活的有机体，他的某些方面被称为身体、头脑和灵魂。如果我们将身体定义为细胞的总和，将头脑定义为看法和想法的总和，将灵魂定义为情感的总和，那么即使我们将"结构整合"（或这些总和作为一个整体的存在）加到这三个词的每一个词上，我们仍然认识到这样的定义和划分是多么做作，多么不符合现实。它们是可以组合或分开的不同部分的迷信，那是随时间流逝传承下来的，是人类（因惊恐和不愿接受死亡等）创造的精神和鬼魂的幻想，它们会永远活着，在身体里溜进溜出。

上帝可以——按照这样的幻想——对着一块黏土吹一口气，就能赋予它生命。在印度的轮回中，所谓的灵魂可以从一个有机体滑入另一个有机体，从大象滑入老虎，从老虎滑入蟑螂，下辈子滑入人，直到一个无法达到的道德标准的所有条件最终得到满足，灵魂才能在涅槃中得到安息。甚至在我们的欧洲文明中，也有许多人相信鬼魂和幽灵的存在，他们为神秘学家、茶杯读者和诸如此类的上流人士提供了一个深受欢迎的谋生机会。因为想到死去的人并未死去会让人感到安慰，千百万人不都相信来生吗？

将这种身体-灵魂概念应用到机械的事物上，也许有助于证明它的荒谬。如果你喜欢你的汽车，为她（her）流畅的行驶和优美的线条而激动不已，你可能会觉得她有灵魂。但是，谁能相信，当汽车的尸体在汽车墓地里腐烂和生锈时，她的灵魂会突然离开她的身体，去天堂代替汽车享受自己（或因行为不当而在地狱受折磨）？

你可能会反对：汽车是人造的。但是，谁会去谈论人类肯定没法造出来的章鱼或狗的不朽灵魂呢？然而，也有像已故的柯南·道尔那样的人，他相信狗和人都有**天堂**。这一切可能听起来愤世嫉俗，亵渎神灵，但我所做的一切，都是为了把这样一种将有机体人工分裂成身体和灵魂的概念，推到它的最终结论。

有机体的隔离主义概念①与整体论概念之间的折中是心理-生理平行主义理论，该理论认为，生理和心理功能虽然相互平行，但彼此独立。这一理论的主要缺点是它没有揭示出这两层之间的任何联系。身体是不是像一种镜子在模仿着灵魂（反之亦然），因此两者同时执行着同样的功能？身体和灵魂的功能仅仅是同时存在呢，还是具有同一性？

在我看来，平行主义理论试图结合两种对立的世界观（weltanschauungen）：唯物主义和唯心主义。唯物主义的生命观宣称具体的物质是存在的基础，这个"原因"产生灵魂和头脑。思想是一种大脑分泌的物质，爱情是性激素的产物。相反，唯心主义（或精神）观念认为：是想法创造了事物。这种世界观的最著名例子是诸神创造了世界。平行把这两个概念粘在一起，却没有实现有效的结构整合。

所有这些假设或多或少都是二元论的——实际上是试图找到身体与灵魂之间的联系。但所有这些理论，甚至莱布尼茨的"预先建立的和谐"，都将人引入歧途，因为它们建立在一种现实中并不存在的人为分裂的基础之上。它们想要重建一种永远不会停止的统一。身体与灵魂"在事实上"（$in\ re$）是同一的，但"在词语中"（$in\ verbo$）不是同一的，"身体"和"灵魂"这两个词表示同一事物的两个方面。

例如，忧郁症（melancholia）有两种症状（除了别的之外）：胆汁变浓（"忧郁症"的意思是黑胆汁）和极度悲伤。相信生物基础的人会说："因为这个人的胆汁流得浓，所以他感到悲伤。"

---

① 隔离的零碎的取向（Isoliert stückhafte Betrachtangsweise），特纳斯（Ternus）。

心理学家坚持认为："患者令人沮丧的体验和情绪使他的胆汁变浓。"然而，这两种症状并没有因果关系——它们是同一事件的两种表现。

如果心脏的冠状动脉硬化，那么除了其他突出的症状外，兴奋会导致焦虑发作。另一方面，一个心脏健康的人的焦虑发作，与心脏和呼吸器官功能的某些生理变化是一致的。没有呼吸困难、脉搏加快和类似症状的焦虑发作是不存在的。

任何情绪，如愤怒、悲伤、羞耻或厌恶的产生都离不开生理和心理因素的作用。

精神分析学家 W. 施特克尔（W. Stekel）提出的一条法则，可以衡量犯根本性错误的容易程度。施特克尔认为，神经症患者所体验的是感觉而不是情绪，例如，脸部发烫而不是羞愧，心跳加速而不是焦虑。但这些感觉是相应情绪的组成部分。神经症患者并非所体验的是感觉而不是情绪，这是以牺牲甚至排除情绪成分的意识为代价的，在部分丧失了"感觉他自己"（感觉运动觉察）后，他经历了一个不完整的情境——一个情绪心理表现的暗点（盲点）。

在本书中，我们不是那么关心一个普遍的整体概念，而是关心一个具体的有机体概念，我们的取向不同于史末资。与他选择的物质、生命和头脑方面不同，我们选择的是身体、灵魂和头脑方面。要实现——至少在理论上——身体与灵魂的同一性并不难。如果我们考虑到头脑，这个问题就变得有些复杂了。这里发生了分化为对立面的现象。如果你颤抖，某些现象在皮肤、肌肉等处发生了。与这些感觉同时的是头脑记录"我在发抖"，或者相反的想法："我想感到温暖，我不想打寒战。"（这种抗议、这种阻抗，是一种生物现象，不应与精神分析的阻抗概念相混淆。）

如果头脑总是仅仅接纳情境，那就根本不需要头脑的存在。"我在发抖"的说法可能是出于展示或科学兴趣，但它没有生物学价值。然而，如果这个陈述不仅仅是一个陈述，而是一个情感表达、一声呼救，"我在发抖——给我温暖！"，它就会表达出相反的愿望。

用低等动物做的实验表明，不管有没有大脑，动物的反应基本上是一样的。唯一的区别是，没有大脑的动物比有大脑的动物反应慢。我们可以将其解释为"大脑为有机体的需求提供了更好的信号。"这些信号有一个与有机体要求相反的标志，下面举例说明。布朗先生在一个非常热的日子里散步，他出汗并失去一定量的水分。如果我们称平衡有机体所需液体的总量为 W，失去的部分为 X，他剩下的重量就是 W－X，他体验到的是一种口渴的状态，一种恢复水的有机体平衡的渴望，一种将 X 的量纳入他的系统的冲动。这个 X 出现在他的头脑中（代表反面－X，从对立面思考），就像一条冒泡的溪流、一壶水或一家酒吧。身体/灵魂系统中的－X 在他的头脑中呈现为 X。

换句话说，W－X 作为一种缺乏（脱水）存在于"身体"中，作为一种感觉（口渴）存在于"灵魂"中，作为一种互补的形象存在于"头脑"中。如果向有机体中加入 X 量的真正的水，口渴就会被消除和熄灭，恢复平衡的 W，头脑中 X 的形象就会随着身体/灵魂系统中真正 X 的到来而消失。口渴，或者任何一种类型的饥饿，都代表着有机体平衡中的一种缺失或减少。与此相反的情境是：在身体/灵魂上加，在头脑里减。这种加号（也可以称为剩余）最简单的例子就是废物问题。粪便和尿液代表着食物同化的过剩。这种物质的加号在人类中创造了其减号的形象：在那里可以摆脱这种过剩。在第一个例子中，减号的消失恢复了有机体的水分平衡。排便、排尿或分泌物（例如性腺的分泌物）的排出和情绪的释放同样实现了有机体的平衡。

因此，新陈代谢的加减功能代表了每一个有机体力求平衡的基本趋势。在有机体的工作中，每时每刻都有一些事情会扰乱它的平衡，同时，一种相反的趋势又会出现，使它恢复平衡。根据这种倾向的强度，我们称它为欲望、冲动、需要、想要、激情，如果它经常被有效地实现，我们就称之为习惯。我们从这些冲动中抽象出本能的存在。这是观察行为、冲动和生理症状而得出的理智结论。只要我们仍然意识到"本能"一词只是有机体中某些复杂事件的一种方便的文字符号，我们就可以使用它。但如果我们把本能视为现实，我们就会犯认为它是"首要原因"的危险错误，并陷入一个新的神化陷阱——一个连弗洛伊德都无法逃脱的陷阱。

人们常常试图对本能进行列举和分类。然而，任何不考虑有机体平衡的分类，都必然是武断的，是分类科学家特定利益的产物。

完全准确地说，一个人必须认识到数百种本能，并认识到本能不是绝对的，而是相对的，取决于各自有机体的需求。以孕妇为例：在她体内生长的孩子需要钙，她经历了钙的需求。如果她的钙减得足够强烈，反倾向的意识可能发展成对这种矿物质的"本能"的贪婪，这样的女人会舔墙上的灰泥，这种个案是众所周知的。然而，在一般情况下，人们不会觉察到这种钙的"本能"，因为日常食物中通常有足够的钙，以防止钙的进一步减少。

同样的情境也适用于对维生素或普通盐的本能的需要。这些需要通常不会被实现，因为这些物质存在于普通的食物中。只有当所有不同的饥饿本能得到满足时，科学才能实现均衡的饮食。①

人类有机体的缺陷不只是生物学性质的。文明尤其给人类创造了许多额外的需要——有些是想象出来的需要，有些是次要的真实需要。

第二需求的一个例子是使用某些成瘾药物（如吗啡），它能在人类有机体内带来一种真实的需求。根据埃尔利希的侧链理论②，吗啡瘾的系统中充满了不完全分子，这些不完全分子产生了一种对其完整的真正需求。吗啡饥渴已经成为一种真实的，尽管是病态的本能。吗啡瘾确实已经成为一种本能，"意志力"从来没有成功地治愈这种习惯，这也表明了这一点。

这种本能的病态是明显的，因为我们主要在那些与大多数人明显不同的人身上观察到它，然而在集体习惯中，它就不那么显眼了。一个把办公室设在 40 楼的肥胖股票经纪人的有机体组织已经发生了很大的变化，在他身上发展出了一种"电梯本能"——事实上，除非乘电梯，否则他是无法到达自己办公室的。

作为想象的需要，我们可以放下爱好、时尚、赌博和其他对

---

① 盐本能的一个有趣表达是 NaCl 的符号，它在一个非洲部落的写作中象征着盐的重要性和对它的贪婪：人们从四面八方伸出手来寻找这种急需的矿物质。

② 侧链理论（side-chains theory）是由德国科学家 P. 埃尔利希（P. Ehrlich）提出的抗体形成理论，认为同一个淋巴细胞表面有很多侧链，抗原与相应侧链特异性结合，可诱导该侧链大量合成和分泌，产生特异性抗体。——译注

有机体来说并不重要的东西，但仍然充满着强烈的兴趣。从这里到（病态的）强迫症和恐惧症只有一步之遥，比如毫无意义的数数，好几次确认门是锁着的，不能过马路，或待在封闭的房间里。

我们不能把有机体所有不同的本能一一列举出来，但我们可以根据自体保存和物种保存的主要功能把它们归纳为两大类。自体保存是通过满足食物需求和自体防御来保证的，而性"本能"则负责物种的保存。

弗洛伊德对本能的分类需要从有机体的角度进行重新定位。关于他的**厄洛斯/塔纳托斯**理论，我稍后再谈。在这个阶段，我只需反驳他最初的分类（他本人对这种分类并不十分重视，只把它当作一种暂时的假设）。他对自我本能和性本能的区别显然是一个二元论的概念，目的是为他对神经症性冲突的观察提供一个合适的理论背景，但自我与性本能的关系和自我与饥饿本能的关系并没有本质上的区别。自我既不是本能，也没有本能，它是一种有机体功能，我将在后面的章节中加以说明。

下面是一个士兵在1914—1918年战争中做的梦，为我们提供了一个简单的例子，说明有机体中减少和增加的经验。他的陈述摘要如下：

那是在1918年初的法国。我们连队租住在一座旧厂房里。为了去"公共厕所"，我们必须穿过一个被冰雪覆盖的大院子，另一个连队的士兵在守卫着，以防止我们在那儿上厕所而把美丽的雪给毁了。1918年供应给我们的食物在各方面都是不足的。我睡在上下铺的上铺。我梦见我刚刚回到家乡休假。我正从车站向我父母住的郊区走去。我母亲写信告诉我，我回家休假时应该吃一顿梅子饺子，这是我最喜欢吃的一道菜，我正盼着多吃点这道美味佳肴。我急着要小便，就进了一个公共厕所，在那里我开始小便。我继续走着……这结束了我的梦，突然之间，睡在我下铺的同伴醒了，用华丽的语言表达他对我在他身上撒尿的怨恨。

不完备的情境	补偿的梦
减	加
变质的食物	美味的饺子
没有熟悉的环境	在家里
过剩	缺少
尿液	容器
寒冷中走到便池的长路	走得不远

第四章
现　实

任何有机体都不能自给自足，它要求世界满足其需要。单独考虑一个有机体就等于把它看成一个人为孤立的单位，而有机体与它的环境总是相互依存的。有机体是世界的一部分，但它也可以将世界体验为与自身无关的东西——与自身一样真实的东西。

历代以来，很少有问题比现实问题更使哲学家们烦恼。主要有两种学派：一种认为世界只能通过感知而存在，另一种认为世界是独立于感知而存在的。每个人都会记得这个故事：有个人踢了哲学家的小腿，他想让哲学家明白，那种痛只存在于他——哲学家的感知里。

但问题并非如此简单，其解决方案既简单又复杂。在本书中，我不倾向于讨论哲学问题，除非是为了解决我们的问题，我当然不愿意参与任何纯粹的口头争吵。我必须指出的是：如果这个人没有踢人的冲动，哲学家就不会觉察到他小腿的存在。我们甚至可以更进一步说，感知的工具是为我们的利益服务而进化的。因此，问题应该是：世界本身是存在的呢，还是只在涉及我们的利益时才存在？

为了达到我们的目的，我们假设存在一个客观世界，在这个世界里，个人创造了他的主观世界：我们根据自己的兴趣选择了绝对世界的一部分，但这种选择受到我们感知工具的范围及社会和神经症抑制的限制。稍后我们将了解另一个世界，一个伪世界，它在我们的生活和文明中扮演着重要的角色，并且已经成为它自己的现实——投射的世界。

世界存在的整个问题归结为一个问题：它有多少是为个人存在的？

外圆可能代表世界本身。

接下来的一个圆圈代表我们有关世界的间接知识，这种知识是通过我们的智力工具（书籍、教学）和精细的感知手段（如望远镜和显微镜）获得的。高尔顿哨子（Galton whistle）发出的声音超出了人耳所能听到的范围，这一离奇的体验使我们认识到世界的这一部分的存在。如果你吹这个哨子，训练有素的狗就会在跑到一半的时候停下来，尽管你自己听不到任何声音。这个哨子就在下一个圈的后面，下一个圈包含了我们相当稳定的感知方式。与感官的稳定性相对的是我们利益的不稳定性（接下来的圆圈），它影响着我们观察和接触的巨大差异。主观世界因感官的丧失（失明、麻醉等）以及社交和神经症的抑制而进一步缩小。

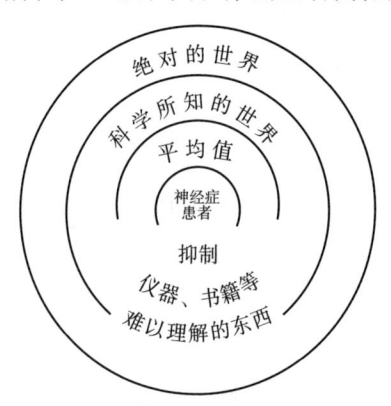

绝对的世界
科学所知的世界
平均值
神经症患者
抑制
仪器、书籍等
难以理解的东西

第四章　现实

为了更详细地说明客观世界与主观世界的相互依存，下面的图示呈现了同一客体与若干人之间的关系。一块玉米地被选为客体。

```
农民   ←⋘ |            | ⋙→ 农学家
飞行员 ←⋘ |—— 玉米地 ——| ⋙→ 商人
画家   ←⋘ |            | ⋙→ 一对情侣
```

我们试图通过定义来接近客观世界，我们可以近似地把"玉米地"定义为一块种植谷物的土地。

这个所谓的客观现实必定会与图示中给出的所有人的主观现实相一致吗？当然不是。一个商人望着这块玉米地，就会估算出他出售这块玉米地所能获得的收益，而一对情侣则选择这块玉米地作为隐居之地，就根本不在乎它的金钱价值。画家可能会对缓慢移动的光与影的和谐充满热情，但对强行着陆的飞行员而言，玉米的摆动只是风向的指示。对农学家来说，当他考虑土壤的化学成分时，风向和色彩和谐并不重要。最接近我们上面定义的客观现实的是农民的主观现实，他们耕种田地，种植玉米。

事情似乎比以前更加复杂了。在一个现实中会浮现六个，但这六个的共同之处，是主观现实所特有的特殊利益。

利益范围是创造主观现实的决定性因素，这一点很容易通过在上述每一个案例中选择替代方案来证明。我们可以用在特定利益范围内的其他东西来代替玉米地。飞行员和玉米地之间的联系不是"风向"的关联，而是属于与飞行员需求相对应的范围，即他的减的情境，我们在前一章讨论过。因此，飞行员可以使用烟囱的烟作为风向的指示器。商人可以选择买家禽，画家可以选择小溪，恋人可以选择干草堆，农民可以选择养牛，农学家可以选择土豆田。

这六个人有六个不同的兴趣领域。他们对外部世界的事物感兴趣，因为这些事物易于满足他们不同的需要，只有通过同时存在，玉米田才成为他们不同兴趣领域的共同对象。

我们甚至可以说，重要的现实是利益的现实——内部的而不是外部的现实。我们最好地认识到这一点，是因为如果我们忽视了具体的利益，交换替代方案将会导致荒谬的结果。一个试图从干草堆上获取风向信息的飞行员，一个想买下小溪的商人，一对躲在烟囱烟雾里的恋人……

具体的利益由具体的需要决定

因此，在我们的方案中插入特定的需求，我们看到，在每一种情况下，玉米地都代表着添加，是满足不同缺少的手段。

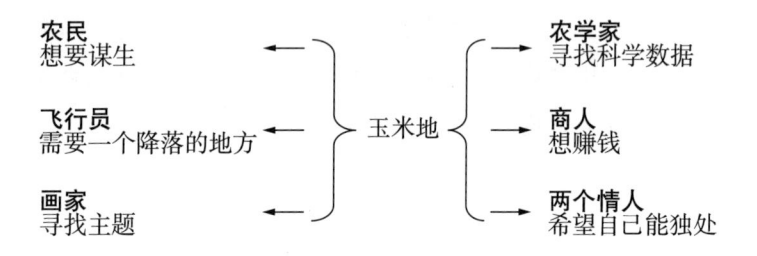

```
农民                          农学家
想要谋生      ←               寻找科学数据

飞行员                  玉米地         商人
需要一个降落的地方  ←    →           想赚钱

画家                          两个情人
寻找主题      ←               希望自己能独处
```

有机体的需要与现实之间的关系对应着身体/灵魂与头脑之间的关系，只要有机体的需要得到满足，头脑中的形象就会消失（正如我们所见）。我们的主观现实也发生同样的情况：一旦不再需要它们，它们就消失了。

着陆后，飞行员不再对那块玉米地感兴趣，画完画的画家对之也不再感兴趣。

第四章 现实

一个"业余爱好"玩填字游戏的人可能会发愁好几个小时，但一旦他解决了问题，该拼图就失去了吸引力，变成了一张纸。情境已经结束了。一个人对拼图的兴趣得到了满足，因此被取消了，它退到背景中，留下前景供给其他活动。

当开车经过一个城镇时，在一般情况下，人们不会注意到一个信箱的存在。然而，当你不得不去寄信时，情境就变了。然后，在一个冷漠的背景中，一个信箱会跃入突出位置，成为一个主观的现实——换句话说，一个图形（格式塔）在一个冷漠的背景中。①

再举一个例子：Y先生买了一辆汽车，比如一辆雪佛兰。只要他对它的骄傲占上风，他就会发现这款独特的车将在道路上的众多机动车辆中脱颖而出。

这两个例子足以说明，我们并没有同时感知周围的整个环境。我们看世界的时候，并不把眼睛当作照相机的镜头。我们根据自己的兴趣选择客体，这些客体在暗淡的背景下就显得像突出的图形。在拍摄照片时，我们试图通过刻意制造一个图形-背景效果来克服人眼与相机之间的光学差异。屏幕上的特写镜头常常把主人公显示为在朦胧背景下的一个清晰的前景人物。②

弗洛伊德接近于"格式塔"心理学中图形-背景问题的解决方案。他试图通过假设可以为客体（真实的客体和图像）赋予心

---

① 如果有人忘记寄信，这可能并不一定是由于压抑或阻抗。更确切地说，这可能是由于这个人对寄信的兴趣还不够强烈，不足以产生图形-背景现象。
② 在病理条件下，我们可以观察到这个人缺乏图形-背景形成。这种状态被称为"去个人化"，发生在震惊和极度的情绪压力之后、在失去至亲至爱之后，以及在醉酒的某个阶段，程度较轻。然后，这个世界被认为是僵硬的，在情绪上是迟钝的，同时在视觉上是清晰的。这与无生命摄影镜头的运作的相似之处是显而易见的。

理能量来解决这个问题，并且每一个心理过程都伴随着"投注"（cathexis）的改变。① 这一理论虽然是一个有用的假设，但也有一些缺点。

对弗洛伊德来说，投注主要是指性欲的投注。

投注的概念源于变形虫的伪足，它们被用来吸收食物。在没有充分理由的情况下，它已经从食物的领域转移到性的领域，其结果是，精神分析理论中的食物功能已经与性过程混合在一起。

* * *

有机体与"头脑"之间的关系以三种方式对应于有机体与现实之间的关系：

（1）头脑和现实都是有机体需要的补充；

（2）它们根据图形-背景原理发挥作用；

（3）一旦获得满足，图像和真实的客体就会从我们的意识中消失。

当然，在现实与图像、感知与视觉化之间是有区别的，否则我们就应该把图像当成现实（幻觉）。②

最初，感知和视觉化并没有分化，而是相同的。你可以在梦中体验到这一点。在一个生动的梦中，一个人实际上是处于这种情境，就好像一个人所体验的是一个现实。在醒着的时候，很少有人能够回忆和重温梦的最初强度。他们只回忆梦中的内容，只

---

① 投注（最强阵容），意思是能量增加，以某种神秘的方式被投射或注入现实或想象的对象中。
② 幻觉不仅出现在精神错乱的人身上，也出现在处于高度紧张状态——例如饥饿或恐惧——的正常人身上。

是偶尔会在梦中产生一些情感体验。

当一个人觉察到这个梦"只是一个梦"的事实时，他会感到失望或宽慰，这表明梦的感知和视觉化的同一性——它具有幻觉的特性。①

---

① 延奇（Jaentsch）提供了视觉和感知前分化状态的证据，他称这种状态为"遗觉"，并表明这种状态通常出现在儿童身上，并在成年后被许多人保留。这些人可以成功地使用他们的遗觉，例如在考试中。他们只是简单地在脑海中阅读他们在现实中读过的课本中要求的段落——也许甚至没有理解它的内容。这样好的"记忆力"本身并不一定是智力的标志。许多拥有遗觉的人很愚蠢，尽管像歌德这样的人发现，当需要时，这种遗觉对他们的大脑提供大量的记忆很有帮助。之后我将对如何提高这种生物记忆给出一些建议。

第五章
有机体的回答

如果主观世界的存在依赖于我们的本能,那么,另一方面,格式塔心理学又如何能坚持认为有机体对各种情境"做出回答"呢?这似乎与我们目前所发现的情况相反。

有机体是主要因素吗?世界是由它的需要创造的吗?或者说,是否存在一个有机体主要对之做出反应的世界?这两种观点完全正确。它们绝没有矛盾:行动和反应是交织在一起的。

在处理这个问题之前,我们必须先看看"做出回答"这个词组是什么意思。我们习惯用"回答"这个词来表示对问题的口头答复。然而,点头或摇头也被接受为回答,尽管它们不是口头的。通过扩展这个概念,我们可以把"回答"称为任何反应(reaction),即对一个行动的任何回应(response)。这个反应和回应是一个顺序,是比已经发生的事情次要的事情。

这个现实-回答的顺序,与本能/现实情境的同时性形成对比。内在的饥饿紧张感与食物的诱人外观同时出现和消失,而孩子对照顾者要求的反应则是作为一个顺序发生的。我们必须小心,不要假设因果关系,也不要说一个回答是由一个问题决定的。唯一的例外是那些完全相同的反应通常跟随在一个动作之后的情况。在这种情况下,我们以"反射"(reflex)为例,来表明

第五章　有机体的回答

决定对行动/反应的顺序没有影响。

正如我前面说过的，回答并不局限于言语。我们可以用各种情绪对一种情境做出回答——焦虑、恐惧、热情、厌恶、活动、哭泣、逃避、攻击或许多其他反应。

举一个日常生活中的例子：一些人目睹了一场车祸。其中大多数人的反应要么是感兴趣（有兴趣＝居于其中）或避开，要么是真心的或假装的漠不关心。感兴趣的人会用¶（连接的功能和能量）对情境做出回答。他们会被吸引到事故现场，而且非常活跃，他们会叫救护车或给予协助，他们可能会好奇地站在那里，或者让自己变得讨厌。其他人会产生联想，例如，有个阿姨是如何遭遇类似事故的，或者他们将宣讲有关超速或酒后驾驶的危险。与这一群体相反的态度是回避（✣）。有个人可能会晕倒，其他人可能会逃走，并坚称他们无法忍受看到鲜血和残缺不全的尸体。另一些人可能会说，他们不能看事故，因为他们害怕它可能会折磨他们的头脑，然后导致他们自己发生事故。当一个人感到昏昏沉沉，但又想表现出勇敢的样子时，他的回答是假装冷漠，而只有在真心的冷漠中才没有答案，因为人格并没有受到干扰。

下一步要考虑的是：我们不仅选择我们的世界，而且我们也被其他人选择为他们的利益对象。他们可能会对我们提出要求，我们的回答可以是肯定的（我们可以顺从他们的意愿），也可以是否定的（我们可以防御，或者拒绝他们的要求）。

我们创造的文明充满着要求，有惯例、法律、约定、需要克服的距离、经济困难，以及一大堆我们必须遵守的义务。它们是一个集体的现实，而且是一个非常强大的现实，它们的效果是客观的，即使不是在它们的意义上也如此。

而且，似乎这还不够，人类还创造了一个额外的世界，这对大多数人来说也是现实。这种（虚构的）现实是由投射建立起来的，它的主要例子是宗教。

如果我们现在回到玉米地的例子，我们可以给该情境插入"有机体的回答"，得到以下扩展：

人	玉米地情境	回答
飞行员	风向标	着陆
农民	生计	收获
画家	风景	绘画
两个情人	秘密场所	隐藏
农学家	土壤	收集资料
商人	商品	提供钱

我们现在已经完成了有机体与环境相互依存的循环。我们发现：

（1）有机体处于静止状态；

（2）干扰因素，可能是：

　① 外部干扰者——对我们提出的要求或使我们处于防御的任何干扰；

　② 内部干扰——一种已经积聚了足够的动力去争取满足的需要；

（3）创造一个图像或现实（加-减功能和图形-背景现象）；

（4）针对这种情境的答案；

（5）减少紧张感——满足的实现或服从所引发的要求；

（6）有机体平衡的恢复。

一个内部扰乱循环的例子可能是：

(1) 我在沙发上打瞌睡；

(2) 想读一些有趣的东西的愿望渗透进我的意识里；

(3) 我记得有一家书店；

(4) 我去那里买了一本书；

(5) 我正在读书；

(6) 我读够了。我把书放到一边。

一个外部扰乱循环可能是：

(1) 我正躺在沙发上；

(2) 一只苍蝇在我脸上爬；

(3) 我觉察到了扰乱者；

(4) 我生气了，拿了一个苍蝇拍；

(5) 我打死了这只苍蝇；

(6) 我回到沙发上。

基本上，外部循环与内部循环没有什么不同。在这里，本能（比如自体保存）也是原动力。在某些情境下，我可能根本不会注意到苍蝇。那么，当然它就不会成为一个干扰，整个循环也就不需要存在了。

这个循环带来了对一个最重要现象的理解，即有机体自体调节的事实，正如 W. 赖希所指出的，这与道德或自体控制对本能的调节是非常不同的。道德规范必然导致我们系统中未完成情境的积累，并造成有机体循环的中断。这种中断是通过肌肉收缩和麻醉的产生来实现的。一个人失去"感觉"，例如，他的味觉麻木了，就感觉不到他是否饿了。因此，他不能期望他的"自体调节"（食欲）正常运作，他会人为地刺激他的味觉。

我们可以将这种违反健康自体调节原则的行为与正常功能进行对比。例如，在性生活中，腺体分泌的激素使得有机体分泌过剩，增强的性紧张创造了一种图像，或者在现实中选择一个对象来满足其需求，以恢复有机体的平衡。

在某种程度上，如果牵涉到不那么明显的功能，我们就更难理解自体调节的原则，但是，作为一个普遍原则，它适用于每一个系统，每一个器官、组织，以及每一个细胞。如果没有自体调节，它们就要么萎缩，要么肥大（例如恶化或癌症）。也很难证明呼吸的精确平衡时刻，因为呼吸对氧气有永久的需求，而二氧化碳的产生是不间断的。在这里，自体调节是通过 pH 浓度来实现的。打哈欠和叹气是自体调节的症状。在焦虑中，自体调节不能正常工作。

有机体平衡的恢复绝不总是像刚才所说的那么容易和简单，通常需要克服或多或少的强大阻抗，这些阻抗可能从地理障碍扩展到货币困难和社会禁忌。

* * *

支配我们与外部世界关系的原则，与有机体内部力求平衡的原则是一样的。我们把与外部世界和谐相处的成就称为调整（adjustment）。这种调整可以由一个人完成，范围从原始的生物功能到世界上的深远变化。

一般来说，调整能力是非常有限的。当我们洗冷水浴或热水澡时，我们可以在几分钟内调整自己以适应水温，但身体温度之间的差异和水不能超越一定限度，否则，结果将是有害的——导致烧伤或休克。然而，有些人已经训练了自己的适应能力，以至能够跳进冰冷的水里，甚至能在发光的灰烬上行走。

如果我们让眼睛聚焦在一些明亮的颜色上几分钟，颜色的亮度就会消失。例如，鲜红色会变成暗红色，接近灰色。然后，如果我们在一个不分化的背景下看，就会注意到互补色——在这里是绿色——出现在我们的眼前。这个绿色是有机体调整的补充活动，它是对加红色的减少。

我们常常可以不需要使自己适应环境，但可能能够使环境适应我们的需要和愿望。空调或集中供暖是与适应气候相对照的例子。

我们把环境对我们需要的调整称为异塑（[alloplastic] 模仿他者）行为，把自体调整称为自塑（autoplastic）行为。鸟类的异塑活动通过筑巢或迁徙到气候较暖的地方来改变环境，人的异塑特性对组织、指挥或发明、发现事物产生一种冲动。与之对应的自塑特征可以变色龙作为例子，在人类中，则靠的是适应能力和柔韧性。

人类的异塑和自塑行为悲剧性地交织在一起，特别是在工业化国家，环境变化如此之快，以致人类有机体无法跟上其步伐。

其结果是对人类有机体造成巨大的磨损，而有机体几乎没有时间充分地恢复其平衡，这一主题已由 F. M. 亚历山大（F. M. Alexander）在其著作《人的最高遗产》（*Man's Supreme Inheritance*）中以及其他作家广泛地论述过。

第六章
防　御

如果没有繁衍后代的性本能，饥饿本能——需要吃动物和植物来满足——可以暂时得到满足。但由于没有新的供给，地球上的生命将很快终止。

另一方面，如果没有自体保护的本能，没有饥饿的本能，而只有性的本能，不出几年，地球上的动植物就会过度拥挤，以致没有动物能够移动，也无法给新植物的生长留下空间。因此，地球上的生活条件似乎很平衡：大量的动植物提供了足够的食物，它们的消耗也避免了过度拥挤。这种平衡不是神秘的天意的结果，而是一种自然法则。任何一方失去平衡，地球上的生命都将不复存在。

然而，有机体反对被吃掉，并发展出机械和动态防御。任何针对我们的部分或全部毁灭的攻击都被体验为危险。在求生存的斗争中，攻击和防御的手段虽有联系，但各有不同。攻击者发展其所有的手段以得到受害者（‡‡‡¶），防御者使攻击无能为力（‡‡‡）。

攻击者的目的并不是消灭他的目标。他想抓住什么东西，但他遇到了阻抗。然后他继续消除阻抗，尽可能保留对他有价值的物质。这适用于国家，也适用于个人和动物。纳粹在分裂捷克斯

第六章 防御

洛伐克时小心翼翼地避免"斯柯达工厂"（Skoda Works）的毁灭。消除竞争对手的商人会非常小心地保持竞争对手的客户不变。老虎杀人不是为了灭绝，而是为了食物。

无论是外在的（攻击）还是内在的①，危险都是由眼睛、耳朵、皮肤来实现的，总之，我们通过任何感觉器官与敌人建立接触。最初接触和观察的点是皮肤，那是有机体与世界之间的生物边界。后来，防御前哨监视着敌人的逼近，把自己的阵地越拉越远。耳朵、眼睛和鼻子，以及最新的技术仪器（潜望镜、无线电定位器等）不是等待表皮接触，而是发出危险信号，有机体则继续防御，并运用其阻抗手段。

这种有机体基本上是离心式活跃地生活着。每一种防御都需要大量的活动，有时甚至包括大量的准备。

防御手段具有机械性或动态性。机械防御是冻结的、石化的、积累的活动，如同贝壳或混凝土防御工事。动态防御手段具有一种肌肉运动的（如逃走）和分泌的（章鱼墨水、蛇毒）或感官的（侦察）性质。因此，防御者和攻击者一样活跃，这种离心式生活的有机体倾向几乎在所有其他功能上都得到了保持。

反射（在种系遗传学中）和条件反射（在个体遗传学中）是先前意识活动的结果，它们是一种节省时间和专注力的装置。作为一种人格功能的组织，根据图形-背景原则，心智不能同时处理多项任务，因此可以自由地处理最重要的一项任务，而较低的

---

① 除了外在的危险外，每当我们对自己的某些部分怀有敌意时，我们也都会在我们自己内部体验到（大部分是想象的）危险。一种强烈的情绪可能会危及做一个无动于衷的男子汉的理想，性冲动意味着对虔诚的处女的危险，等等，等等。无论何时何地，只要有这样的危险出现，我们就动员保护性资源。

（反射）中心——经过良好的训练——则不需要照顾。这种自动性带来了至今广为流传的观念，即接收神经在方向上与运动神经和分泌神经不同。只把运动神经和分泌神经看作离心式的，这是从机械时代继承来的，例如，机械时代假定光线通过视神经线积极地传播，并刺激有机体做出某种反应。该理论至今仍是神经学教学的基础，它假设神经系统的一部分是传入的，另一部分是传出的，并且两者都是反射"弧线"的一部分（图1）。另一种观念认为它们是一个叉子的两个尖头（图2）。

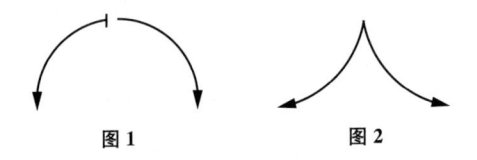

图1　　　图2

歌德、神经学家戈尔德施泰因和哲学家马尔库塞都强调感觉运动系统的离心倾向。戈尔德施泰因认为，感觉系统和运动系统都倾向于从大脑向外围移动。

英国海军部并不是通过感知反射弧的方式被动地知道"俾斯麦"号的下落，它派出了舰队的眼睛侦察机。

安装无线设备是为了接收无线信息。我们买报纸是为了了解世界上发生的事情，我们选择和阅读我们感兴趣的东西。

一旦我们认为使用感官活动类似于昆虫使用触角，而不是一种消极被动，正如发生在我们身上的一些事情，我们就意识到新观念比旧观念有一个更广泛的范围，并摒弃辅助理论。如果一只蠕虫爬行是因为它的感觉神经在接触地面时受到刺激，那么它只有在筋疲力尽时才会停下来，因为在运动神经从感觉神经接收到的自动脉冲的驱使下，它必须不停地爬行。为了使理论和观察相

第六章 防御

一致，科学家必须安装额外的神经来抑制反射弧，使蠕虫有抑制的自由意志。假设有机体离心式地生活，我们就消除了这个矛盾。蠕虫通过它在生物"场"的感官和运动活动，向它本能的"最终收益"爬行。

夜晚穿过森林时，我们把"听见"（hearing）变成了"倾听"（listening），我们擦亮眼睛观察四周，作为防范潜在危险的先驱者。为了满足我们的需要而进行的感官活动与防御活动是一样的。饥饿的孩子不只是在面包店看到一个面包卷。他看着它，盯着它。看到面包并非作为反射而唤起孩子的饥饿。相反，饥饿产生了寻找食物和向食物移动的双重效果。一个吃得饱饱的时髦女士甚至看不到同样的面包卷，它不存在，对她来说它不是一个"图形"。

自我一次只专注于一件事的事实显示了一个巨大的缺点：有机体可能会被突然袭击——可能会在不知不觉中被抓住。[①]

这一缺点的一种补偿便是使用铠甲（低等动物中的贝壳等，人类中的性格铠甲，社会中的房子和堡垒）。然而，即使是防御最严密的城堡，也不可能密封得严严实实，它必须有门和其他出口——与世界的灵活沟通。

为了保护这样的开放，人类的头脑已经发展出了一位审查员，一只道德看门狗。这个审查员——导向内部——在弗洛伊德

---

① 在讲笑话时，我们利用了我们组织中的这个弱点，把注意力固定在一个方向上，然后出乎意料地从另一个人跳到听者身上，因此产生轻微的冲击。如果我们不明白这个梗，我们会感到失落、愚蠢，但一旦我们明白了笑话的意义，整体的平衡就会恢复。这种恢复发生在一个"反"冲击的类似方法之中。这个解决方法会带着一种惊喜的体验跃入人们的意识，并伴随着"哦，天哪！""明白了"等感叹。如果笑话是陈腐的，或者解决方法是有预期的，我们就不感兴趣或感到无聊。

的早期理论中扮演了重要角色。然而，我们不能忘记，审查员的任务也是导向外部的。在像纳粹德国这样的国家里，审查员通过干扰广播电台和阻止不利报纸的进入来禁止不想要的新闻传入。我们头脑中这种审查的情况倾向于去阻止我们觉察到的不想要的东西：来自内部的想法、感受和感觉，来自外部的知识。审查员的目的是只接受他认为好的东西，排除所有坏的想法、愿望等等。

这个"好"和"坏"是什么意思呢？

第七章
好与坏

虽然格式塔心理学极大地帮助了我们理解我们的主观个体世界，但还有一个因素需要进一步研究：评价因素。如果世界真的只是根据我们的需要而存在，那么客体要么为我们存在，要么不存在。例如，一般的老师对那些学得容易、不会惹麻烦的学生更感兴趣。有些老师，至少偶尔会对这些困难的学生漠不关心，有时会把他们当作不存在一样对待。一般来说，老师把学生分为好学生和坏学生。

这种评价使我们有必要考虑我们生活的一个新方面。从"好"与"坏"的角度思考，评价、伦理、道德，或任何你喜欢称之为评估的东西，在人类头脑中扮演着重要角色，既不是用图形-背景现象来解释，也不是通过整体论来解释，虽然在"感觉好或坏"与完整和不完整的整体之间存在着一定关系。

战争以"好"和"坏"的名义进行，人们受到惩罚或受到教育，友谊建立或破裂。戏剧中通常有这样一个人——英雄——身上涂着白色，长着看不见的翅膀，而他的对手——恶棍——则是黑色的，长着犄角。天堂与地狱，荣誉与监狱，糖果与鞭刑，赞美与谴责，善与恶，好与坏、好与坏、好与坏……就像火车无休止的隆隆声一样，这种"好与坏"从未停止渗透到人类的思想和行为之中。

在我看来，有四种成分混合在一起，构成了伦理学的鸡尾酒：分化、挫折、图形-背景现象和数量转变为质量的法则。

* * *

举一个展示分化的例子，我们选择从一个层面上创建的洞和土堆。让我们考虑造成这种分化的两个人，一个城市工程师和一个煤矿老板。城市工程师必须沿着街道挖沟来铺设电缆，他的兴趣将主要集中在他的沟渠的正确性上，而这个土堆对他来说将是一个麻烦，对交通来说更是一个麻烦。

相反，煤矿老板对那堆等待出售的大煤堆感兴趣。对他来说，地上的那个洞，挖出煤的那个竖井，是一个讨厌的东西，因为法律要求他小心谨慎，不要发生意外。

因此，我们看到土堆和洞对这两个人而言兴趣和评价并不相同。他们的好恶背道而驰，他们的好恶与他们的兴趣一致，他们的好恶与他们的要求一致。他们的态度本身是相似的，两个男人都有自己的好恶之分。他们可能会诅咒，也可能会祝福，但工程师不会把这堆乱糟糟的泥土叫作"淘气鬼"——一个孩子可能会这么做。他已经学会了区分对待客体和行为的态度，而对于小孩子来说，所有的事物都是有生命的和"行为"的，而不是有质量的。我们谈论苹果的好坏时，会认可或不认可它的质量，但当我们将这种评价应用于行为时，我们就开始道德化了。

这种道德主义——对好与坏的区分——在儿童早期就开始了。精神分析坚持认为，在孩子的生命中有一个阶段被称为矛盾期——双重评价期——和后矛盾期，在这一阶段，年轻人达到了一种以前所没有的客观，使他能够权衡一种性格好与坏的特质。进一步的发展（超越思考"好"与"坏"）可能会带来一种"感兴趣"的超然态度。

是什么样的图形-背景形态导致了矛盾心理？

一个孩子不能把他的母亲看作一个个体，甚至不能对她有任何完全的了解或理解。只有世界上那些我们需要的部分才成为"图形"，从周围的混乱中脱颖而出。因此，只有孩子所要求的母亲的那些方面，才为他存在。正如弗洛伊德所指出的，对于哺乳期的婴儿来说，世界只是以肉质的东西存在的，它会产奶。这个"东西"后来被称为母亲的乳房。随着发育，随着孩子的进一步要求变得明显，母亲的越来越多的方面得到认识，从而进入孩子的存在。

现在会出现两种情境：母亲要么满足孩子的要求，要么不满足。在第一种情境下（例如母乳喂养），孩子感到满意，感觉"很好"，母亲的形象（局限于乳房的感觉、气味和视觉）消失在背景中，直到饥饿再次回来（有机体的自体调节）。

第二种情境在各个方面都与前者相反，当孩子的需要没有得到满足时就会出现。孩子遭受挫折，冲动的张力增加，有机体产生能量，争取达到"目的"即满足的"手段"。孩子变得非常激动，开始哭泣或发怒。如果这种强化的活动带来最终的满足，对孩子就没有伤害，相反，会发展出一些能量和表达方式。然而，如果这种挫败感超出了孩子能够忍受的焦虑，这种感觉就会非常"糟糕"。在孩子的想象中，母亲的形象并没有完全退隐于背景之中，而是变得孤立，充满了（不是生命力，而是）愤怒，并受制于记忆。孩子遭受了创伤，每当挫折发生时，创伤就会复发。

因此，孩子（和一般的人类有机体）根据其要求的满足或挫折，会体验两种相反的反应。如果满足，就感觉"好"；如果受挫，就感觉"坏"。

然而，我们的理论并不完全符合事实：如果本能得到满足，我们会发现所期望的对象消失得无影无踪。我们把生命中的美好事物视为理所当然。这最大的奢侈一旦成为理所当然的事（只要它不是作为一种真正需要的满足而得到体验），就不会给我们带来幸福。另一方面，不满足的孩子体验了创伤：想要的东西变成了受制于记忆的"东西"。

然而，与这两个事实相反的，是另一个事实——我们也会记得美好的事物。

让我们探讨一下以下组合的细节：

	满足	暂时的挫折	挫折
满足	即时	延迟	未能准时
记忆	无	快乐	不快乐
对人格的影响	惰性	工作	创伤
快乐/痛苦原则	快乐	"现实"	痛苦
反应	冷漠	好	坏

为了解释这个组合，让我们思考一下缺氧问题。① 通常我们

---

① 我在这里故意不提母乳喂养婴儿的例子。首先，现在讨论所谓的性冲动还为时过早；其次，在我们看来，满意快乐的乳儿是我们的文明的产物。动物幼崽想吸奶就吸奶，在原始人群中，母亲的习惯是随身带着婴儿，只要婴儿想要食物，就经常吸奶。(温兰 [Weinland] 观察了一只母袋鼠，它的幼崽在育儿袋里，还在妈妈的哺乳之中。) 然而，在我们的文明中，我们制定膳食，如果可能的话，甚至对母乳喂养也定时进行。因此，当孩子吃到母乳时，他获得了双重的满足：他重新获得了与母亲的接触（有意识的满足，即悬挂着咬 [hanging-on-bite]），并获得了饥饿的延迟满足（第二栏）。因此，有待决定的问题是：婴儿的幸福是源于自然还是社会（由于暂时挫折的终止）。

第七章 好与坏

认为呼吸是理所当然的，我们不会去觉察它，对它漠不关心。让我们假设我们和许多人在一间屋子里，逐渐变得不透气，但这种不透气是如此的难以察觉，以至没有超出我们的意识阈值，我们的有机体也没有困难地进行自体调整。过了一段时间，如果我们走到户外，我们马上就会注意到差异，并感觉到空气是多么的好。回到房间里，我们觉察到它很闷。在这之后，我们将能够回忆并比较对纯净的空气与被污染的空气的体验（快乐-痛苦原则）。

童年时期压抑或挫折的创伤效应使人们过早地得出结论，认为儿童在成长过程中不应遭受剥夺。然而，按照这一结论培养的孩子并不会因此而不那么紧张。他们表现出神经症性格的典型特征，无法忍受挫折，被宠坏了，甚至在满足中稍微延迟就会产生创伤。如果他们不能立即得到他们想要的，他们就会使用他们已经完美掌握的哭叫技巧。这样的孩子很容易感到不舒服，把他们的母亲（就像我们现在看到的）看成"坏"妈妈——女巫。

由此我们了解到，一个孩子应该按照弗洛伊德所说的"现实原则"成长，这个原则对满足说"是"，但要求孩子能够忍受延迟的焦虑。① 它应该准备好做一些工作来换取满足，这应该是比咕哝一声"谢谢"更重要的东西。

即时的满足不会产生记忆。如果"好妈妈"立即满足孩子的所有要求，那么她就没有这样的体验，只有在延迟一段时间后、在焦虑之后这样做，才会有这种体验。在童话故事中，好仙女代

---

① 尽管弗洛伊德提出了投注理论，他似乎还是把现实看作某种绝对的东西，他没有充分强调现实对我们个人利益和社会结构的依赖，这并不会削弱现实原则的价值，该原则可以更好地称为"延迟"原则，以强调时间因素，从而与不耐烦和贪婪行为的捷径形成对比。

表着好妈妈,她总是能实现非凡的愿望。

如果我把快乐原则放在第一栏,那是因为理论上它属于那里;但在正常的即时满足过程中(没有有意识的紧张),这种快乐将是如此的轻微,以致几乎没有被注意到。

至于快乐-痛苦原则的社会方面,很可能是特权阶级的人体验到的痛苦比工人阶级少,但是,他们的生活堪比一个被宠坏的孩子(他们的真实需要很容易获得满足),他们无法体验到紧张或焦虑(释放紧张和焦虑意味着幸福),他们经常人为地制造这种紧张,例如赌博或吸毒。金钱的得到或失去、挫折和满足与吸毒联系在一起,给他们带来痛苦和假快乐的感觉。这种幸福感的缺失是非常真实的,尽管对于那些贫穷阶级的人来说,他们的生活似乎是迷人而浪漫的。对股票经纪人而言,一顿晚宴可能只是一种无聊的职责,危及他的肝脏,对他的职员来说,却是一顿值得铭记多年的盛宴。但这种体验只能作为一个孤立的事件才是美妙的。如果这个职员进入了特权阶层,他很快就会把这些事情视为理所当然,并像他的前雇主一样发现生活枯燥乏味(生物自体调节)。

我希望我已经说清楚了一点——为了真正的满足,一定程度的紧张是必要的。当这种张力过大时,(根据辩证法的规律)量就会变成质,快乐就会变成痛苦,拥抱就会变成挤压,亲吻就会变成啃咬,抚摸就会变成打击。当这个过程反过来,高度紧张减弱时,不快乐就会变成快乐。这就是我们所说的幸福状态。

*   *   *

纠正我们感觉"好"与"坏"(根据满足和挫折)的最初观察后,我们必须明白为什么我们很少把体验"好"或"坏"的感觉当作反应。是什么让孩子说"妈妈不好"而不是"我感觉不

第七章 好与坏

好"?为了理解这一点,我们必须考虑投射的过程,它在我们的心理构造中起着很大的作用,它的重要性怎么估计也不过分。

在电影院里,我们的前面有一个白色的银幕,在我们的后面是一台叫作放映机的机器,叫作胶片的电影在它里面放映。我们很少看到这些胶片,当我们欣赏表演时,我们肯定不会想到那些胶片。我们所看到的和喜爱的是放映出来的电影——放映在银幕上的画面。同样的事情也发生在孩子或成人的投射中。孩子无法区分自己的反应及其源发人,他们不会体验到好或坏的感觉本身,而是把妈妈作为好或坏来加以体验。这种投射产生了两种现象:矛盾心理和伦理道德。

我们已经看到,所有的极端行为,无论是好是坏,都会被记住。每当母亲用"好"或"坏"行为给孩子留下深刻印象时,孩子就会记住它们。它们在孩子的记忆中不是孤立的实体,而是根据它们的亲缘关系,形成综合的整体。孩子得到的不是一堆混乱的记忆,而是两"组"记忆:一边是好妈妈的照片,另一边是坏妈妈的照片。这两组会结晶成形象:好妈妈(仙女)和坏妈妈(女巫)。当好妈妈浮现在前景中时,女巫将完全退到背景中,反之亦然。

有时两个妈妈都在场,孩子会因为矛盾的感觉而陷入冲突。由于无法忍受这种冲突,无法接受妈妈本来的样子,就会在爱与恨之间撕扯,并将陷入完全的混乱(就像布里丹之驴[①]或巴甫洛夫教授的双条件狗)。

[①] 布里丹之驴是以 14 世纪法国哲学家布里丹(Buridan)名字命名的悖论,其表述如下:一只完全理性的驴恰好处于两堆等量等质的干草的中间,将会饿死,因为它不能对究竟该吃哪一堆干草做出任何理性的决定。——译注

当然，这种矛盾的态度并不局限于孩子。没有人能超越它们，除非在某些领域和某些时候，理性方面取代了感性方面。后矛盾阶段的精神分析思想是一种无法达到的理想，即使在科学的严格客观世界中，也只能在一定程度上实现。相当多的身居高位的科学家在他们所钟爱的理论受到质疑时，经常会谩骂他人。客观性是一种抽象概念，它可以通过大量的观点、计算和推断隐约地被猜测出来，但作为人类，你和我并不"超越好与坏"（尼采），无论我们从功利主义还是美学的观点进行说教或判断。

你也许还记得一个你非常喜欢的人，但在经历了一些失望之后，他变得令人憎恶，无论他做什么，你都不会喜欢他。纳粹甚至把这种态度变成了一种原则，他们称之为朋友-敌人理论，认为他们可以随意宣布任何人为朋友或敌人，这仅仅取决于政治情境的需要。

因此，对与错，好与坏，让我们面对与现实同样的问题。正如大多数人认为世界是绝对的一样，他们也认为道德是绝对的。即使是那些意识到道德是一个相对概念的人（在一个国家是"对"的，在另一个国家可能是"错"的），一旦涉及他们自身的利益，也会表现出道德标准。汽车司机对行人不能容忍，当他自己变成行人时，就会咒骂司机。

正如我们所看到的，孩子对母亲的判断取决于其愿望的实现或受挫。这种矛盾的态度也同样存在于父母身上。如果一个孩子满足了他们的愿望（如果他听话），甚至不反对毫无意义的要求，父母就会满意，孩子就会被认为是"好"的。如果孩子使父母的愿望受挫（即使孩子明显不能理解，更不能满足父母的要求，也不能为自己的行为或反应负责），就经常被称为"淘气"或"坏"的。

老师会根据学生在学习、注意力集中或安静地端坐等方面实现愿望的能力,将他们分为"好"的或"坏"的。如果老师对体育感兴趣,他可能更喜欢分享这一爱好的学生。不同结构的国家对公民提出不同的要求,当然,"好"公民是遵守法律的人,而"坏"公民则被称为罪犯。对政府感到满意的公民会称赞它是"好"的。然而,如果对他施加了太多的限制和要求,它就变成了一个"坏"政府。

国家、普通的父亲或家庭教师,其行为都像被宠坏了的孩子。只有当一个人做了一些不寻常的事情——英雄事迹、体育上的辉煌成就、在极端困难的情境下的正确行为——而出现在前景中时,他们才会注意到他。消极的一面是公民成为社会顺利运转的一个干扰因素——大罪犯。他可能会被赋予与英雄相同的头版标题。一个在其他方面漠不关心的父亲,当孩子打扰了他神圣的睡眠时,他一定会注意到。

在每一个社会中,除了这些情感反应之外,都还存在着一些如此不灵活、如此根深蒂固的要求,以致它们已成为行为准则、教条和禁忌,并使我们的伦理体系具有其固定和僵化的方面。这种刚性由于我们体内存在着一种叫作"良心"的特殊道德制度而得到加强。这种良心是静态的道德,它缺乏对情境变化的弹性理解,它只看到原则,而不是事实,它可以由蒙上眼睛的正义图形来象征。

* * *

到目前为止,我们发现了什么?好或坏,对或错,这些是由个人或集体机构做出的判断,所依据的是他们需求的实现或挫折。他们大多失去了自己的个性,并且无论他们的社会来源是什么,都已经成为行为的原则和标准。

"一个有机体回应一种情境。"一般来说，人们已经忘记了好与坏最初是情绪反应，而倾向于将其当作事实去接受。这样做的结果是，一旦有人或团体被称为好或坏，情绪的回应就会被激发（爱与恨，¶与‡，欢呼与谴责，对元首的爱与对眼前敌人的恨，对自己的神的臣服与对陌生的神的厌恶）。每当我们遇到"好"或"坏"时，我们都会有各种各样的情绪反应，从愤慨到报复，从默默欣赏到授予荣誉。

把人或事称为"好"或"坏"不仅仅具有一种描述性的意义，还包含了动态的干预。"你是个坏孩子"大多充满了愤怒，甚至敌意。它要求改变，并威胁着不快乐的后果，但"你是个好孩子"的情绪内容是赞扬、骄傲和承诺。

随着反应强度的变化，不同数量的¶和‡开始发挥作用。我们对好的事和人的反应是¶，这是不难理解的。与喜欢或爱的情绪反应相联系的是进行接触的倾向。母亲爱抚着好孩子，孩子则会拥抱亲吻女家庭教师，以表示对她的感激之情。国王会和一个英雄握手。法国总统在授予荣誉军团勋章时，会拥抱接受勋章的人。与孩子的接触往往是间接的，通过给他们礼物，如为了满足他们的胃（糖果）；与成年人则是通过赠送礼物来满足他们的虚荣心（勋章和头衔）。

在天平的另一端，我们发现了毁灭。坏事或坏人的体验是令人讨厌的或令人不安的因素，以致人们想要除掉它。孩子想把"坏"妈妈扔出窗外，希望她死。（必须强调的是，孩子在受挫的时候真的是这么想的，只要挫折不再出现在前景中，死的愿望可能就会消失。）另一方面，母亲可能会威胁要离开这个淘气的孩子，并剥夺她自身的存在，因为她很清楚孩子是多么需要她。罗马天主教会将违法者逐出教会。在东方的传说中，暴君会杀死所有他讨厌的人。在我们这个时代，纳粹摧毁对方（集中营，"在逃跑时开枪"，"灭绝整个种族"）的技术已经达到了顶峰。

回顾伦理学中明显存在的矛盾（一方面是清晰明确的情绪反应，另一方面是伦理标准的相对性），我们发现好与坏本来就是舒服与不舒服的感觉。这些感觉被投射到激发这些情绪的客体上，因而被称为好或坏。后来，"好"或"坏"成为与最初行为分离的术语，但保留了信号的含义，即在不同背景下唤起愿望实现与愿望受挫的所有温和或强烈反应的能力。

第八章
神经症

我已经多次提到过，我们的有机体不能同时专注于一件以上的事情。这种基于图形-背景现象的缺陷，在一定程度上被人类头脑的整体倾向所弥补——通过追求简单化和统一。每一个科学规律，每一种哲学体系，每一次概括，都是建立在对共性、对一些事物的相同事实的追求这一基础之上的。简而言之，追求为"格式塔"所共有的一些现象。

反对意见是许多人可以在同一时间集中精力做几件事。这不是真的。他们可能会在不同的项目之间快速振荡，但例如，我还没有发现任何人，在下面的图形中，能够同时看到 6 个和 7 个立方体。

| 6个立方体 | 7个立方体 | 6个或7个立方体 |

新整体的创造不是通过熔合（fusion）完成的，而是通过或多或少的暴力斗争完成的。虽然我们不得不把这个主题的大部分内容留在关于自我功能的章节中，但我们可以在这里提示一个事

第八章 神经症

实，例如：战争经常带来更大的编队的创造或群众的统一。这种统一可能是广泛的，也可能是密集的。虽然第一次世界大战之后，俄罗斯作为一个整体没有扩张，但内部不合逻辑的结构明显变得更加一体化、更强大，而现在 1942 年德国的扩张一点也不一体化。

冲突法则（✣）和整合法则（¶）在个体之间的关系及团体之间的关系中都很明显，它们同样适用于个体与社群之间的相互依赖关系。

最重要的冲突是人的社会需求与生物需求之间的冲突，它可能导致整合的人格或神经症。从社会的观点来看是好或坏的东西（通常被称为对或错），对有机体来说可能并不是好或坏（健康或不健康）的。人类针对自体调节的生物学规律，创造了道德调节——伦理守则，即规范化行为的系统。

最初，领导人（国王、牧师等）制定法律是为了简化他们的统治，后来的"统治"阶级遵循这一惯例，然而，当自体调节原则被违反到难以忍受的程度时，革命就随之而来。在认识到这一事实之后，特权阶级更多地考虑被统治阶级的需要，至少考虑到防止革命的程度。这种制度通常被称为民主。在法西斯主义的统治下，为了一个小的统治集团，大群体最重要的需求会遭到挫败。

尽管人类是相对一致的（如果有人心脏在右边，或有六个手指而不是五个，他就会被看作一个怪物，一个有两张嘴或一只眼睛的人已接近我们想象力的极限），但要使一个群体中的每个成员的行为标准化是永远不可能的。有些个体不能遵守向他们提出的要求，就被称为罪犯。如果他们不符合一般模式，就会引起统治者的愤怒。惩罚紧随其后，目的是"教育"罪犯，或在他们的同胞中引起恐怖和惊吓，以免他们也变得不听话，即变"坏"。

然而，通常情况下，实现社会要求的自体控制的代价只能是丧失活力和损害人类大部分的人格功能——造成集体和个人的神经症。① 社会上宗教和资本主义的发展对集体神经症的产生负有主要责任，而目前在世界各地肆虐的自杀性战争就是集体神经症的征兆。"这个世界已经疯了，"E. 琼斯（E. Jones）曾经对我说，"但是，感谢上帝，还有缓解的办法。"不幸的是，这些缓解就像一个钟摆的回归，为新的进展——20 世纪的摇荡——聚集力量。

神经症的传染性是基于一个复杂的心理过程的，在这个过程中，负罪感和害怕被排斥（♣）发挥了作用，同时也希望建立接触（¶），即使是假接触。吸毒者诱使他人染上同样的恶习。宗教派别派遣传教士去改变异教徒的信仰。政治理想主义者试图以任何方式使每个人都相信，他独特的观点是唯一"正确"的观点。如果你不是我兄弟，我就出拳揍你。（如果你拒绝做我的朋友，我就将被迫打破你的头骨。）

伦敦的一份周刊给出了一个简单的例子来说明神经症传染病

---

① 在前精神分析时代，神经症被称为功能性疾病。神经症是人格正常功能在环境中的紊乱。尽管一般来说看不出有什么重大的生理变化，只能观察到一些细微的差别，如血管运动不稳定、腺体分泌紊乱和肌肉协调不良等，但必须把神经症视为一种疾病，就像心衰被称为疾病一样。

　　心脏功能正常与功能不全之间的差距相当大。如果你的心脏不能百分之百地发挥功能，参加马拉松比赛的压力就太大了。另一方面，一个心脏瓣膜受损的人，过着舒适、平静的生活，可能会活好几年。同样，我们在社会中的功能也存在着广阔的空间。

的传播：某异教部落的成员在结婚前进行性交。① 传教士对此进行干涉，宣称这是一种罪恶。观察者描述了这些无害、坦率的人如何变得害羞，避开传教士，成为说谎者和伪君子。我们可以假设，后来他们不仅回避了传教士，而且回避了社区，最后甚至对自己隐瞒了他们的性需求。

如果整个城镇吟唱咒语，做出神奇的手势，给超自然生物献祭品，预期这将迎合神并有助于打破干旱，他们就都会相信这个程序的功效，没有人会意识到这种行为的愚蠢，这是集体神经症的精神错乱。但是，如果一个人苏醒过来，恢复了他的意识，他就会与他的环境发生冲突，与家人和朋友隔绝，成为一个在社会背景下突出的图形，一个敌对和迫害的客体。他可能会发展出一种个体的神经症，如果不了解偏执狂的性格，就无法完全理解这一发展过程。社会将会对怀疑他们意识形态的人进行攻击，并且会尽最大努力去伤害他。反过来，如果他无法反击，那么他要么压抑自己的攻击，要么将其投射到敌人身上，从而把真正的迫害变成狂热的迫害和恐惧。②

---

① 也许我们最重要的道德制度就是婚姻。毫无疑问，这一制度有许多优点，但权衡利弊仍是一个悬而未决的问题：天平的哪一边更重。如果婚姻中真正的吸引力如此之大，那么罗马天主教会认为有必要不让离婚成为可能就令人费解了。如果某人喜欢一个地方，就不用高墙把他困在那里。

我们发现幸福的婚姻是罕见的、值得称赞的，是人类的典范。还有一些还算"好"的婚姻，都是出于方便和习惯。很少有婚姻是公开不幸福的，但许多伴侣的婚姻充满了压抑的不幸福，其发泄方式是易怒、倾向于互相欺压等等。简而言之，他们生活在最亲密的敌意之中。不忠诚、分居、离婚（大多数是不成功的）是转向健康的尝试。在通过自发接触（相对于道德义务或金钱优势）找到满意的伴侣之前，婚前性交的原始方法为这种接触的延续提供了更好的机会，最终以婚姻的名义接触。在这种情况下，是人而不是制度处于前景中。

② 例如，犹太儿童在受到反犹太主义迫害时，很容易变成神经症患者。

所以，一个被抛弃的人，他从世界中后撤，失去接触，他满足社交需要的机会越少，他的本能就越得不到满足，神经症的恶性循环就越严重。

关于治疗，有两种相反的可能路径：自体塑和异体塑。要么他放弃自己的异端邪说，像一个浪子一样回到集体神经症的怀抱（这在他有了自己的洞见之后是很难做到的）；要么他成功地让社会上的其他人接受他的思维方式。通过赢得他人的支持，这种成功的异体塑治疗不仅意味着他的存在的正当性，重新建立接触，而且也是发展的一步，回归本性和健康，是向更广泛的知识的进步。

这一过程与个体神经症的治疗相对应。神经症的进展必须停止，回归到生物健康层面的刺激。

如果我有时称读者为神经症患者，读者不要生气——如果帽子不合适，他就不必戴。然而，由于我们生活在一个神经症的文明中，没有人能逃脱人格上的某种扭曲。否认令人不快的事实，尽管避免了不舒服，却制造了它们不存在的幻觉——但这并不妨碍它们的存在！[①] 人类中大多数人只能在个体或集体神经症（如宗教信仰）或者个体或集体犯罪（强盗行为、希特勒主义）之间进行选择，抑或两者兼而有之（例如，大多数青少年犯罪案件）。人类被困在犯罪的魔鬼与神经症的深海之间，要避免社会或生物损伤的危险几乎是不可能的。在这种绝望的情境下，人类发明了无数的装置来保护自己免受任何一种危险。

在防止"做坏事"的保障措施中，我们找到了警察和良心——防止神经症的"为本性而哭泣"——以及像罗马天主教国

---

① 原文为法语："mais ce ne les empeche pas d'exister！" ——译注

第八章 神经症

家的狂欢节这样的发泄渠道。然而，如果我们使用安全装置来避免真正的危险，一个可以容忍的存在是可能的。认识到哪些危险是真实的，哪些危险是虚构的，并应用这种判断，这是健康个体的特征。任何体验过做噩梦或害怕在黑暗的森林里行走的人，当每一根树枝的噼啪声、每一声树叶的沙沙声似乎都预示着敌人的到来时，就会意识到这些不真实的——想象的——危险给我们带来的不必要的痛苦。

从生理上避免危险接触通常对自体保护很重要，对保护那些我们认为自己的东西也很重要，这些东西位于我们的**自我边界**内（第二部分），因此对我们很有价值。任何威胁到人格的全部或部分的东西都被认为是危险的，是一种必须通过毁灭或回避来加以消灭的敌对的东西。

可以观察到旨在避免不想要接触的各种各样的行动，主要是保护和逃避。在战争中，我们发现主动防御（个人阻抵）和主动逃避（逃跑）、部分防御（挖掘、伪装）和部分逃避（按计划战略撤退）、机械抵抗（钢盔、防御工事）和机械逃避（车辆）。在逃避和攻击中产生人工雾，以剥夺敌人的视觉接触。撤退时把战斗后卫留在后面，这是逃避和防御的结合。从根本上说，战争中这两种发展方式（这同样适用于商业竞争、政治钩心斗角、犯罪、性格形成、神经症）都很明显。攻防结合（如火炮和坦克装甲），以及用足够的防御来对付新的攻击武器。

动物借助它们的皮肤及其衍生物（壳、角、感官等）来避免危险，它们通过肌肉系统来逃跑（奔跑和飞走），它们可以随意使用伪装（模仿）和其他欺骗敌人眼睛的手段。通过装死（装睡），被固定住的动物旨在被忽视。章鱼运用雾弹技术逃跑，老鼠溜进防空洞，等等。随着人类有机体的复杂发展，逃避的方式也变得更加多样化。在法律领域，辩护的任务往往比攻击者——皇家检察官——的任务更为复杂，后者本身就是法律的捍卫者，而法律反过来又保护社会免受罪犯的伤害，而罪犯本可以保护自己免受饥饿之苦。在精神分析中，像防御性神经症和恐惧症这样的表达表明弗洛伊德试图根据回避的方式来对神经症进行分类，但这一尝试并没有成功，这从"强迫性神经症"或"歇斯底里症"等表达的使用中可以看出。

安娜·弗洛伊德已经证明了意识人格的防御动力机制——《自我及防御机制》①——是一个普遍规律，防御确实包括很大一部分的回避。

"回避"的缺点是整体功能受损。通过回避，我们的行动范围和智慧会瓦解。每一次接触，不管是敌对的还是友好的，都会拓展我们的领域，整合我们的个性，通过同化，促进我们的能力，只要不是充满不可克服的危险，只要有征服它的机会。

必须考虑一个明显的矛盾：避免隔离（isolation）。最能体现这一点的人是那些不会说"不"的人，他们显然不是害怕说"不"，而是害怕失去接触。对于这一点，我不得不说，接触包括它的辩证对立，即隔离，这个事实只有在讨论自我功能的过程中才会变得清晰。如果没有隔离这一组成部分，接触就会变成融合（confluence）。即使是1941年的美国隔离主义者也想要保持商业接触，同时避免与轴心国的冲突。同样的道理也适用于那些不会说"不"的人，他倾向于避免敌意。

---

① 安娜·弗洛伊德1936年的著作，原文中书名误作 *The Ego and the Defence Mechanism*，应为 *The Ego and the Mechanisms of Defence*（《自我及各种防御机制》）。——译注

* * *

回避的方法如此多样，几乎不可能把它们纳入任何一种秩序，但也许值得辩证地处理这个问题。在一个计划（虽然不完整）中，我们可以写下：

（1）趋向于毁灭的方法，具有减法功能；

（2）相反，加法功能——过度膨胀的发展或增加；

（3）改变和畸变。

疗程的连接和分离功能总是同时发生的，但这只在（3）类中很明显，而在（1）或（2）类中，加法或减法在前景中都很醒目。

（1）减法：

① 盲点；

② 选择性；

③ 抑制；

④ 压抑；

⑤ 逃避。

（2）加法：

① 过度补偿；

② 铠甲；

③ 强迫；

④ 永久投射；

⑤ 幻觉；

⑥ 投诉；

⑦ 智性主义；

⑧ 协调不良。

(3) 变化：

① 取代；

② 升华；

③ 许多性格特征；

④ 症状；

⑤ 内疚感和焦虑感；

⑥ 投射；

⑦ 固化；

⑧ 犹豫不定；

⑨ 内转。

(1) 减法。

① 最简单的毁灭方法是盲点（盲点，感知消失）。这是在不可能真正毁灭的情境中使用的戏法之一（前面提到过）。通过假装不听不看，不快乐的根源似乎就消失了。孩子们经常用手捂住自己的眼睛或耳朵，展示了鸵鸟政策和伪善的起源，这可能是后来许多行为的特征。盲点的补偿可以在科尔萨科夫病（Korsakow's disease）中找到，在这种病中，记忆的空白被想象的事件填满。

② 选择性是避免客观观点的一种方法。选择性是由有机体的需要决定的，它属于我们存在的不可改变的生物学基础，但是任意地应用它会导致比谎言更危险的半真半假。它被用于宣传和礼貌、战争新闻和谣言、妄想和疑病症，并在歇斯底里症和妄想的思考方式中达到顶峰。

人们从柏格森的**无意识**概念中得到了这样的印象。弗洛伊德选择了过去和因果关系，而阿德勒（Adler）强调未来和目的性。

③ 在**抑制**中，一些本应走出有机体内场的表达被保留了下来——被抑制但不表现出来，通过避免哭泣，就能满足社会对自体控制的要求。缺点是，这往往会导致歇斯底里的症状。抑制的表达可能以自体意识显现。

④ 精神分析一再证明，**压抑**意味着对觉察的回避。从长远来看，将一种冲动从有意识场转移到无意识场并没有什么收获。

⑤ 逃避是所有回避方式中最著名的一种——但没有人能逃离自己。逃避现实的人一无所得，因为他带着所有未完成的问题。逃向疾病和未来——至少就白日梦而言——已经被精神分析所揭示，但它的对立面——从现在逃向过去和"原因"——实际上得到了弗洛伊德主义的支持。

（2）加法。

① 最广为人知的加法是**过度补偿**（阿德勒）。必须避免不快乐的自卑感。在脆弱的地方周围筑起一堵对特定劣势的对立面的墙，结果就是大量的保护措施，即使完全是多余的。男性的抗议——渴望得到阴茎——必须维护这种态度，许多女性并不认为这是弱点（S. 拉多 [S. Rado]）。

② **铠甲**（赖希）显示了类似的结构。一系列肌肉收缩导致协调性不良和笨拙，这是为了避免不必要的"植物能量"表达而产生的（赖希显然是指除了运动之外的所有功能）。

③ 在强迫性神经症中，避免接触被禁止的客体（如污垢）和避免某些愿望（如攻击性倾向）会产生一种仪式和"确保"行为的心理肿瘤。人格的大部分发展受阻。

④ 对于那些没有把这一事实颠倒过来的人——那些相信是这些神创造了人类的人来说，**永久投射**就像神的创造，这种加法

是显而易见的。但是，即使有了信徒，宗教仍然是一种"仿佛"（as if）的虚构，这一事实可以通过对虔诚的人与患有宗教妄想的精神病患者的比较来认识，他们将上帝体验为个人现实。宗教倾向于阻止人类的成长，倾向于使信徒处于一种幼稚的状态。"我们都是同一个父亲——上帝的孩子！"

⑤ 幻觉是加法的行动，它掩盖并因此避免了对现实的感知。一个女人抱着一块木头，说这是她的孩子，以避免意识到她的宝宝的死亡。

⑥ 爱发牢骚的人给他的存在增加了一面哭墙。他宁愿抱怨也不愿采取行动。

⑦ 智性主义是一种心理上的自大，它与智力绝不相同，这是许多人不愿意承认的事实。这是一种旨在避免被深深打动的态度。

⑧ 根据 F. M. 亚历山大的观点，我们的许多行为伴随着大量的过度活动，这种过度活动是逃避"感官欣赏"的结果，表现为**协调不良**。

（3）在这组中，加法和减法功能要么是混合的，要么发生简单的变化。

① 在取代中，我们通过将注意力转向一个不那么令人反感的对象来避免与原始对象接触。这并不是说 X 先生的父亲图形被一个叔叔取代，而是 X 先生故意把他的兴趣从父亲转移到叔叔身上。

② 升华类似于取代，用一个动作代替另一个动作——代替一个更令人反感的动作。必须避免的是最初的直接行动。我们是否有理由将取代称为一种病态，而将升华称为一种健康功能，这

似乎是一个问题。①

③ 两个属于**性格**组及其加/减功能的例子。

一个过分爱干净的人想要避免接触灰尘，但同时又对所有与灰尘有关的职业有着强烈的兴趣（如清洗、渴望追踪微小的斑点等）。

恶霸很容易暴露他是个懦夫。一旦他遇到拒绝被欺负的人，这个性格特征就会崩溃。即使是最严厉的良心，如果得到适当的处理，也同样会失去对受害者的控制。

④ "**症状**"的加/减功能可以从以下例子中得出：一名妇女表现为右臂功能性瘫痪。这种麻痹虽然本身是一种缺陷，但对她来说是一种加法的因素。分析显示，她脾气暴躁，仍然想打已经成年的女儿。借助于手臂瘫痪，她避免了表露自己的脾气——她打消了打女儿耳光的念头。

⑤ 根据一种非常原始的精神分析概念，摆脱**罪恶感**和**焦虑感**是治疗神经症所需要的一切。罪恶感和焦虑感的确是很不快乐的现象。然而，罪恶感（基于投射的攻击）驱使"罪人"回避："我不会再这样做了。"但通常情况下，就像长期酗酒的情况一样，这些罪恶的感觉虽然当时非常深刻，但不会有任何持久的结果。它们暂时贿赂良知或环境，但一旦情境发生改变——一旦宿醉过去——它们就会很快地退居背景之中。

焦虑我们将在下一章中进行讨论。

⑥ 投射（如攻击的投射）从人格中减去一定数量的攻击性，但在环境中增加了相同数量的攻击性。一个人会避免被攻击的意

---

① 据说，但丁和舒伯特把自己的艺术成就都归功于性的挫折和升华。然而，歌德非常有创造力，甚至比他们两人更加多才多艺，尽管（或许是因为）他有许多令人满意的爱情。

识,但会给自己的生命增加恐惧。

⑦ **固化**现象向偶然的观察者展示的只是它的过度膨胀的特性,对一个人或情境(如家庭)的巨大依恋(过度的爱、压抑的恨,或内疚感)。与这种固化总是一起出现的是相反的东西——避免与固化边界之外的任何东西接触。要决定是先有鸡还是先有蛋——是对外界接触的恐惧,还是对熟悉情境的执着——并不容易。

⑧ 加减之间张力的完美例子是由**优柔寡断**所提供的。根据卡尔·兰道尔(Karl Landauer)的观察,年幼的孩子很少表现出避免危险的倾向:危险很吸引人,孩子会朝危险跑去。然而,很快地,他学会了改变态度,逃跑。在一种优柔寡断的状态中,我们在接近的愿望与逃离的冲动之间徘徊,在接触与逃避之间徘徊,但一旦天平的一方失去平衡,冲突就会被解决,优柔寡断就会消失。

⑨ 关于**内转**,我们将在后面详细讨论。

＊　　　＊　　　＊

无论是心理治疗还是其他治疗,每一种治疗的目的都是促进有机体平衡,重新建立最佳功能,去除添加物,弥补缺陷。精神分析试图通过添加那些被拒绝(被压抑或被投射)的部分来补充有意识的人格。重新获得觉察与消除大量逃避是相同的。对弗洛伊德来说,对觉察的回避或接受不仅仅是一个特征的改变,它是**意识和无意识**系统的协调,无意识物质在特定的条件下改变它的位置,特别是在精神分析的过程中。这种所谓的主题方面也可以应用于"本能循环",比上述列举的回避方式更有实用价值。上述列举的回避方式的主要目的是了解不同的回避方式,证明利弊同时发生,通过神经症的逃避来实现任何有价值的结果是无望的。

在第五章中，我们论证过为了达到有机体的平衡，存在着一个循环，我们称之为有机体/世界的新陈代谢，它由6个环节组成。

这6个环节是：

(1) 有机体处于静止状态；

(2) 扰乱因素，可以是①内部的或②外部的；

(3) 创造图像或现实（加/减功能和图形-背景现象）；

(4) 对情境的回应，目的在于

(5) 紧张的减少，以带来

(6) 有机体平衡的恢复。

一旦循环在任何一个点被打断，这种新陈代谢就会被扰乱，就像电力装置可以在任何地方被打断一样。接触可以在电线、开关或球体本身中断开。

有关"本能循环"，我们发现中断——避免接触——无处不在，除了：

(1) 有机体处于静止状态。因为这是零点，回避的问题不会产生。把无聊或沮丧当作零点是错误的，因为这两种都是明显的情绪状况，由某些抑制导致的扰乱因素。

以性本能为例，我们遇到了许多众所周知的避免性需求的方法。我们发现，按照本能循环：

(2) ① 苦行主义的训练，希望被阉割，逃避刺激的食物和饮料，整个意识形态（主要是宗教）压迫的军械库，无视，把性冲动误认为其他东西。

(2) ② 面临性要求的丈夫或妻子以什么方式逃避他们的"义务"？合理化（借口），症状（头痛），肌肉铠甲（阴道痉挛），装死（太累了），回避情境（过多给药、分房睡），避免刺激（忽视化妆），积极防御（易怒、嘲笑）。

（3）抑制幻想，宗教禁忌，把注意力从性形象的形成上转移开的职业，逃避现实，不寻求爱的对象，养成过分挑剔的态度，将性冲动引入不适当的渠道（手淫、去卖淫、堕落）。

（4）在性爱情境中避免性感受或性活动：**生殖器**去敏化（性冷淡），铠甲（肌肉紧张），转移注意力（想别的事），替代（谈话或做一些与性无关的事），逃避，盲从，以及投射。

（5）缺乏令人满意的性高潮（W. 赖希，《性高潮的功能》）妨碍了性紧张的充分降低。这种不足的性活动可能是由于无法忍受与高潮的高度紧张有关的感觉（短促、早泄）。其他防止令人满意的性高潮的方法有：升华，避免后果（性交中断），害怕失去能量（保留精液）。

在羞耻感的抑制影响下（注意力不集中、害怕被打扰），通常会避免情绪和过度兴奋。在其他的分散注意力中，"思考"是避免性紧张的另一种方法。

在这些情况中，大多数没有获得满足，情境仍然不完全。这反过来又导致了永久性的性易怒，这一事实可能使得弗洛伊德将性欲（在其他含义中）视为一种自由漂浮的能量，它可以在性本能满足的循环之外造成严重破坏。

（6）上述任何一种回避态度都阻止了有机体平衡的恢复。

*   *   *

我们又一次发现，对可能性的列举令人困惑，使我们感到不满，无法发现简化的规律。如果我们重新开始，我们就会发现最初的社会和本能要求（不是原因，因为回应在不同群体中不一样）。这些要求包括例如十诫、行为准则、良心或环境的要求等，同样，如果这些要求不能立即被接受，那么本能的冲动也会由有机体以情绪来回答：恐惧、羞愧等等。苛求的社会制度以惩罚和奖励、威胁和承诺的方式驱使人们接受其要求。为了避免惩罚并获得奖励，不被认可的行为得以回避。有机体的需求（饥饿、睡眠等）与社会的需求相比，并非不强烈、不痛苦。因此，频繁出现了社会的和神经症的冲突，以及外部和内部冲突。

到目前为止，这个过程很简单。它只会为大量的回避景象所迷惑。回避的技巧根据不同的情境和个人可以使用的方法有很大的不同。

一个结了婚的女人有情人。而丈夫恰好极力反对。她可以决定完全避开她的情人，或者避免让人看见她和他在一起，或者，如果被发现了，她可以晕倒，以避免她丈夫发脾气，但最终恢复意识后，她可以编造谎言或在这样或那样的事情上责备他，从而避免内疚感或惩罚。然而，如果她屈服于他的要求——她的恐惧超过了她的欲望——她就会变得冷淡、充满敌意，避免一切能给他带来快乐的东西。在这两种情况下，他最终都会成为受害者，因为他的关系是建立在要求上，而不是建立在理解上。

综上所述，我们可以得出两个结论：

（1）"回避"是一个普遍的因素，可能存在于每一种神经症机制中；

（2）只有在少数并且是真正危险的情况下，回避才会有所收获。

第九章
有机体重组

在个体的历史中，也在整个世代的历史中，起起落落，行动和反应的节奏，就像一个钟摆的运动。在接近零点的时候，很难不被提升到热情的高度，也很难不跌入绝望的深渊。上个世纪的机械思维在我们这个时代引起了它的对立面，即心理学的发展，特别是精神分析的发展。

在精神分析领域，钟摆从弗洛伊德的历史思想转向阿德勒的未来主义思想。在弗洛伊德的悲观主义——"我们不是自己家的主人！"——之后，我们遇见了阿德勒的抗议，对权力的渴望。许多分析家（像中世纪的苦行者一样鄙视生理学）纯粹的心理学态度在赖希试图将性格描绘成一副主要由肌肉收缩组成的铠甲的尝试中发现了它的影响。

在这种进步的发展之外，有些分析家（过分重视孤立的问题，与作为整体的人类人格失去接触）从根本上走错了路，如O. 兰克（O. Rank）和C. G. 荣格（C. G. Jung）的部分思想。虽然他们对精神分析做出了一些有价值的贡献（例如荣格的内向和外向），但他们都扩大了弗洛伊德理论中可疑的部分。等级导致了荒谬的历史观点——荣格的性欲概念。前者仍然停留在出生创伤的剧痛之中，后者则将**力比多**和**无意识**夸大到如此程度，以致就像斯宾诺莎的上帝概念一样，它们几乎涵盖了所有的内容，所以什么也解释不了。

两者都无助于对有机体的整体理解。然而，阿德勒和赖希的贡献对精神分析更有价值，因为他们为弗洛伊德的某些理论提供了互补的方面。不幸的是，弗洛伊德派和阿德勒派要么互相争斗，要么用一种伪宽容、盲目和不感兴趣的态度来掩盖彼此的蔑视，从而不辜负最好的宗派主义传统。虽然他们都习惯于以相反的方式思考——弗洛伊德通常是这样，阿德勒偶尔也会如此（上/下，男/女，优势/劣势）——但他们拒绝在许多方面把对方看作对立的、互补的。

除了思考精神分析运动的辩证法外，我们还可以探讨精神分析本身的辩证法。以"精神分析"这个词开始，我们提出了以下补充方案：

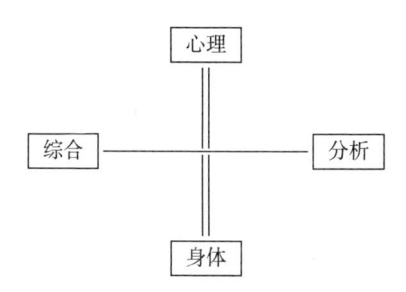

```
           心理
            │
  综合 ─────┼───── 分析
            │
           身体
```

心理和身体的对立，一直被当作有机体的分化来处理。关于分析，弗洛伊德认为综合是没有必要的——性欲一旦得到释放，就会找到自己的升华方式。然而，精神分析界确实谈到了再教育和重新适应。例如，弗洛伊德意识到恐惧的态度（避免面对冲突的倾向、本能、内疚感等）是每一种神经症的重要组成部分，他提出的解药是：与恐惧的事物接触。他说服一个患有广场恐怖症的人去尝试——经过一定数量的分析之后——过马路。在这里，他觉察到光靠谈话是不够的。然而，我怀疑弗洛伊德是否充分觉察到这样一个事实，即解释也是积极的精神分析的一部分，因为患者要面对他自己试图避免的那一部分。这种在患者面前举着一面心理镜子的主动行为，目的在于综合和整合——重新接触他人格中隔离的部分。

分析和综合都倾向于使患者的人格井然有序，以最小的努力运作他的有机体功能。我们可以称这个过程为重新调整或重组。因此，将"精神分析"这个词两极化，我们得到了一个有点笨拙的术语：个体的有机体重组。如果我们接受这些结论，我们就必须拓宽精神分析的基本规则。这条规则很简单："患者应该说出进入他脑海的一切，即使他感到尴尬或其他难以抑制的情绪，他也不能压抑任何东西。"补充这条规则时我们必须增加一点：首先，人们期望他传达他的身体感觉的一切。患者将自愿提及任何强大的身体症状，如头痛、心悸等等，但他会忽略任何不那么突显的症状，如轻微的痒、不安和所有肢体语言的微妙表达，W. 赖希和 G. 格罗德克（G. Groddeck）已经指出了它们的重要性。覆盖整个有机体情境的一个简单方法是，要求患者将他在心理上、情绪上和身体上所体验的一切，都传达给分析者。

我对这条基本规则提出的第二个改变涉及对尴尬的压抑。一个渴望遵循分析师要求的患者会转向相反的一极：他会强迫自己说出一切，而不是保持沉默。他通过压制自己的尴尬来达到这个目的。患者很快就掌握了一种技巧，要么把令人尴尬的材料用模棱两可的方式表达出来，要么让自己振作起来，缓和自己的情绪。所以他变得无耻，但也难免羞愧，忍受尴尬的能力是正确运用这一基本规则所产生的最有价值的结果，但仍然没有得到发展。尴尬的问题将在后面有关自我发展（ego-development）的章节中再讨论。因此，我们必须在基本规则措辞中做出第二个改变：我们必须让患者明白，他不能压制或强迫任何事情，他不能忘记向分析师传达每一点有意识的阻抗，如尴尬、羞愧等。

同样地，分析师不应向患者施加压力，劝他说话，而应注意患者的阻抗和回避。如果一个人想从水龙头里取水，他就不能梦想把水从管子里挤出来，一个简单的方法就是松开把水挡回去的水龙头的阻力。如果费伦齐（Ferenczi）坚持认为肛门的收缩肌肉是阻抗的压力计，如果赖希把这个观察延伸到每一种可能的收缩，那么他们都是正确的，但我们绝不能忘记，这些肌肉收缩只是"借此手段"——它们是代表情绪的功能，它们发挥作用是为了避免厌恶、尴尬、恐惧、羞耻和内疚的感觉。

除了肛门阻抗外还有许多其他阻抗，主要有摄入阻抗、口腔阻抗。焦虑中有着肌肉阻抗。

* * *

我找不到比焦虑现象更好的例子来证明有机体概念优于纯粹的心理或身体取向。持传统生理学观点的全科医生在遇到与心脏疾病有关的焦虑发作时，会认为这是心脏系统功能的缺陷所造成的。然而，如果这些攻击是疾病的一个组成部分，它们将是永久性的，当然它们不是。另一方面，他也很清楚地认识到还有一个附加的因素，即兴奋，它给心脏带来了额外的负担，于是他警告他的患者要警惕这种危险。这些焦虑发作是通过心脏病与兴奋的同时存在而产生的。

在处理焦虑问题的心理学取向时，我将把自己限定在精神分析理论的概述上。弗洛伊德将焦虑-神经症定义为一种不同于其他神经症的疾病，正如人们对性欲理论的创始人所期望的那样，他将之归因于性冲动的抑制。但这些性冲动是如何被转化为焦虑的,他无法揭示。一方面,他从目的论上解释,就像阿德勒一样(说明焦虑是面向未来的——这是由无意识产生的危险信号或警告信号),但另一方面,从历史上看,这取代了兰克关于出生创伤是焦虑起源的观点。他认为,每当我们陷入危险境地时,我们的无意识头脑为了警告我们,会迅速回忆起我们出生时的体验。

其他精神分析学家对焦虑提出了不同的理论。哈尔尼克(Harnick)认为,吸奶时鼻子被母亲的乳房堵住,会体验到焦虑,后来的焦虑发作是这些事件的重复。阿德勒、赖希和霍尼(Horney)认为被压抑的攻击对焦虑的发展负有责任,而本尼迪克特(Benedikt)——遵循弗洛伊德的晚期理论——认为焦虑是被压抑的"死亡"本能的结果。

由于这些理论都是由杰出的科学家提出的,我们不得不承认他们的观察结果是正确的,尽管这些观察结果只在它们产生的情境下有效。但是,我们必须不相信任何投机,因为在科学上和在其他地方一样,这种投机会导致不成熟的概括。要么"焦虑"是一个屏幕词,不同的解释涵盖了不同的现象,要么"焦虑"一词描述了一种特定的现象,不同的理论是不完整的解释,可能缺失了所有理论的一个共同因素——焦虑的特定因素。观察结果倾向于表明后者是实例,我们必须寻找提出假设的共同因素。

我们有三组精神分析理论:一组认为焦虑源于出生或乳房创伤,另一组认为焦虑源于被压抑的本能。接着我们发现了危险理论,我们可以忽略它,因为它不是专门针对焦虑的。焦虑是有机体对真实或虚假危险的一种常见回应,但其他反应(沉着、怀疑、害怕、惊恐等)也是可能的。

第一组指的是氧气的供应,是个体的呼吸。从由母亲的胎盘提供氧气到积极主动的肺呼吸的转换可能确实剥夺了新生儿急需的氧气食物，这将引起大量的氧气减少和相应的强烈的氧气饥饿。这同样适用于哈尔尼克的理论，根据该理论，母亲的乳房可能会阻碍孩子的呼吸，从而导致类似的氧气减少。

在第二组中，我们找到了解决我们问题的线索，那就是全科医生警告心脏病患者不要兴奋，也不要消耗体力。在本能的集中表现中，人们发现了与努力综合征相同的迹象（在温和的运动中，心脏和呼吸活动已经增加）。性高潮和脾气爆发都是兴奋的顶峰。

排除所有的偶然因素，我们意识到兴奋和缺氧是上述理论的核心，当观察到焦虑发作时，我们总是会发现兴奋和呼吸困难。然而，这并不能解决焦虑是如何产生的问题，以及一方面兴奋与呼吸之间的关系，另一方面焦虑与呼吸困难之间的关系。①

---

① 在努力综合征和其他心血管衰弱的情况下，心脏不能充分补偿在兴奋和肌肉活动增加时产生的不断增加的新陈代谢。如果甲状腺平衡受到扰乱，这种不足就会变得特别明显——正如我前面提到的，它介于巴塞多氏（Basedowic）甲状腺毒症的兴奋性与黏液性流行病类型的迟钝之间。任何一位医生都会证实两个事实：首先，巴塞多氏患者焦虑发作的容易程度，以及黏液性流行病类型对焦虑发作的相对免疫力；其次，前者的基础代谢率升高，后者的基础代谢率降低。

新陈代谢是发生在我们有机体内的一种化学过程，产生对我们生存至关重要的条件，如热量。在这个方面，有机体的行为就像一个燃烧装置。炉灶为了燃烧和产生热量，需要两种燃料——氧和碳。我们通常只想到后者（煤或木头），而忽略了其他免费的燃料（空气）。如果没有足够的固体燃料或缺乏必要的空气，炉子就不能燃烧。人体中物质的燃烧发生在组织中。碳燃料是我们的食物，经过一个复杂的同化过程被液化了——后面会详细讨论。氧气被红细胞带到组织之中。

兴奋与新陈代谢的增加是相同的，燃烧的增加，增加了对液体燃料和氧气的需求。为了满足这种增加的需求，血液必须向组织输送更多的氧气。泵——心脏——必须加速，血管必须扩大以应付更充分的血流，因为从生理学上讲，单个的血细胞不可能携带更多的氧气。肺必须通过加强呼吸（加快呼吸，或增加每次呼吸的量，或两者兼有）来满足对氧气的较大需求。

兴奋的画面，正如每个人都体验过的，是新陈代谢加快，心脏活动加快，脉搏加快，呼吸加快。这是兴奋，但不是焦虑。然而，如果孩子在出生时或在母亲的乳房处氧气供应不足，这种情境就变成了一种焦虑情境。然而，当一个成年人焦虑时，他在那一刻既没有出生，也没有被乳房压住。如果我们能在兴奋的情境下发现同样的氧气供应不足，就像前面提到的婴儿的两个情境一样，我们可能会意识到兴奋是如何转化为焦虑的，从而解决了一个千年的谜题。

我们从语言中得到一个提示，因为单词"焦虑"（anxious）——类似于拉丁语的单词"高"（altus）——有一个模棱两可的意思（处于高度紧张），它没有被分化为处于焦虑状态和处于兴奋状态的意思。它与拉丁语单词"狭窄"（angustus）有关，指在胸部里有狭窄的感觉。在焦虑的状态下，我们"收缩""缩小"我们的胸部。

在许多情境中，人们不允许自己表现出兴奋及其症状，特别是嘈杂和急促的呼吸。以手淫的男孩为例，他害怕他的喘气会被听到，从而暴露他的身份。在"受控"性格（沉着、平静和镇定）的发展中，对兴奋的压抑往往是过度的。这种被避免的兴奋会让人产生冷淡的性格，但不是焦虑。然而，如果一个人尽管进行了各种训练，仍然感到兴奋，他就会抑制这种情绪，例如他的呼吸。他通过使肌肉系统（只要与呼吸有关）变得僵硬来减少氧气供应，压迫而不是扩张胸部，向上拉横膈膜，从而阻止肺部的扩张。他穿上了一套铠甲，正如赖希所说。（这个术语不太正确，因为"铠甲"是某种机械的东西。）

在焦虑状态下，在呼吸的冲动（克服窒息的感觉）与相反的自体控制之间会发生剧烈的冲突。

如果我们意识到氧气供应的限制会导致心脏泵的加速（试图将足够的氧气输送到组织中），我们就会了解焦虑发作时的心悸。这可能会导致一些并发症，如血管收缩，医生通常可以用特定的药物缓解。但在任何情况下，我们的问题都可以用这个公式来解决：焦虑＝兴奋＋氧气供应不足。

在焦虑发作中还有一个症状，即焦躁不安。这种焦躁不安通常出现在无法自然发泄的兴奋状态之中。我们的有机体在需要大量活动（主要是运动）的情境下会产生兴奋。愤怒的状态与攻击的欲望是一致的，与动员所有可用的肌肉力量是一致的。众所周知，在绝望或精神错乱状态下，人们会"全力以赴"，展现出超人的力量。如果兴奋被从它的真正目的转移开，运动活动就会分解，并在一定程度上被用来发挥反肌肉的作用，即那些限制运动活动所需的肌肉，用于操练"自体控制"。但如果太过兴奋，就会导致各种不协调的动作，比如手臂的摆动、来回走动、在床上辗转反侧。由于这种过度的兴奋，有机体的平衡无法恢复。通过阻止这种兴奋的释放，有机体的运动系统不会停止，而是保持焦躁不安。

对于这种状态，弗洛伊德将其命名为"自由浮动性焦虑"，这是孤立主义观点的典型概念。焦虑不能在有机体中独立漂浮。

焦虑的前差异阶段在怯场和考试发烧中显而易见。大多数演员经历过怯场（表演前的兴奋），然而，他们的抱怨是不合理的，因为如果没有这种兴奋，他们的表演将是冷淡的，没有生气的。危险在于，他们可能会试图抑制自己的兴奋，而不理解它的含义，无法忍受等待和兴奋的悬念。这个悬念往往会通过自体控制的方式，将兴奋转化为焦虑，除非他们选择宣泄强烈的焦躁不安或歇斯底里的爆发。我们不必详细讨论考试发烧的情况。一个人越把考试看成决定性事件,他的有机体就会调动越多的能量。他越不能忍受紧张,他的兴奋就越容易转变为焦虑。

虽然我们可以在一个人的历史中追踪到这种转变,但实际的焦虑发作并不是以前焦虑发作的机械复制,而是在任何特定的当下时刻新产生的。焦虑常常可以被化解,并重新变成兴奋,而不必去探究过去。过去除了阐明抑制呼吸的习惯形成的环境之外,也许没有别的意义。

一个人可以通过放松胸部肌肉和释放兴奋来克服焦虑。通常不需要深入的分析,但如果无意识的胸部和膈肌痉挛已成为固定的习惯,可能需要专注治疗(concentration therapy)。

为了不混淆焦虑的画面,我已经避免处理某些并发症,例如,血液中的二氧化碳含量会令人不安,强制过度换气不能治愈焦虑。在肌肉痉挛消失之前,或者只要患者在呼吸技巧中强调吸入,有机体就不能正常运作。治疗和适当呼吸的细节将在本书的最后一部分探讨。

以下来自患者的陈述给出了焦虑与兴奋之间交替的确凿证据。

> 我第一次回忆起自己抑制兴奋或期待的情绪是在大约17年前,就在我准备大学入学考试之前。我感到兴奋在我的胸膛里,但同时我感到我在压抑这种感觉,不允许任何表达,直到大约9年前,当它再次出现在某些网球比赛中。我发现,当我只是旁观者的时候,那种兴奋或期待(随便怎么叫)是如此巨大,以致它发展成了焦虑,然后变成绝对无法抗拒。我压抑着这种情绪,不让它表现出来。每当比赛取决于一局时,我都感到兴奋得难以忍受,像一只关在笼子里的

第九章 有机体重组

狮子一样走来走去，既不能坐也不能站。我经常离开网球场，当我认为这一局已经结束，结果已经确定的时候再回来。我非常紧张，尽可能地收缩每一块肌肉（尤其是胸部的肌肉），结果比赛进行才五六分钟，我就气喘吁吁了。由于持续的压抑，这种感觉最终变得如此强烈，以致我尽我所能迫使我的小网球俱乐部停止参加这些比赛，甚至用各种手段来达到这一目的。不幸的是，现在在高尔夫球场上，这种状况也跟着我，当然，我不能通过走开来获得任何缓解，结果是胸部肌肉收缩得如此严重，以致我最终发现很难正确击球。有时，我的胸部收缩得太厉害了，喉咙里开始跳动，我甚至快要窒息了。有一次，我必须通过一个小考试，上午是笔试，下午是口试。考试的前一天，我像往常一样感到胃底一沉，同时又感到一阵兴奋，但要想描述出上午与下午之间我的感觉几乎是不可能的。我感到胸口发紧，几乎不能呼吸，既不能站也不能坐，像个疯子一样在教室里踱来踱去。当我最终被主考官叫进去时，我几乎说不出话来，吓得魂不守舍。我在赛道经历了同样的情绪和感受：赢得了双人票的第一回合后，我发现我甚至无法忍受观看双人票的第二回合，于是在比赛结束后走开再返回。我可以讲述更多类似的体验，每当我有一种期待、兴奋或焦虑的感觉时，我就会感到胸口有一种可怕的压力，我无法表达情绪，最终我成功地压抑我自己，发现我已经失去了所有的勇气去面对这三个情绪存在的任何情境。

关于焦虑的现象，我想要证明的是在理论和实践上的巨大变化，这是对弗洛伊德理论的基本原则做出明显小变动的结果。但它们也涉及从"自由联想"技术到赖希开创的"专注疗法"的转换，我正试图系统地发展这种疗法。这项新技术的最终目的是减少神经症治疗的时间，并为某些精神病的治疗奠定基础。

第十章
经典精神分析

我们对待生活中好事和坏事的态度——正如我们所看到的那样——总是与相反的反应相伴而行。严格地说，这些反应不是反应，而是同时发生，"好"对应爱、喜欢、骄傲和快乐，"坏"对应恨、厌恶、羞耻和痛苦，它们分别是¶和‡的变体，在每一种愿望和每一种本能的实现或挫败中发挥着各自的作用。

毫无疑问，性本能的表达非常强大，¶和在较小程度上的‡参与它的功能。但是爱、喜欢、骄傲和快乐，它们都是像弗洛伊德的性欲理论所主张的那样是性本能的表达吗？

在我的观察过程中，我发现饥饿本能和自我功能在几乎每一种精神分析中所起的作用都比我预想的要大得多。每当我试图从精神分析文献中了解饥饿本能时，我都发现对饥饿的分析总是掺杂着性欲的某一方面。人们认真地试图解决**自我**功能的问题，但弗洛伊德认为**自我**是第二小提琴手那个部分，而**无意识**居于首位。我无法摆脱这样一种印象：在精神分析中，**自我**是个麻烦，不幸的是，它坚持要在每一个存在中被科学地、实际地感觉到。①

---

① 几天前，一位著名的分析家把**无意识**比作一头大象，把**自我**比作一个试图引领大象的婴儿。这是一个多么隔离主义的观念啊！对无所不能的雄心壮志来说，这是多么令人失望啊！这是多么大的人格分裂啊！

最后，我终于明白了，尽管在获取口腔、肛门、自恋和忧郁类型的病理特征方面的知识中，力比多理论起到了宝贵的作用，但它更多的是一种障碍，而不是一种帮助。然后，我决定不戴着力比多的眼镜来观察有机体，我经历了我生命中最激动人心的时期之一，可以说，收到了震惊和惊喜。新的前景超出了我所有的预期。我发现我已经克服了心理上的停滞，获得了新的洞见。我开始看到弗洛伊德观点的矛盾和局限，尽管20年来他那些伟大、大胆的概念一直蒙蔽着我。

然后我估量了一下。我和许多精神分析学家一起研究了多年。有一个例外——K. 兰道尔——所有令我受益的人都背离了正统的路线。在精神分析存在的几十年里，发展出了大量的学派。这一方面证明了来自弗洛伊德的巨大的激励，但另一方面，也证明了他的体系的不完整或不足。在其他新的科学分支，如细菌学和细胞学中，不同学派的发展是微不足道的，或者相互调和形成了一个统一的研究方向。

当我完全生活在精神分析的氛围之中时，我无法理解对弗洛伊德理论的强烈反对可能有一些正当的理由。我们过去把任何怀疑都当作"阻抗"而不予理会。但在晚年，弗洛伊德自己也开始怀疑精神分析能否完成。我觉得他的坦白与压抑理论明显矛盾。如果神经症的冲突是压抑的审查员与被压抑的性本能之间的斗争，那么，要么性本能的充分释放应该提供一种治疗，要么审查员的沉默应该是足够的。如果审查员只是从环境中被取代（被内摄），那么节制他的要求和释放被压抑的本能不可能是困难的。在实践中，人们很少发现完全符合这一理论的神经症。通常，对审查者（良心）、移情或性本能的分析都不能理解神经症领域。我在南非军队中担任精神科医生时的经历表明，只有15%的神经症患者表现出性满足障碍，且只有2%到3%的歇斯底里症症状可以追溯到实际的性挫折。

由此产生了另一个问题：如果没有性压抑，会发生什么？专注于性本能是否在任何情况下都有助于适应和稳定？我个人的情况当然不是这样。相反，只有在放弃了力比多理论和对性的过分重视之后，我才能找到一个合理的方向——我自己、我的工作和我的环境的和谐。在过去几年里，我得出了以下结论。

弗洛伊德在心理疾病方面的主要取向是正确的。神经症是有道理的，它是对发展和调整的扰乱，本能和**无意识**在人类中所起的作用比以往任何时候都大得多。神经症是有机体与环境之间冲突的结果。我们的心态更多地是由本能和情绪决定的，而不是由理性决定的。

在平衡表的另一边，我们发现弗洛伊德高估了因果关系、过去和性本能，而忽视了目的性、现在和饥饿本能的重要性。此外，他的技术最初旨在集中于病理症状。通过研究症状的细节（所谓的联想），患者难以揭示的材料就会浮出水面。这种对病理领域的专注被扭曲成"自由"联想的思维，导致了分析师与患者之间的智力竞赛。精神分析技术就是这样发展起来的，从最初集中于症状到分散，把它留给偶然和**无意识**的压力，看它有多少会浮出水面并被处理。

在这样回避面对症状的同时，也回避了面对分析师：患者必须躺在一个看不见分析师的位置上。精神分析面谈已经从一种咨询变成了一种（近乎强迫性的）仪式，在这种仪式中必须观察一些非自然的——近乎宗教的——状况。

弗洛伊德解开性本能的枷锁，为人类做出了巨大贡献，用伯特兰·罗素（Bertrand Russell）的话来说："分析其他本能，尤其是饥饿本能的时机已经成熟。"但是，只有把性本能限制在它自己的范围内，即在性，而且只有在性的范围内，才有可能做到这一点。

这种本能的生理方面是基于生殖腺体的功能的。如果有机体思维有任何意义的话，我们就必须把"性欲"一词限制在性本能的心理-化学方面，我们应该得出这样的结论：被阉割的动物（公牛等）或被阉割的人类（太监等）将无法体验爱、喜欢或任何其他形式的"升华"的力比多。

让我们比较两种情境！一个年轻男子，由于性紧张而感到不安，他迫切地想要性交，于是去找了一个妓女。得到满足后，他感到轻松，也许他对此也心存感激，但他常常感到厌恶，并强烈地想把那个女孩推开——想尽快摆脱她。如果一个男人和他所爱的女孩发生性关系，情况就不同了。他不会感到厌恶，而是很乐意继续和她在一起。

决定性的区别是什么？在第一种情况下，男人不喜欢或不接受妓女的"人格"。如果我们扣除性冲动，就没有什么能让他寻求她的存在了。然而，被爱的人在没有性冲动的情况下被接受，她的存在本身就是令人满足的。

在第一种情况下，厌恶没有被抑制，它只是成为反对性欲的霸道"图形"的一个"背景"。如果厌恶不停留在背景中，它就会与性冲动交织在一起，扰乱性活动，甚至可能成为一个前景图形，使这个男人性无能，或者通过"双重条件"使他感到如此困惑，以致他可能会完全放弃他的目标。

弗洛伊德说，我们社会中的许多年轻人无法对他所爱的人怀有欲望，也无法对他渴望的人怀有爱情。这看起来像是把性欲分成了动物的爱和精神的爱。如果爱是我们的有机体用性激素进食的结果，那么这种升华的精神之爱也会随着身体冲动的消失而不复存在。然而并不是这样的。尤其是在一个完美的高潮之后，感情仍然存在，甚至会增加。

这种被称为爱的情感与性本能的接近，使弗洛伊德犯了根本性的错误。从母亲那里得到所有满足因而爱母亲的孩子，就会转向母亲——转向那个提供食物、住所和温暖的人——以满足他的第一次有意识的性欲望（通常在 4 岁到 6 岁之间）。

我们现在看到，把"性本能"这个词当作纯粹的抽象概念是多么重要。如果一种本能不是一种明确的现实，那么弗洛伊德可以自由地在他的性本能概念中纳入他的理论所需要的各种有机体功能。我们必须检查有多少这样的有机体功能（称为部分本能）应该包括在"性本能"的集合中，有多少应该归入不同的标题。弗洛伊德将性欲发展之前阶段的爱（所谓的前俄狄浦斯阶段）错误地解释为也有性欲的本质。他找到了一种解决随之而来的并发症的方法，他把前性欲的爱称为"前生殖器"的爱，坚持认为身体的开口，即口腔和肛门区，是生殖器能量的前阶段。

这些开口，即口腔和肛门区，确实是非常重要的，不是在性能量的发展中，而是在**自我**的发展中。他们乐于让自己变得性感，尽管最初他们没有"力比多投注"。

在对一个歇斯底里症个案的观察中，弗洛伊德意识到这种疾病与性饥渴之间存在着某种联系，并在这个个案的基础上，发展了治疗歇斯底里症和后来其他神经症的方法。每个分析师都知道，如果患者拥有健康的性生活，那么这些个案的结果通常是极好的和持久的。

分析师的普遍观点是，歇斯底里在他们的患者中已经基本上消失了，因为**无意识**已经被警告，并退化为一种更复杂的神经症。通常情况下，情况并非如此。我们必须在社会发展中寻找一个解释，性禁忌在我们这个时代已经放松了，女性已经取得了更大的经济自由，并通过经济获得了更大的性自由。弗洛伊德所发现的知识已经传播开来，在明显的性饥渴的情况下，全科医生很乐意建议"结婚"。另一方面，我和其他心理治疗专家都有过这种难以治愈的歇斯底里症个案。这些个案表明，尤其是那些所谓的"道德错乱"的青少年，虽然有良好的性发展和性高潮潜力，但他们的**自我**发展肯定会受到干扰。

四个因素决定了弗洛伊德的进一步研究：歇斯底里症中的力比多角色，我们人格中被压抑的、无意识部分的存在，所有心理过程都有意义并被决定的事实，以及有机生物从低到高层次发展的知识。他遇到了这样一个问题：力比多从何而来？在他看来，性不可能是突然产生的，因为他的观察清楚地表明，儿童在青春期之前很久就表现出性的好奇心和冲动。

以前，在所有民族的仪式中，青春期（伴随着生育功能的发展和人格发展中的暴力干扰）都被视为性生活的开始，并因此而得到庆祝。然而，生殖器的兴奋性甚至可以在婴儿身上观察到。在古巴，护士通过玩弄生殖器来安抚婴儿，就像我们给婴儿一个奶嘴一样。

从婴儿的"Wonneludcln"（吮吸拇指欲望）中，弗洛伊德做出总结：存在一个零点，将饥饿本能分化为一个分支，而力比多为另一个分支。

这个理论有几个异议。

(1) 这种分化在胎儿时期就已经开始了，并分别随着消化系统和泌尿系统的发展而发展。
(2) 把对饥饿本能的分析从性欲冲动中分离出来，很难为精神分析所考虑。所有与食物通道功能有关的概念，如内摄、同类相食和排便，总是带有性的味道。

（3）正常的同化被忽略了，曲解了一些概念，如保持快乐，或抑制口腔发育（如同类相食）被称为是正常的。在现实中保持是痛苦的，而解脱是快乐的。保持可以提供第二性的快乐，比如证明一个人的意志力或固执。

（4）力比多理论是一个生物学概念，但它与某些社会方面混在一起。作为文明的结果，肛门区无疑具有神经症的重要性。

（5）弗洛伊德把"力比多"一词夸大到这样的程度，以至有时它代表着柏格森的生命力（élan vital）或性冲动的心理指数——关于这个内涵，在这本书中它的使用是受到限制的。有时它意味着满足或快乐，它也可以跳到爱的对象（投注）上，但没有相应的激素。

　　人们越想弄清"力比多"的含义，就越容易被弄糊涂。有时力比多是一种原动力、一种创造力，有时它是一种被移动的物质。通过什么？在我看来，弗洛伊德的"力比多"概念试图涵盖前面讨论的普遍¶功能和有机体的性功能，只有使用没有明确所指的"力比多"这个词，他才能建立自己的力比多理论。

（6）在德语中，*lust* 指的是一种本能的冲动，也指快乐（参见其衍生词 *lustern* 即"好色的"和 *lustig* 即"快乐的"）。相应地，"力比多"一词在其他含义中代表性能量，也代表满足。然而，饥饿满足和排便本身是令人愉悦的，就像其他有机体平衡的恢复一样，没有必要给它们增加额外的性能量。简单生物学事实的复杂性导致了不必要的复杂解释。

为了表明我没有夸大其词,我引用一位著名的精神分析学家玛丽·波拿巴(Marie Bonaparte)的话:"满足食物需求的标志是快乐,为之服务的是口欲,它使生物在口腔摄入中获得愉悦。分泌的过程也能产生强烈的快感,肛门和尿道的性欲以它们的方式表达出消化功能处于有序状态的有机体的满足。"

这是一个很有指导意义的例子,说明性欲概念是如何必然导致混乱的:

(1)力比多带来快乐;

(2)力比多表达满意。

用另外两个词代替:

(1)我造成痛苦;

(2)我表达痛苦。

这揭示了(1)和(2)是两种完全不同的体验。通过将快乐归因于每一种本能的满足,我们可以消除由性欲的垄断所引起的不必要的复杂性。

K. 亚伯拉罕(K. Abraham)对我们了解性格形成做出了非常有价值的贡献,当他试图让自己的观察结果与弗洛伊德的假设相吻合时,也遇到了类似的困难。这里有一个非常简单的例子可证明,为了支持性欲理论,人们是如何在心理上翻筋斗(mental samersacclts)的:

"断奶是最初的阉割。"

(1)阉割是一种病理现象,断奶是一种生物现象;

(2)阉割指的是切除生殖器或其一部分;

(3)断奶指的是对吸吮母亲乳汁的剥夺,把这种剥夺称为阉割,就像把所有的狗都叫猎狐小狗一样;

(4)出生——而不是断奶——是孩子不得不忍受的最初分离。

第十章　经典精神分析

*　　*　　*

尽管存在这些理论的复杂性和矛盾性，弗洛伊德的力比多理论和精神分析技术仍具有巨大的价值。他是**无意识**的利文斯顿①，并为无意识的探索创造了基础。他的理论的结果是对神经症和精神病研究方法的重新定位。该研究产生了一些最有价值的观察和事实，不仅创造了一门新的科学，而且创造了一种新的生命观。

弗洛伊德将我们个人存在的方向从意识的边缘转移到**无意识**，就像伽利略将地球从宇宙的中心推翻一样。正如天文学——不得不承认越来越多的"定点"和系统仅仅是相对的"绝对"——之前已经在以太的概念上采取了立场，弗洛伊德创造了他的力比多理论。但是 $πάντα\ ρεῖ$：每一个新的理论都会为一个更新的理论所取代，而且在新的科学事实的影响下，以太理论和力比多概念的战壕必须被清除。

勒维耶（Leverrier）的观察为爱因斯坦打破以太幻想奠定了基础。抛弃力比多理论要容易得多。把我们自己局限在众多矛盾中的一个上，局限在力比多＝满足＝性能量这个公式中，我们发现，一方面，力比多被视为一种一般的有机体体验，另一方面，它又是一种能量。弗洛伊德将这种能量应用于柏格森的生命力。诚然，弗洛伊德的力比多概念的最初基础是一个有机体，但这个术语的使用已经越来越像一个神秘的能量，与它的物质基础分离开来。

最终，力比多接受一个接近于¶的意义。然而力比多是一种

---

① 大卫·利文斯顿（David Livingstone, 1813—1873），英国探险家，维多利亚瀑布和马拉维湖的发现者，非洲探险的最伟大人物之一。——译注

本能的代表，而¶是一种普遍的宇宙功能，也属于无机世界。与¶之相对是‡，弗洛伊德正确地称之为毁灭，但毁灭对他来说也是一种本能。

为了说明弗洛伊德的观点与我的观点之间的区别，我引用弗洛伊德在《大英百科全书》中关于这个主题的描述：

> 实证分析带来了两组本能的形成：所谓的"自我本能"（Ego instincts），它指向自体保存，以及"客体本能"（object instincts），它关注的是与外部客体的关系。社会本能并不被认为是基本的或不可简化的。理论推测使得人们怀疑在明显的自我本能和客体本能背后隐藏着两种基本本能：(1)厄洛斯，这是一种为更紧密的结合而奋斗的本能；(2)毁灭本能，这导致了生活的解体。在精神分析学中，厄洛斯力量的表现被命名为"力比多"……

让我们试着看看上述理论和精神分析的其他方面所涉及的一些矛盾。

(1) 根据弗洛伊德的观点，**自我**是"本我"（Id）中最肤浅的部分，但本能属于有机体的最深处各层。因此，**自我**怎么会有本能呢？

(2) "**自我**本能指向自体保存"。自体保存是由饥饿本能和防御所赋予的。在这两种名目中，破坏都发挥了很大的作用，但不是作为一种本能，只是为了饥饿和防御。在弗洛伊德的理论中，破坏是反对客体本能的，但是没有"毁灭客体"的毁灭是不可能存在的；

(3) 上述引语的排列暗示了**自我**本能对应于厄洛斯，客体本能对应于毁灭。弗洛伊德的意思可能正好相反。

(4) 如前所述，¶和‡是普遍现象。在弗洛伊德的术语中，厄洛斯是一个通用术语，但是毁灭的本能被有意地限制在生物身上。这种本能在别的地方叫作死亡本能。（对这一塔纳托斯理论的反驳将在本书的另一部分里论述。）

(5) 我必须一遍又一遍地强调，重要的饥饿本能甚至没有被提及。如果不考虑饥饿本能，破坏和攻击的问题就像我们的社会和经济问题那样很难得到解决。

(6) 我承认我已经够老派了，因此从生存的角度来看待本能的问题。在我看来，性本能是物种保存的代表，而饥饿本能和防御本能则代表自体保存。

自我和**自体**绝不是相同的。性本能和饥饿本能两者中都有**自我**功能。关于自体保存或种族保存的有意识愿望很少存在，我们只觉察到想要被满足的欲望和需要。

弗洛伊德体系中的上述弱点怎么可能没有被清楚地阐明呢？我的观点是，大多数接触过精神分析的人都被这种新取向深深吸引住了，它远比那些陈词滥调的处方好，比催眠和说服疗法好，对他们来说，这成了一种宗教。大多数人完全相信弗洛伊德的理论，却没有认识到这种盲目接受是一种狭隘思想的根源，这种狭隘思想使弗洛伊德的许多天才发现的潜力无法发挥。一种以宗教轻信为特征的宗派主义，其产生是因为人们热切地寻求进一步的证据，并以居高临下的态度拒绝一些事实，这些事实容易扰乱这些神圣的思维方式。附加的理论使原来的系统更加复杂，而且，就像以往的规则一样，每个人都不能容忍任何其他违背公认原则的规则。如果有人不相信"绝对真理",那就很容易找到一种理论,把责任推给怀疑论者的情结和阻抗。

在经典精神分析中,还有一个观点经不起辩证思维的审视——弗洛伊德的"考古"情结,他对过去有着片面的兴趣。如果不考虑相反的极性,即未来,以及最重要的、作为过去和未来的零点的现在,就不可能有客观性,也不可能有对生命动态运行的真正洞察。我们发现弗洛伊德的历史观凝结在移情的概念中。①

有一天,在等电车时,我想到了"转移"② 这个词,我意识到,如果电车不是从工厂或其他电车线路转到我前面的轨道上的话,是不会有电车的。但是,电车线路的运行不能仅仅用这种转移来解释。这是好几个因素的巧合,例如电流的功能和工作人员的在场。然而,这些因素只是"借助的手段",而决定性因素则是运输的需要。如果没有乘客的要求,电车服务很快就会被取消。它甚至不会被创建。

不幸的是,人们不得不提到这些陈词滥调,以证明移情在整个情结中所起的作用如何是选定的、相对不重要的一部分。然而,无论在精神分析中发生了什么,都不能被解释为患者在回答分析情境中的自发反应,而是被压抑的过去所支配。弗洛伊德甚至坚持认为,一旦儿童失忆症得以复原,一旦患者对自己的过去有一个持续的了解,神经症就会被治愈。如果一个年轻人,从未找到任何理解他的困难的人,却对分析师产生了感激之情,我就会怀疑他的过去是否存在一个人,对其感激之情转移到了这位分

---

① 根据弗洛伊德的观点,神经症依赖于三个支柱:性本能、压抑和移情。
② 英语中"转移"与"移情"是同一个词:tranference。——译注

析师身上。

另一方面，人们默默地承认未来主义的、目的论的思想在精神分析中发挥了它的作用。我们分析患者是为了治愈他。患者说了很多话，目的是掩盖重要的事情。分析师的目标是刺激和完成被阻止的发展。

除了移情、自发反应和未来思维，投射在分析情境中起着非常重要的作用。患者在分析师身上想象出他自己无意识人格中令人不快的部分，而分析师往往会为了患者转移形象的原型而搜索到脸色发青。

一个类似于过度估计原因和移情的错误出现在"退行"概念中。精神分析意义中的退行是一种历史倒退，倒退到婴儿期。难道就没有可能对它做出不同的解释吗？退行可能仅仅是回归到真正的**自体**，是借口的崩解，以及所有那些没有成为人格的主要部分、没有同化到神经症患者的"整体"之中的性格特征的崩解。

为了理解实际的和历史的退行与实际的和历史的分析之间的决定性区别，我们必须首先把我们的注意力引向时间因素。

第十一章
时　间

一切事物都有延伸性和持续性。我们用长度、高度和宽度来衡量延伸，用时间来衡量持续。所有这四个维度都是人类应用的度量标准。我对面的这把椅子不是 40 英寸高，但我可以量一下，如果我把椅子扔过去，它的高度只有 20 英寸，原来的高度就是它的宽度。时间是用一个维度——长度来度量的。我们会说很久以前和不久以前，但我们从不说宽时间或窄时间。"现在正是时候"(it is high time) 这个表达可能起源于高潮或滴漏。为了客观地测量，我们取固定的点（公元前和公元后，上午和下午），心理的零点是永远存在的，按照我们的组织，向前和向后伸展，就像蛆虫啃过奶酪，留下它存在的痕迹。

忽略时间维度会导致逻辑上的谬误，导致争论中的欺骗：逻辑上认为 a＝a，例如，一个苹果可以在另一个环境中替换自己。这是正确的，只要只考虑水果的延伸，就像大多数情况下所做的那样。但如果把它的持续时间考虑进去，这就是不正确的。未成熟的苹果、美味的水果和腐烂的水果是"苹果"时空事件的三种不同现象。但作为功利主义者，当我们使用"苹果"这个词时，我们当然会把这种可食用的水果当作指代物。

一旦我们忘记了我们是时空事件，观念和现实就会发生冲突。对持久的情感（永恒的爱，忠诚）的要求可能会导致失望，美好消失会令人沮丧。失去了时间节奏的人，很快就会过时。

时间的节奏是什么？

很明显，我们的组织在时间感——持续性——的体验上有一个最佳状态。在语言中，这被表达为流逝——过去——过去的事（在法语中，脚步［le pas］——经过［passer］——通过［passe］；在德语中，消逝［Ver-"gehen"］——过世了［Ver-"gang" enheit］）。因此，对我们来说，零点就是行走的速度。时间在前进！时间在飞逝，或在爬行，甚或静止不动，表示的是增加和减少的偏差。这种判断包含着心理上的对立：我们希望飞逝的时间慢下来，而在时间爬行的时候又希望它快起来。

把注意力集中在时空事件上是一种耐心的体验，是一种愿望与愿望实现之间的紧张，是一种不耐烦的体验。很显然，在这种情况下，图像只是在延伸中存在，时间成分被作为不耐烦而分裂。就这样，时间觉察或时间感进入了人类的生活和心理。

爱因斯坦认为时间感是一个体验问题。小孩子还没有发展出时间感。当饥饿的紧张程度大到影响睡眠时，哺乳动物就会醒来。这不是由于任何时间感，相反，是饥饿帮助创造了这种感觉。虽然我们不知道有什么时间感的有机等量物，但必须假定它的存在，如果不是别的假定，就是假定一些人能够准确地说出正确的时间。

愿望满足的延迟时间越长，当注意力集中在满足的对象上时，不耐烦的程度就会越大。不耐烦的人想要的是他的愿景与现实的直接、不受时间影响的结合。如果你在等有轨电车，"有轨电车"这个概念可能会溜到背景里去，在有轨电车到来之前，你可能会通过思考、观察、阅读或任何手边的消遣来娱乐你自己。

然而，如果有轨电车在你的脑海中仍然是一个图形，那么¶就表现为不耐烦，你想跑着去迎接有轨电车。"如果山不向穆罕默德走来，穆罕默德就必须向山走去。"如果你抑制着奔向有轨电车的倾向（这种自体控制对我们大多数人来说已经变成了自动的、无意识的），你就会变得焦躁不安、心烦意乱；如果你太过拘泥，不愿意说脏话来发泄情绪，就会变得"神经紧张"；如果你反复地表达这种不耐烦，你很可能会把它转化为焦虑、头痛或其他症状。

有人被要求解释爱因斯坦的相对论。他回答说："当你和你女朋友共度一个小时的时候，时间过得飞快，一个小时犹如一分钟，但当你坐在热腾腾的炉子上时，时间如同爬行，几秒钟就像几小时一样。"这与心理现实不符。在恋爱的一个小时中，如果接触是完美的，时间的因素根本不存在。然而，如果这个女孩变得令人讨厌，你就会失去与她的接触，开始感到无聊，你可能就会开始倒计时，直到你能摆脱她。如果时间有限，当你想在你的时间安排中尽可能地塞进更多的内容时，时间因素也会被体验到。

然而，这个规则也有例外。根据弗洛伊德的理论，**无意识**中被压抑的记忆是永恒的。这意味着，只要它们保持在一个与人格其他部分相隔离的系统中，它们就不会受到改变的影响。它们就像罐头里的沙丁鱼，显然可以保存六个星期，或者不管它们被捕获时的年龄是多少。只要它们与世界其他地方隔离，就不会发生什么变化，直到（被吃掉或氧化）它们回到世界的新陈代谢。

作为有意识的人类时空事件，我们的时间中心是现在。除了现在，没有其他的现实。我们想要保留更多过去或期待未来的欲望可能会完全超过这种现实感。虽然我们可以将现在从过去（原因）和未来（目的）中分离出来，但任何放弃作为平衡中心——作为我们生活的杠杆——的现在都会导致一个不平衡的人格。如果你向右（责任心过度）或向左（冲动）摆动都没有关系，但如果你向前（未来）或向后（过去）超出平衡，你可能会在任何一个方向失去平衡。

这适用于一切，当然，也适用于精神分析治疗。这里唯一存在的现实就是分析性面谈。无论我们在那里体验了什么，我们都是在当下体验的。这必须是每一个"有机体重组"尝试的基础。当我们记得的时候，我们会在那一秒为了某个目的而记得；当我们想到未来的时候，我们预期事情的到来，但我们这样做是在当下这一刻，并出于各种原因。对历史思维或未来主义思维的偏爱总是会破坏与现实的接触。

缺乏与现在的接触，缺乏我们自身的实际"感觉"，会导致我们要么飞向过去（历史思维），要么飞向未来（预期思维）。"厄庇米修斯"弗洛伊德和"普罗米修斯"阿德勒两个人都与神经症患者挖掘过去或保护未来的欲望合作，错过了阿基米德式的调整点。为了从我们的经验和错误中获益而回到过去，这种做法的好处通过放弃"现在"这个永恒的所指，就会去向其反面：变得对发展有害。我们变得多愁善感，或者养成了责怪父母或环境（怨恨）的习惯，过去常常变成一种"虔诚渴望的圆满"。简而言之，我们养成了一种追溯的性格。相比之下，预期的性格在未来迷失了自己。他的急躁使他产生了虚幻的预期——与计划相反，这些虚幻的预期现在正在耗尽他的兴趣，击垮他与现实的接触。

弗洛伊德的直觉是正确的，他相信与当下的接触是必要的。他要求自由浮动的专注，这意味着觉察到所有的体验，但实际情况是，患者和分析师缓慢而肯定地习惯于两件事：首先，是自由联想的技巧,是思想飞翔的技巧;其次,是分析师和患者身处其中的一种状态,他们相互陪伴,寻找记忆,自由浮动的注意力就会飘走。开放的思想在实践中被缩小到对过去和力比多的几乎排他的兴趣。

弗洛伊德在时间上并不是很精确。当他说梦见一条腿站在现在,另一条腿站在过去时,他包括过去的几天到现在。但就在一分钟前发生的事就是过去,而不是现在。弗洛伊德的观点与我的观点之间的差异可能看起来无关紧要,但实际上这不仅仅是一个迂腐的问题,而且是一个涉及实际应用的原则。正如我们在第一章中所看到的,在落石砸死一个人的巧合中,一瞬间可能意味着生与死的差别。

对当下的漠视有必要引入"移情"。如果我们不给患者自发的和创造性的态度留下空间,那么,我们要么必须寻找过去的解释(假设他把他的每一点行为都从遥远的时代转移到分析性的情境中),要么就必须按照阿德勒的目的论思想,把自己限制在找出患者头脑里有什么目的,有什么安排,他有什么锦囊妙计。

我绝不否认一切事物都起源于过去,并有进一步发展的趋势,但我想带回家的是,过去和未来的方向不断地从现在开始,必须与它有关。没有对现在的参考,它们将变得毫无意义。考虑这样一个具体的东西,如建造于多年前的一所房子,起源于过去,有一个目的,即居住。如果一个人只满足于它已经被建造的历史事实,对房子会发生什么?如果没有人照料,房子就会因为受到风和天气的影响而倒塌。干腐和湿腐,以及其他腐朽的影响,虽然小,有时看不见,但有累积的作用。

*　　　*　　　*

弗洛伊德动摇了我们的因果、道德和责任观念,但他停在半

第十一章 时间

路上：他没有将分析引向最终结论。他说，我们并不像自己认为的那样好或坏，但我们在无意识里大多更坏，有时更好。因此，他把责任从**自我**转移到**本我**身上。此外，他揭示了理性原因是合理化的，并认为**无意识**为我们的行为提供了原因。

我们如何取代因果思维？我们如何克服困难，从现在出发，在不询问原因的情况下实现科学的理解？我在前面已经提到了功能思维所产生的优点。如果我们在决定方面有勇气尝试遵循现代科学，即"为什么？"这个问题没有最终答案，我们就会得到一个非常令人欣慰的发现：所有相关的问题都可以通过问"如何？""在哪里？"和"什么时候？"来回答。详细的描述与专注和增加的知识是一致的。研究需要详细的描述，不能忽略语境。其余的则是意见或理论、信念或解释的问题。

通过运用现在的思想，我们可以提高我们的记忆力和观察力。当我们说到记忆进入我们的头脑时，我们的自我或多或少是被动的。但是，如果我们回到一个情境中，想象我们真的在现场，然后使用现在时态详细地描述我们所看到的或所做的，我们将大大提高我们的记忆能力。在这些方面的练习将构成这本书的最后一部分。

在阿德勒的心理学中最突出的未来主义思想，在弗洛伊德的概念中却置于次等重要的位置（例如，从疾病中获得的次要性）。他被困在原因里，虽然在《日常生活心理病理学》中，他举出了许多例子，来说明遗忘和记忆不仅有原因，而且有趋势。一方面，记忆决定了神经症患者的生活，另一方面，他为了某种目的而记忆或遗忘。一个老兵可能会记得他可以夸耀的事迹——他甚至可能为了吹嘘的目的而编造回忆。

我们的思维方式是由我们的生物组织所决定的。嘴在我们的前面，肛门在我们的后面。这些事实与我们将要吃的或遇见的东西有关，也与我们将要离开或经过的东西有关。饥饿当然与未来有一定的联系，粪便的消失与过去有一定的联系。

第十二章
过去和未来

虽然我们对时间的了解不多，只知道它是我们存在的四个维度之一，但我们能够定义现在。现在是过去和未来对立的不断移动的零点。一个适当平衡的人格会考虑过去和未来，而不会放弃现在的零点，也不会把过去或未来看作现实。我们所有人都既回顾过去又展望未来，但一个人如果无法面对不快乐的现在，主要生活在过去或未来，沉浸在历史思维或未来主义思维之中，就无法适应现实。因此，现实——除了如前所述的图形-背景-形成之外——获得了一个由现实感所提供的新的方面。

白日做梦是为数不多的几种被普遍认为是从现在的零点飞向未来的职业之一，在这种情况下，人们习惯把它称为逃避现实。另一方面，也有一些人求助于分析师，他们非常愿意接受流行的精神分析思想，即挖掘出所有可能的婴儿记忆或创伤。有了回溯性的特征，分析师可能会浪费数年时间去跟随这种徒劳无益的追逐。他深信，挖掘过去是治疗神经症的灵丹妙药，他只是与患者面对现在的阻抗进行合作。

不断地钻研过去还有一个较大的缺点，就是它忽略了相反的方面，即未来，从而错过了整个神经症群体的要点。让我们考虑一个典型的预期性神经症案例：一个男人，在上床睡觉时，担心他将如何睡觉。每天早上，他对自己在办公室里要做的工作都下了一大堆决心。当他到达那里时，他不会执行他的决心，而是准备他想要传达给分析师的所有材料，尽管他不会在分析中提供这些材料。当他要使用已经准备好的事实时，他的脑子里却满是与女朋友共进晚餐的期望，但是在吃饭的时候，他又会告诉女孩他在睡觉前要做的所有工作，等等。这个例子并不是夸大其词，因为有不少人总是比现在领先几步或几英里。他们从不收集自己努力的成果，因为他们的计划从不与现在——与现实接触。

让一个被饥饿的无意识恐惧所困扰的人意识到他的恐惧源于他童年所经历的贫困，这有什么用呢？更重要的是去证明，在着眼未来和追求安全的过程中，他毁掉了自己现在的生活，他积累巨额财富的理想与生命的意义是分离的。至关重要的是，这样一个人应该学会"感觉自己"，应该恢复所有的欲望和需求、所有的快乐和痛苦、所有的情绪和感觉，让生命富有意义，这些已经成了背景，或者为了他的金色理想而被压抑了。除了生意上的联系，他还必须学会在生活中进行其他接触。他必须学会工作和玩耍。

这些人一旦失去了与世界的唯一接触——商业接触，就会患上开放性神经症。这就是有名的退休商人神经症。除了提供一种消遣来填补他空虚人生中的几个小时之外，历史分析对他来说又有什么用呢？有时一场纸牌游戏也可以达到同样的目的。在海边常常可以看到这样一种人（与大自然毫无接触），他不肯离开闷热的船舱，去看一看美丽的日落。他宁愿坚持他那毫无意义的职业，交换卡片，拿着他的"奶嘴"，也不愿面对与大自然的接触。

其他展望未来的类型有杞人忧天者、占星家，以及安全第一、绝不冒险的人。

第十二章 过去和未来

历史学家、考古学家、寻求解释者和抱怨者从另一个方向看问题，最依恋过去的人是那些生活不幸福的人，"因为"他的父母没有给他适当的教育；或者是性无能的人，"因为"当他的母亲为了惩罚他手淫不得不割下他的阴茎时，他得了阉割情结。

在过去，这种"病因"的发现很少成为治疗的决定性因素。我们社会中的绝大多数人都没有接受过"理想的"教育，而且大多数人在童年时都经历过自慰的威胁，但没有变得阳痿。我知道一个个案，其中这样一个阉割情结的所有可能的细节都浮出水面，而没有从本质上影响阳痿。分析师解释了患者对女性的厌恶。患者接受了这一解释，但从未感觉到和体验到恶心。所以他不能把厌恶变成相反的东西，即欲望。

有追溯力的人避免为自己的生活和行为承担责任，他宁愿把责任推到过去发生的事情上，而不是采取措施来补救目前的情境。对于可管理的任务，人们不需要替罪羊或解释。

在分析回顾性性格时，人们总会发现一个明显的症状：哭泣的压制。哀悼是辞别过程的一部分，如果一个人想要克服对过去的执着，这是必要的。这个被称为"哀悼工作"的过程是弗洛伊德最具独创性的发现之一。辞别需要整个有机体的工作，这一事实表明了"自身的感觉"是多么重要，在失去有价值的接触后，如何通过体验和表达最真实的情绪来调整自己。为了重新获得接触的可能性，必须完成哀悼的任务。虽然悲伤的事件已经过去，但死者并未死去——他们仍然存在。哀悼工作是在现在完成的：死者对哀悼者的意义不是决定性的，而是死者对他仍然有意义。如果一个人在 5 年前受过伤，后来痊愈了，那么失去一根拐杖就不重要了；只有当一个人还跛着脚，需要拐杖的时候才重要。

虽然我极力反对未来主义和历史思维，但我不希望给人错误的印象。我们不能完全忽视未来（如计划）或过去（未完成的情境），但我们必须认识到，过去已经过去了，给我们留下了许多未完成的情境，计划必须是行动的向导，而不是升华或替代行动。

人们经常犯"历史错误"。我这样表达并不是指混淆历史资料，而是指把过去误认为实际情况。在法律领域，那些早已失去存在理由（raison d'être）的法律仍然有效。宗教人士也独断地坚持仪式，这些仪式在过去是有意义的，但在一个不同的文明中是不合适的。古犹太人在安息日不允许开车，这是有道理的，因为负重的牲畜应该有一天休息，但我们这个时代虔诚的犹太人拒绝使用在任何情况下运行的有轨电车，这是不必要的不便。他把意义变成了毫无意义——至少在我们看来是这样。他从一个不同的角度去看。如果没有未来主义思维的支持，教条就不能保持它的活力，甚至不可能存在。信徒高举宗教律法是为了登上"神的好书"，是为了在一个虔诚的人身上获得威望，或是为了避免不愉快的良心刺痛。他绝不会感觉到他犯的历史错误，否则他的人生格式塔、他的存在感，就会变成碎片，他就会因方位的迷失而陷入彻底的混乱之中。

与历史相似的是未来主义错误。我们期待一些东西，我们希望一些东西，如果我们的希望没有实现，我们就会失望，甚至会非常不幸福。因此，我们很容易责怪命运、别人或自己的无能，但我们不准备看到期望现实应该与我们的愿望一致的根本错误。我们避免看到失望是我们的责任，它来自我们的期望，来自我们的未来主义思维，尤其是如果我们忽视了我们自身局限性的现实的话。精神分析忽略了这一基本因素，尽管它大量地处理了失望的"反应"。

第十二章 过去和未来

经典精神分析最重要的"历史错误"是对"退行"一词的滥用。患者表现出一种无助、一种对母亲的依赖，不像一个成年人，而变成了一个三岁的孩子。没有什么可以反对分析他的童年（如果患者的历史错误被充分强调的话），但是为了认识到错误，我们必须将它与它的反面——正确的行为——进行对比。如果你拼错了一个词，除非你知道正确的拼法，否则你无法消除这个错误。这同样适用于历史的或未来的错误。

上述讨论中的这个患者也许从来没有达到一个成年人的成熟程度，也不知道独立于母亲是什么感觉，以及如何与他人接触，除非他能感觉到这种独立，否则他无法认识到自己的历史错误。我们想当然地认为他有这种"感觉"，我们很容易假设他已经达到了成人的地位，只是暂时退回到童年的状态。我们倾向于忽视情境问题。因为他的行为在没有困难的情况下是正常的，或在需要反应的事情上类似于孩子的期望，我们理所当然地认为他基本上是成年人了。然而，当更困难的情境出现时，他证明自己的态度还没有成熟。如果他不明白幼稚与成熟行为之间的区别，我们怎么能期望他知道如何改变呢？如果他的"自体"已经成熟，如果他同化了而不是仅仅复制了（内摄了）成年人的行为，他就不会"退行"了。

那么，我们可以得出这样的结论：眼前的未来包含在现在之中，特别是包含在它的未完成的情境之中（本能循环的完成）。我们有机体的很大一部分是为"目的"而建造的。无目的的（比如无意义的）动作可以包括从轻微的怪异行为到精神病患者令人费解的行为等各种行为。

把现在看作过去的结果，我们发现了多少学派，就发现了多少原因。大多数人像造物主一样相信"主要原因"，其他人宿命论地坚持将遗传的体质当作唯一可识别的和决定性的因素,而对其他人来说,环境影响是我们行为的唯一原因。有些人认为一切罪恶的根源是经济学,另一些人则认为是受压抑的童年。在我看来,现在是许多"原因"的巧合存在,带来了不断改变的、千变万化的情境,这些情境永远不会完全相同。

第十三章
过去和现在

虽然目前还不可能对过去与现在之间的关系做出充分的说明，但已有足够的材料可以尝试做出以下不完全的分类：

（1）体质（遗传）的影响；

（2）个体的训练（通过环境影响加以调节）；

（3）未来主义的记忆；

（4）强迫性重复（情境的未完成性）；

（5）未消化的经历（创伤和其他神经症记忆）的积累。

（1）就体质而言，过去与现在之间的关系是相当明显的。让我们以甲状腺的功能为例。呆小症（黏液性水肿）是由过去发生的事情引起的。钻研过去除了满足我们的科学好奇心，或者告诉我们疾病的起源，以便帮助我们今天治愈它之外，还有什么价值吗？我们不断增加甲状腺激素，以配合现在的甲状腺素缺乏症。

（2）个体的训练可与道路建设相比较，目的是以最经济的方式引导交通。然而，如果条件反射不太深，它很可能会恶化，就像糟糕的道路可能会破裂一样。恶化趋于毁灭。旧的道路将消失，我们的大脑会遗忘。然而，有些道路是像古罗马公路那样修建的。一旦我们学会了阅读，多年不阅读可能仍然保持阅读能力不变。

然而，如果修复翻新，如果车辆被引导到新的道路上，情况就会不同。如果我们被迫说一门外语，很少使用母语，我们的母语就会退化，几年以后，我们可能经常会发现很难记住以前自动掌握的单词。另一方面，重新适应，即切换回母语，会比在童年时最初学习它所花的时间要少。

当我们试图阻止神经症的发展时，我们试图恢复患者的生物学功能，通常被称为正常或自然的功能。同时我们也不能忘记训练，不能忘记对未发展态度的调整。如果我们不忘记同时消解错误格式塔的动态影响，我们就可以从重新调节的角度欣赏 F. M. 亚历山大的方法。如果我们只是把一个格式塔叠加到另一个之上，我们就会禁锢、压抑错误的格式塔，但让它继续存在，通过消解后者，我们释放了整个人格运转的能量。

（3）目的论、未来主义的记忆这种表达听起来自相矛盾，但我们经常为了未来的目的而记住过去的经历。从精神分析的角度来看，这一类中最有趣的是危险信号。如果高速公路上的同一地点发生了几起汽车事故，当局可以设置危险信号。竖立这些危险信号不是为了纪念那些被杀害的人，其"目的"是防范未来的事故。

正如弗洛伊德所说，神经症患者的危险信号不是焦虑发作。神经紧张的人把他的记忆作为在任何地方的停止信号，只要他闻到危险的可能性。对他来说，这个程序似乎是合理的，他似乎是在践行这样一句谚语："一朝被蛇咬，十年怕井绳。"例如，他可能坠入爱河而失望了。因此，他非常小心，不让这样的"灾难"再次发生。一旦他感到了最轻微的感情信号，他就会（有意识或无意识地）产生他那不愉快体验的记忆，并将之当作叫停的红灯。他完全忽视了他犯了一个历史错误的事实，即现在的情境可能与以前的大为不同。

挖掘过去的创伤情境可能会提供更多的危险信号材料，可能会更多地限制神经症患者的活动和生活范围，只要他还没有学会区分以前的和现在的情境。

（4）强迫性重复是一个非常微妙的问题，就其本身而言，这是弗洛伊德的一个惊人发现，但不幸的是，他得出了荒谬的结论。他在单调的重复中看到了一种精神骨化（mental ossification）的倾向。弗洛伊德认为，这些重复变得僵化而毫无生气，就像无机物一样。他对这种否认生命倾向的推测使他假设，在这背后有一种明确的冲动在工作：一种死亡或涅槃的本能。他进一步得出结论，就像有机体的力比多被转化为爱一样，死亡本能也被转化为毁灭的倾向。他甚至将生命解释为死亡本能与令人不安的力比多之间的永恒斗争。这个反宗教的人让厄洛斯和塔纳托斯重新登上了王位，这个科学家和无神论者退化到了他奋斗了一生想要摧毁的神的地位。

在我看来，弗洛伊德的建构包含着几个错误。他认为"强迫性重复"的格式塔具有僵化的特征，尽管习惯中存在明显的骨化倾向，对此我并不同意。我们知道，一个人年纪越大或者他的人生观越不灵活，要改变习惯就越不可能。当我们谴责某些习惯并称之为恶习时，我们就在暗示需要改变。然而，在大多数情况下，它们已成为人格的一部分，以致到了所有有意识的努力都无法改变它们的程度，而所有的努力都局限于可笑的决心，这些决心暂时贿赂了良心，但对问题没有影响。

原则同样顽固，它们是独立观点的替代品。如果主人不能通过这些固定的方位来确定自己的方向，他就会迷失在事件的海洋之中。通常，他甚至以此为傲，不把它们看作弱点，而是视为一种力量的源泉。他紧紧抓住它们,因为他自己缺乏独立的判断。

习惯的动力是不均匀的。有些是由节约能量所决定的,是"条件反射"。习惯通常是固定的,或者原本是固定的。它们靠恐惧而活,但可能会变成"条件反射"。这种观点认为,仅仅分析习惯是不足以"打破"它们的,就像决心一样。

"强迫性重复"的结构与习惯和原则的结构有很大的不同。我们先前已经选择了一个人的例子,他一次又一次地对他的朋友感到失望。这很难说是一种习惯或原则。但什么是强制性的重复呢?要回答这个问题,我们得绕道而行。

K. 勒温(K. Lewin)进行了以下记忆实验。一些人被要求解决一些问题。他们没有被告知这是一项记忆测试,而给人的印象是正在进行智力测试。第二天,他们被要求写下他们记得的问题,非常奇怪的是,未解决的问题比已经解决的问题记得更清楚。力比多理论会让我们期待相反的结果,即自恋的满足会让人们记住他们的成功。或者他们都有阿德勒的自卑情结,他们只记得那些未解决的任务,作为下次做得更好的警告?两种解释都无法令人满意。

"解决"这个词表示一个令人困惑的局面消失了,解除了。关于强迫性神经症患者的行为,人们已经意识到强迫性行为必须重复,直到他们的任务完成为止。当一个死亡愿望在精神分析或其他方面被消解时,对执行强迫性仪式的兴趣(死亡愿望的"解除")将会退隐到背景里,随后从大脑中消失。

如果一只小猫试图爬树但失败了,它就会一次又一次地尝试,直到成功。如果老师在学生的作业中发现错误,他就会让学生重新做一遍,不是为了重复错误,而是为了训练他找到正确的解决方法。然后情境就结束了,老师和学生对它失去了所有的兴趣，就像我们做填字游戏一样。

重复一个动作直至精通是发展的本质。机械的重复，没有完美的目标，这违背了有机体生活，违背了"创造性整体论"（史末资）。只有当手头的任务未完成时才会有兴趣。一旦完成，兴趣就会消失，直到新的任务再次产生兴趣。正如力比多理论所指出的那样，有机体没有储蓄银行可以从中提取所需的利息。

强制性重复也绝不是自动的。相反，它们是解决生活相关问题的积极尝试。对朋友的需要本身就是渴望与人接触的一种非常健康的表达。永远失望的人的错误仅仅在于他一遍又一遍地寻找这个理想的朋友。他可能在白日梦甚至幻觉中否认令人不快的现实，他可能试图自己成为这种理想的人，或者把朋友们塑造成这种理想的人，但他无法实现自己的愿望。他没有意识到自己犯了一个根本性的错误：他在错误的方向上寻找自己失败的原因——从外在而不是内在寻找。他把朋友看作自己失望的原因，而没有意识到这是他自己的期望造成的。他的期望越理想化，越不符合现实，接触问题就变得越困难。在他把对不可能的期望调整到现实的可能性之前，这个问题不会得到解决，重复的强迫也不会停止。

因此，强迫性重复不是机械的，也不是死气沉沉的，而是充满活力的。我看不出人们如何能从这里推断出神秘的死亡本能。这是弗洛伊德离开坚实的科学基础，进入神秘主义领域的一个例子，就像荣格对力比多理论和**集体无意识**概念的特殊发展一样。

我不需要去找出弗洛伊德发明这种死亡本能的原因。也许是疾病或者年纪渐长，使他希望存在这样一种死亡本能，这种本能可以以攻击的形式释放出来。如果这个理论是正确的，那么任何有足够攻击性的人都有延长生命的秘密。独裁者将永远活着。

弗洛伊德也交替使用"涅槃"和"死亡本能"这两个词。虽然没有任何东西可以证明死亡本能的概念是正确的，但涅槃本能可能会找到一些理由。我们必须反对"本能"这个词，而应该使用"倾向"这个词。每一种需要都会扰乱有机体的平衡。本能指明了平衡被打破的方向——正如弗洛伊德对性本能所认识到的那样。

歌德也有类似于弗洛伊德的理论，但对他来说，扰乱人类"无条件和平之爱"的不是性欲，而是以梅菲斯托（Mephistopheles）为象征的毁灭。这种和平既非无条件的，亦非持久的。满足会恢复有机体的和平与平衡，直到——很快——另一种本能提出它的要求。

把"本能"误认为趋向平衡，就像把在一对天平上称重的货物误认为天平本身一样。我们可以把这种通过满足来休息的内在冲动称为本能，"为涅槃而奋斗"。

涅槃"本能"的假设也可能是一厢情愿的结果。我们有机体的天平恢复平衡的短暂时期平静而快乐，很快就会被新的要求和冲动所扰乱。我们常常想把这种宁静的感觉从它在本能满足循环中的位置里分离出来，使它持续得更久。我明白，印度教徒不赞同身体及其痛苦，他们试图消灭所有欲望，宣称涅槃状态是我们存在的终极目标。如果追求涅槃是一种本能，我就不明白他们为什么要投入这么大的精力、进行这么多的训练来实现他们的目标，因为本能会自己照顾自己，不需要任何有意识的努力。

关于所谓的死亡本能还有很多可说的。[①] 如果不是弗洛伊德

[①] 在我看来，¶和‡的力量会对死亡负责，但是死亡不会对攻击负责。在动脉硬化的情况下，一定数量的钙加入动脉的组织中，使其变硬，从而扰乱了组织的适当营养。胃溃疡就是‡能量的一个简单例子，胃液会破坏器官壁。

的学生被他的伟大所吸引，把他说的每句话都当作一种宗教信仰——就像我自己几年前所做的那样——对其真正本质的洞见早就可以获得了。

（5）这种对精神材料的吞咽将我们带入另一种形式的过去-现在关系：大量的创伤性和内摄性记忆。

一个简单的例子就是记忆力极好的愚蠢的学生，他能背诵整篇文章，并且能很容易地在试卷上重复它们，却无法解释他所写的意思。他得到了材料，但没有吸收。这类记忆最吸引弗洛伊德兴趣的是，它们都存在于一种精神胃中。有三种情况可能发生：要么把这些材料吐出来（就像记者一样），要么把未消化的材料排出体外（投射），要么患上精神消化不良，这一状态被弗洛伊德如下名言所掩盖："神经症患者遭受记忆之痛。"

为了充分理解这种精神消化不良，并提供治疗方法，我们必须考虑饥饿本能和有机体同化的细节。在心理方面，同化的干扰会促进偏执狂和偏执狂性格的发展。对这个问题的研究将是本书第二部分的重点。

第二部分

精神的新陈代谢

任何一种外来的、异类的或敌对性格的元素被引入人格之中，都会造成内部摩擦，阻碍人格的运转，甚至可能导致人格的完全混乱和瓦解。人格就像有机体一样，其延续依赖于来自环境的营养供应，包括智力的、社会的等等。但这种外来物质，除非被人格适当地代谢和同化，否则可能会伤害人格，甚至对它而言是致命的。正如有机体同化对动物生长至关重要一样，对人格部分的智力、道德和社会同化成为其发展和自体实现的核心事实。这种同化的能力在个体情况下差别很大。歌德能够吸收和同化所有的科学、艺术和文学。

他可以同化这大量的经验，可以把它变成自己的全部，并使这一切都有助于自体实现的辉煌和壮丽，这使他成为人类中最伟大的人之一。

——J. C. 史末资

第一章
饥饿本能

如果我们把1个边长1英寸的立方体的3个维度切开（图1和图2），我们就会有8个立方体而不是1个；体积保持不变，但表面积增加了1倍（图3）。图1显示了一个6平方英寸的表面，图3显示了8个立方体，每一个有6条边，边长为半英寸：$8 \times 6 \times \frac{1}{2} \times \frac{1}{2} = 12$（平方英寸）。这样将原立方体的表面增加了1倍，我们可以继续细分，从而增加表面。

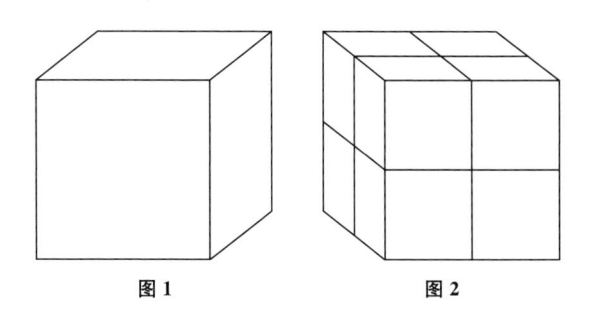

图1　　　　图2

大表面的优点是它对物理和化学影响的反应迅速而彻底。一片阿司匹林压碎后会溶解得更快。一块肉放在温和的酸中，需要很长时间才能溶解，因为酸只会腐蚀表面，而不会腐蚀里面。然

图3

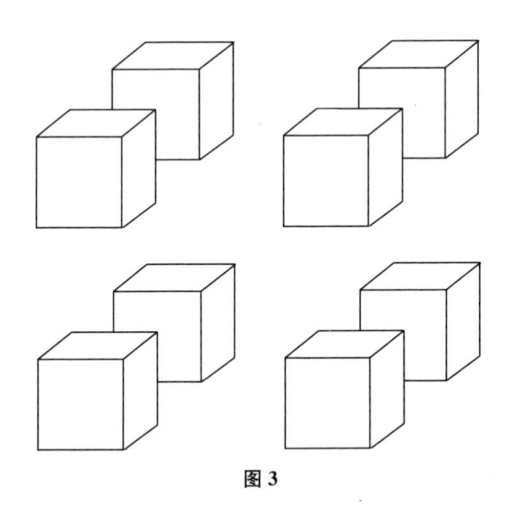

而，如果它被切碎并散开，所有的物质都将在同一时间溶解，因为在第一种情况下，必须先穿透表面。

‡在食物消费过程中起着重要作用。然而，¶是不可忽视的，因为它存在于当我们靠近食物时（食欲）、品尝时，在我们有机体内的某些合成化学反应中。这些功能在胎儿中相对来说是微不足道的，但在出生后的个体中，它们发挥着越来越大的作用。

在第一阶段，我们发现了胚胎，它像母亲的任何其他组织一样。它通过胎盘和脐带获得所需的所有食物——液态的和化学准备的食物，以及必要的氧气。在早期阶段，胎儿无需任何努力就能将这两种食物输送到组织中，随后胚胎的心脏也参与了这一分配。随着出生，脐带停止了功能，母亲与孩子之间的生命线被切断了，为了保持生存，新生的婴儿面临着任务，这些任务对我们来说很简单，对小有机体来说却很困难。他必须自己提供氧气，也就是说，必须开始呼吸，必须吸收食物。如本章开头所示，分解固体结构尚不需要，但是母乳中的蛋白质等分子必须通过化学方法还原并分解成更简单的物质。然而，吮吸还必须完成一个有意识的主动部分：悬挂着咬。

在下一个阶段，婴儿的门牙开始长出来，第一次攻击固体食物的方式出现了。这些门牙起剪刀的作用，涉及下巴肌肉的使用，尽管在我们的文明中，它们的使用经常被刀所取代，导致牙齿及其功能受损。牙齿的任务是破坏食物的总体结构，如图 1 到图 3 所示。

母亲的乳头成了可以咬的"东西"。在精神分析中，这个阶段被错误地称为"同类相食"，开始发挥作用。咬乳头对母亲来说可能是痛苦的。没有意识到孩子咬人冲动的生物学本质，或者可能有一个疼痛的乳头，母亲可能会变得心烦意乱，甚至打"淘气"的孩子。反复打孩子会使他抑制咬人。咬人被认为是伤害和被伤害。然而，报复性创伤并不像因撤回乳房（过早断奶或突然断奶）而造成的创伤性挫折那样经常遇到。咬人的行为越被抑制，孩子在情境需要的时候就越难发展出应对客体的能力。

在这种情况下，恶性循环开始了。小孩子不能压抑[①]自己的冲动，也不能轻易地抵制像咬人这样强大的冲动。在非常小的儿童中，自我功能（以及与之相关的自我边界）还没有得到发展。据我所知，它所能支配的只有投射手段。在这个阶段，孩子不能区分内部世界和外部世界。因此，"投射"一词并不完全正确，因为它的意思是，应该在内部世界感受到的东西，却被体验为属于外部场域，但出于实际目的，我们可以使用"投射"这个词，而不是"投射的前分化状态"。（见本部分第十章）

伤害的能力越是被抑制、被投射，孩子就越会产生对被伤害

[①] 压抑最初是基于对嘴、肛门和尿道肌肉的控制。

的恐惧，而这种对报复的恐惧，反过来又会使他们更不愿意承受痛苦。在所有这些情况下，都可以发现门牙的使用不足，以及普遍的生活能力不足，无法用牙齿完成任务。

被抑制的攻击的另一条出路是"内转"，我为它专门保留了一章。

如果牙齿的发育在门牙出现和使用之后就停止了，我们将能够把一个较大的块咬成小块，但是消化这些小块会给我们的化学器官带来压力，并需要相当长的时间。一种物质磨得越细，它呈现在化学作用下的表面就会越大。臼齿的任务是破坏食物的结块，咀嚼是机械准备的最后阶段，为即将到来的化学物质和身体汁液的攻击做准备。适当消化的最佳准备是将食物磨成几乎变成液体的浆状物，并与唾液充分混合。

很少有人意识到胃只是皮肤的一种，不能处理结块。有时有机体为了弥补咀嚼的不足，会产生过量的胃酸和胃蛋白酶。然而，这种调整有发展成胃溃疡或十二指肠溃疡的危险。

饥饿本能发展的不同阶段可分为产前（出生前）、出牙前（哺乳）、门牙（咬）和臼齿（咬和咀嚼）阶段。在详细讨论这些不同阶段的心理层面之前，我想先谈一谈以前提到过的一个主题——不耐烦的主题。许多成年人把固体食物"当作"液体，一口一口地吞下去。这样的人的特点是，总是缺乏耐心。他们要求立刻满足他们的饥饿——他们对破坏固体食物没有兴趣。他们的不耐烦与贪婪和无法获得满足相结合，这一事实我们将在后面说明。

要了解贪欲与不耐烦之间的密切关系，只需观察乳儿吸奶时的兴奋、贪欲与不耐烦。乳儿的接触功能仅限于悬挂着咬，其余的喂养是融合（意思即流动）的。当成年人口非常渴时，他们也会以类似的方式表现出来,却不觉得有什么不妥。但狼吞虎咽固体食物的人会把固体误认为液体,结果是他们既没有咀嚼能力,没有完成任何工作,也没有承受压力的能力。

吃得不耐烦的人(当然总是会为自己的匆忙找到借口,比如"没有时间")与等电车的人可以做个比较。对于贪婪的吃货来说,嘴里的食物是一个"图形",就像电车对于不耐烦地等待它的人一样。在这两种情况下,融合是人们所期待的,在这里是图像与现实的汇流,并且仍然是主要的推动力。嘴里的填充物并没有退居到背景里去,像它本应该做的那样,品尝和破坏食物的快乐也没有成为兴趣的中心——"图形"。

最重要的是,本应该在使用牙齿中拥有其自然的生物出口的破坏性倾向仍然无法得到满足。我们发现这里的增加和减少功能与在回避中是一样的。这种破坏性功能,虽然本身不是一种本能,但它是饥饿本能的一种非常强大的工具,它被"升华"了——远离了客体"固体食物"。它以有害的方式表现出来,例如杀人、发动战争、虐待等,或者作为自体折磨,甚至自体毁灭,以内转的方式表现出来。

纯粹的精神体验(愿望、幻想、白日梦)经常被当作"仿佛"客观现实来对待。例如,在强迫症和其他神经症中,人们可以注意到,想要做被禁止的事情会受到良心的谴责和惩罚,就像真正的恶行受到法律当局的惩罚一样。事实上,许多神经症患者无法区分想象中的和真实的恶行。

在精神病患者中,想象与现实的融合常常导致患者不仅期待惩罚,而且对想象的行为施加真正的惩罚。

对精神和情感食物的饥饿表现为身体饥饿,K. 霍尼正确地观察到,神经症患者永远都在贪恋感情,但其贪心永远得不到满足。神经症患者这种行为的一个决定性因素是,他没有同化别人给予他的感情。他要么拒绝接受它,要么贬低它,所以一旦他得到它,它就变得令人厌恶或毫无价值。

此外,这种不耐烦、贪婪的态度是我们在这世界上发现的过度愚蠢的罪魁祸首。就像这些人没有耐心去咀嚼真正的食物一样,他们也不会花足够的时间去"咀嚼"精神食物。

由于现代社会在很大程度上提倡匆忙进食,所以一位伟大的天文学家说过这样的话就不足为奇了:"据我们所知,只有两种东西是无限的——宇宙和人类的愚蠢。"如今我们知道这种说法并不完全正确。爱因斯坦证明了宇宙是有限的。

第二章
阻　抗

力比多理论认为，性本能的进化经历了口腔期和肛门期，在这些阶段的干扰或固化会阻碍健康性生活的发展。观察和理论考虑都迫使我反驳这个假设。如果一个人的主要兴趣在于他的口腔或肛门功能，那么这种兴趣的程度可能会降低他的性兴趣。如果性禁忌被接受了，那么人们对饮食的兴趣——至少在我们的文明中——可能会增加。口腔和肛门特征往往是推和拉的结果——远离生殖器，朝向消化器官打开。

把生殖特征作为发展的最高形式是相当武断的。例如，赖希通过颂扬性能力，给人建立一种现实中并不存在的理想的印象。我同意他的观点，即高潮功能中的任何干扰都会同时干扰人格的其他功能，但自我功能、饥饿本能中的任何干扰也都会干扰人格，如 F. M. 亚历山大和赖希自己展示的，运动系统也是如此。我曾治疗过一些歇斯底里症患者，他们在性方面的困难很快就被克服了——然而，由于他们的自我功能发展不良，对他们的分析被证明是困难的。

在我们的文明中，我们确实发现了典型的口腔和肛门特征，但在《圣经》或许多原始种族中，我们并没有发现很多关于肛门情结的参考文献。排便已成为一种麻烦事，自从发现粪便是伤寒、霍乱等疾病的细菌载体后，它便成为卫生禁忌，非常遭人鄙视。我们发现在中国人中肛门行为正好相反，在主人的场地上排便并不可耻，相反，它被视为一种恩惠，因为粪便是稀缺的，所以受到高度尊重。

虽然将人类按口腔、肛门和生殖器特征分类，但精神分析从来不关注与这三种类型相关的不同形式的阻抗。口腔和生殖器的阻抗被忽略了，每一种阻抗都被看作肛门的阻抗，作为一种不愿放弃，或作为一种倾向保留一个人的精神、情感和身体内容。弗洛伊德对待他的患者就像对待坐在便壶上的孩子一样，劝他们把心里的想法说出来，让他们不要觉得尴尬。

如果我们承认一个人的口腔和生殖器行为有困难，难道我们不应该寻找这些类型特有的阻抗吗？生殖器阻抗不一定是卑鄙的，这是典型的肛门阻抗。手淫的人并不总是因为害怕失去宝贵的精液而避免性交——他的阻抗可能是出于害羞、害怕传染或其他生殖器阻抗，这些阻抗的典型结果是性冷淡和性无能。

在口腔类型中，我们发现有明显口腔阻抗的病例是与咬功能的发展不足相吻合的。一种原始的口腔阻抗就是绝食抗议，要么是有意识的，像在监狱里那样（为了执行某些要求），要么是无意识的，以食欲不振的形式。如果丈夫生妻子的气，他的攻击性可能不会进入牙齿，他发脾气可能不会解决问题，而是会拒绝她的食物——"他就是一口也吞不下去"。我刚刚读到的一篇参考文献显示，W. 福克纳（W. Faulkner）发现，人们在收到不愉快的消息时，其食道会出现局部收缩（痉挛），很明显，他们拒绝吞咽使人不快的消息。

最重要的口腔阻抗是厌恶。它是神经衰弱的主要症状（主要表现为极度厌倦）。被压抑的厌恶在偏执狂性格中扮演着重要角色。我观察到一个介于偏执狂与偏执性格之间的边缘性病例，他经常呕吐，但没有厌恶的情绪体验。没有发现"有机体的"基础。厌恶本质上是一种人类现象。虽然对动物（主要是驯养的）的一些观察是朝着这个方向的，但按照一般规则，我们可以说，对动物而言，没有必要退回它不喜欢的食物。它不吃任何它不渴望的食物。根据本书所代表的本能理论，草地上的一块肉对牛来说并不存在，它不会变成"图形"，也不会被吃掉，因此不会产生厌恶。然而，在人类的训练中，厌恶扮演着重要的角色。

厌恶指的是有机体本身对食物的不接受、情感上的拒绝，不管食物是真的在胃里还是在喉咙里，或者只是想象在那里。可以说，它已经逃过了味觉审查，甚至到了胃里。如果一个人看到一些腐烂的东西（或任何引起他厌恶的东西）并感到厌恶，他的行为就会表现得"好像"恶心的东西已经在他的胃里。他有从轻微的不适到胆汁多的各种感觉——甚至可能呕吐，尽管恶心的东西实际上在他的身体外面。这种阻抗属于毁灭类。厌恶意味着口腔接触的结束，意味着与已经成为我们一部分的东西的分离——"上帝把他从嘴里吐了出来"。

对粪便的厌恶是孩子养成清洁习惯背后的情感动机，虽然最初这是一种口腔阻抗，但它形成了肛门情结的核心。孩子与自己的物质产品及其生产过程变得疏远。[1]

一种附加的阻抗，一种对抗阻抗的阻抗，具有特殊的重要性：对厌恶的压抑。例如，一个非常不喜欢某种食物的孩子可能

---

[1] 对自己产品的无私和不敏感的态度为现代产业工人的生活提供了完美的准备，它们的产出就像孩子的粪便一样被对待。一旦它被生产出来，它就被移除而不会引起任何兴趣。与之形成鲜明对比的是中世纪的工匠，他们与自己的工作有个人接触，能看到自己的产品受到他人的重视。

会感到厌恶,并把它吐出来。这个孩子受到了惩罚,因为他被要求吃所有的东西,并且一次又一次地被迫吃他不喜欢的食物。因此,他寻找解决冲突的方法,迅速吞下食物(以避免恶心的味道),一段时间后多半会成功,他就试着不去品尝任何东西。因此,这会导致味觉的缺乏、口腔的冷淡。我故意使用"冷淡"这个术语,因为这个过程与一个女人由于害怕生殖器感觉的种种原因而发展出来的冷淡非常相似,这样一来,她一方面可以"忍受"男人的性接近,另一方面,如果她屈服于她的厌恶和恐惧,她就不会与男人发生冲突。

我只谈到了口腔、肛门和生殖器的阻抗问题,我还将说得更多,特别是关于牙齿的阻抗,因为我认为牙齿的使用是攻击的最重要的生物学再现(representation)。这种投射,以及对其攻击功能的压制(或阻抗),在很大程度上导致了我们文明的可悲状态。

然而,在开始讨论这一现象之前,我必须再次强调,大多数人很难接受心理和身体过程的结构相似性。如果一个人认为理论是理所当然的,甚至迷信地认为头脑和身体是结合在一起的两个不同的东西,那么他就不容易相信整体论思维的正确性。接受有机体的不可分割性只是在它适合你的情境里,并不意味着你"拥有"它。只要你仅仅用大脑接受整体论,并以一种抽象而不坚定的方式相信它,那么每当你接触到身体-心理的事实时,你就会惊讶地回到你的怀疑主义上来。

一个人如果对食物没有适当的品位,也会表现出品位的缺乏,或者用人们的话说,在艺术、服装等方面表现出"不好"的品位,这种说法可能会引起大量的争论。如果没有大量的观察,就很难理解这样一个事实:我们对待食物的态度对智力、对理解事物的能力、对生活的把握以及对手头工作的投入都有着巨大的影响。

任何不使用其牙齿的人都将削弱他利用其破坏性功能为自己谋利的能力。他会使他的牙齿变弱，从而导致龋齿。他没有充分准备消化外部的食物，这将会对他的性格结构和心理活动产生影响。在牙齿发育不全的最糟糕的情况下，可以说，人们一生都在吃奶。虽然我们很少遇到完全处于哺乳期的人，他们从不利用牙齿，但我们发现许多人只吃易液化的软的食物或脆的食物，这传达了牙齿正在被使用的感觉，但不需要任何努力。

在母亲的乳房上吮吸乳汁是一种寄生虫，在一生中保持这种态度的人仍然是无限制的寄生虫（例如，血吸虫、吸血鬼或拜金女）。他们总是期望不劳而获，他们没有达到一个成年人生活所必需的平衡，也就是给予和索取的原则。

由于人们不太可能深入了解这种性格，他们要么掩盖它，要么间接地为它付出代价。这些人因其过分谦虚和缺乏骨气而被认可。在餐桌上，这种受抑制的寄生虫对提供给他的每一道菜都会感到尴尬，但仔细观察很快就会发现谦逊背后的贪婪。他会趁没人的时候偷吃糖果，然后带着越来越多的要求狡诈而又带着歉意地出现。给他一寸，他要一尺。他所做的最小的帮助都被夸大成一种牺牲，他希望得到感激和赞扬作为回报。他的礼物大多是空洞的承诺、笨拙的奉承和卑躬屈膝的行为。

他的对立面是过度补偿的寄生虫，他们不认为食物是理所当然的，而生活在对饥饿的永久的无意识恐惧之中。他们经常出现在公务员中间，这些人牺牲自己的个性和独立性来换取安全。他们躺在国家的怀抱里，靠一份养老金过活，因此他们的余生都有食物保障。类似的焦虑迫使许多人攒钱，甚至攒更多的钱，以便资本（母亲）的利息（乳汁）能够不断地流动。

关于这个画面的特征就说这么多。对过去起源的发现并不等同于对现在的治疗。历史思维仅仅有助于理解寄生虫的特性。仅仅是对自己发育不全的认识（我称之为对它的感觉，或者弗洛伊德所说的从**无意识**到**意识**的转换），可能会让患者感到羞愧，或者接受他的口腔性格。

只有学会如何使用他的咬人工具牙齿，他才能克服自己的发展不足。因此，他的攻击在其适当的生物位置发挥作用，它不升华，不夸张，也不压抑，从而达到与他个性的和谐。

毫无疑问，人类遭受到被压制的个人攻击，并成为大量被释放的集体攻击的执行者和受害者。我可能会说：生物攻击已经变成了偏执攻击。

被强化的偏执攻击是一种重新消化投射的尝试。它可以被感觉为恼怒、愤怒或去毁灭去征服的愿望。它不是作为牙齿攻击而被体验的，因为它属于食物领域，而是针对另一个人或一群人的个人攻击，作为投射的屏幕。

那些谴责攻击但又知道压制是有害的人，建议升华攻击，正如精神分析对力比多的规定。但是，一个人能不惜一切代价提倡升华攻击吗？

有了升华的力比多，一个人就不能繁衍孩子；有了升华的攻击，一个人就不能同化食物。

重新建立攻击的生物功能是，并仍然是，解决攻击问题的关键。然而，通常是在紧急情况下，我们常常不得不诉诸攻击的升华。如果一个人压抑自己的攻击（这不是他所能支配的），就像强迫症一样，如果他压抑自己的愤怒，我们就必须找到一个发泄的途径。我们得给他一个发泄的机会。击打球、砍木头或任何一

第二章 阻抗

种攻击的运动，比如足球，有时会产生意想不到的效果。[①]

攻击与大多数情绪一样有一个共同的目标：不是无谓的发泄，而是付诸行动。情绪可能是有机体的剩余（即有机体可能有摆脱它们的冲动），但情绪与纯粹的废物之间有一个明显的区别。有机体必须清除某些废物，如尿液，它并不关心在哪里以及如何达到这一目的——但尿液与外部世界之间没有生物接触。[②] 另一方面，大多数情绪要求世界作为客体。人们可以选择一个替代品，比如抚摸一只狗，而不是抚摸一个朋友，因为情感需要某种接触。但是，就像其他情绪一样，如果它毫无意义地被释放，就不会给人以满足。

在攻击升华的情况下，一个客体是很容易获得的：问题可能是难以砸开一个坚果、钻孔的钻头钻进金属、锯齿切割木头。所有这些都是攻击的绝好途径，但它们永远不等于牙齿攻击，使用牙齿攻击有以下几个目的：使自己摆脱易怒，不以生闷气和挨饿来惩罚自己——一个人可以发展智力，有道德良心，因为他做了一些"有益于健康"的事情。

我已经说过，攻击主要是饥饿本能的一种功能。原则上，攻击可以是任何本能的一部分——例如，攻击在追求性对象时所起

[①] 一位妇女曾经向我抱怨说，虽然她喜欢她的丈夫，但他一回家她就对他发火，而且每天晚上他们都闹得很不愉快。我建议她下午擦洗地板。第二天，她自豪地告诉我，她的地板看起来从来没有这么干净漂亮。我问她关于她丈夫的事，她说："哦！是的，我差点忘了告诉你，这是我们多年来在一起度过的第一个美好的夜晚。"

另一种升华攻击的不那么令人愉快的方式是苦役犯的命运。当他们被船长鞭打时，他们当然会对他大发雷霆，但他们唯一的发泄方式就是把怒气发泄在船桨上，而这正是这次鞭打要达到的目的。

[②] 正如弗洛伊德所说，小便与灭火之间的联系不是一种生物学现象，而是一种文化现象。

的作用。在精神分析文献中,"破坏""攻击""仇恨""愤怒"和"施虐"这几个词几乎都是同义词,而且人们永远也不知道它所指的是一种情绪、一种功能还是一种变态。我们的知识还不够丰富,不能有明确的区分,尽管如此,我们还是应该设法对这个术语进行一些整理。

如果饥饿的紧张感变强,有机体就会调动它所支配的力量。这种状态的情绪方面首先体验到的是未分化的易怒,然后是愤怒,最后是狂怒。狂怒与攻击并不相同,但它在运动系统的神经支配中,作为征服所需要的对象的手段,在攻击中找到了出口。在"杀死"之后,食物本身必须被攻击,牙齿这个工具随时准备着,但它们需要动力来完成这项工作。施虐属于"被升华"的攻击领域,通常与性冲动混杂在一起。

饥饿本能的升华在某些方面比性本能的升华更容易,在某些方面又更难。更容易是因为我们总能找到攻击的对象(所有的工作,尤其是所有的体力劳动,都能让攻击升华——一个不具有攻击性的铁匠或樵夫就是一个悖论)。升华更困难是因为牙齿攻击总是需要一个客体。自给自足,就像有时在与性本能的联系中所发现的那样,是不可能存在的。有些人过着没有任何现实对象的性生活,满足于幻想、手淫和夜间排放,但如果没有真正的对象,没有食物,就没有人能满足饥饿的本能。弗洛伊德在狗和香肠的故事中给出了一个很有说服力的例子[1],但他再次将其作为紧迫感的证据,不是饥饿,而是性本能及其不可能的挫折。

---

[1] 只要在狗的鼻子前晃一根香肠,就能让它在很长一段时间里拉车,但有时候你真的得给狗吃点东西!

第二章　阻抗

仅仅把性本能称为一种客体本能是没有丝毫道理的。攻击至少和性一样是受客体限制的,它可以像爱一样(在自恋或手淫中)把"自体"作为客体。它们都可能变成"内转"。

第三章
内转和文明

我们的困境始于摩西。没有任何一种宗教像摩西律法那样，包含了如此多的规定来规范食物的消费。其中一些规定，比如禁止吃猪肉，似乎被后来的科学发现合理地证实了，但很有可能，摩西强制推行他的食物律法，是因为他自己对食物非常挑剔，或者是把他的厌恶普遍化，或者是想确保什一税（祭司收到的食物的十分之一）符合他的口味。

此外，还有一个不合理的因素使情况复杂化。犹太人把食物分为两类："奶状的"和"多肉的"。这和哺乳动物的食物与"咬人动物"的食物之间的区别是一致的，"咬人动物"想要吃掉母亲的欲望必须被制止。因此，牙齿攻击虽然没有被完全禁止，但受到严格的限制和管制，而且有一部分没有表达出来。这种没有表达出来的攻击一定激起了犹太人对他们领袖的反对。

每一个特权阶级都必然害怕被压迫阶级的攻击，摩西正确地认为这种攻击（他无意识地加强了他的食物规则）是对他自己的一种危险。如果被压迫阶级的攻击紧张情绪过于强烈，统治者通常会把它转向某个外部敌人。他们挑起战争，或者在其他阶级、种族或信仰中寻找替罪羊。然而，摩西使用了另一种技巧：内转。

第三章 内转和文明

原始部落向他们的崇拜物祈求帮助，如果崇拜物被证明无效，就会被抛弃。古希腊人也有类似的行为，但他们的神太有地位了，不能驱逐，再说，他们的神又特别多。因此，如果一个人感到沮丧或被某个神欺骗，这个人就会转向另一个神，成为他的顾客。为了不成为这种不忠行为的对象，独裁者摩西将自己投射到耶和华身上，宣称耶和华是唯一的神。有一次，他被激怒了，因为在他不在的时候，犹太人建造了一个与他相抗衡的神——金牛犊。这个神他们可以看见，也可以摸到——直到今天，他还在那里，尽管没有公开地被崇拜。为了确保自己的领导地位，摩西运用了内转攻击的技巧。

内转指的是，原本由个体指向世界的某种功能，改变了它的方向，并向后转弯，指向发起者。一个例子是自恋者，一个人不是把他的爱指向一个客体，而是爱上了他自己。①

当一个动词与一个反身代词连用时，我们可能在寻找一种内转。如果一个人对"他自己"（himself）说话，他这样做是为了代替对别人说话。如果一个女孩对她的情人感到失望，杀死了"她自己"（herself），她这么做就是因为她想要杀死他的愿望被她的良心所内转。自杀是杀人或谋杀的替代品。②

我们现在明白了摩西通过内转他的追随者的攻击所取得的成就。虔诚的犹太人不会因为任何失败或不幸而责备耶和华。他不会去撕扯祂的头发，不会去捶打祂的胸膛——他内转了自己的烦

---

① 精神分析认为有两种自恋：初级自恋和次级自恋。"自恋"这个术语被精神分析学家称为"次级"自恋。"初级自恋"与希腊青年的行为无关，他们把对孪生妹妹的爱内转到自己身上。在"初级自恋"中，没有内转。这和我所说的感觉运动觉察是一样的。

② 内转显示了辩证的复杂性，在这里先忽略一下，但将在本书的最后一部分去处理。

恼，为每一次不幸责备自己，撕扯自己的头发，捶打自己的胸膛。①

这种内转的攻击是我们偏执文明发展的第一步。旨在压抑这个"最终目的"的"手段"应运而生。这种压抑开始了一个恶性循环。在内转攻击的帮助下，另一波攻击被抑制，然后再次被内转，如此往复下去。

摩西的意图显然是，只有在攻击威胁到他的权威时，他才会放弃攻击。然而，在基督教中，这个过程得到了进一步发展：所有的本能都必须被压抑，身体与灵魂之间的分裂开始了，身体作为本能的载体被鄙视并谴责为有罪。有时甚至规定运动来麻痹身体及其功能。

与此同时，又犯了一个错误。在情绪上，与攻击等同的是仇恨。取而代之的是一种信条：仇恨可以被爱补偿，甚至可以被爱取代，但尽管有慈善方面的积极训练，或者也许正是因为这些训练，不宽容和攻击加剧。这些影响不能被爱所抵消，而是直接针对"身体"和那些不相信宗教这一特殊分支的真理的人。这个错误，这个相信可以通过爱和宗教来抵消攻击的信念，在我们这个时代变得越来越重要。两位杰出的作家——A. 赫胥黎（A. Huxley）和 H. 劳施宁，对于如何处理攻击完全不知所措。他们也认为除了用理想主义、爱和宗教来解决这个问题，没有别的办法。

攻击被镇压、肉体被否定和"灵魂"被尊崇之后，工业时代又带来了一个新的困难：今天，工人的灵魂对制造商来说已经没

---

① 如果犹太人停止这种内转，把他们的攻击转向原来的方向，他们就会攻击摩西-耶和华，这样一来，他们的宗教信仰就会分崩离析，他们的忧郁症也会随之瓦解。

有什么价值了。他只需要"身体"的功能，尤其是有机体中那些工作所必需的部分（工厂工人，《摩登时代》中的查理·卓别林）。因此，丧失活力在进一步发展，个性正在被抹杀。这一过程也会影响高度专业化的员工，扰乱他们人格的和谐。

越来越多的活动被投射并投入机器，机器因此拥有了自己的力量和生命。① 它与宗教和工业主义携手，与人类毁灭为伍：每当我们使用电梯或汽车时，腿部肌肉就会稍微萎缩一些，或者至少失去变得更强壮的机会。人类的大规模毁灭还没有被机器完成，这确实是个奇迹，但坦克和飞机比单纯的人力更重要的事实已经被令人厌烦地证明了。

这就是我们所谓的进步！

---

① 机器的有用性（就像宗教和其他投射一样）被它的缺点所抵消。

第四章
精神食物

除了牙齿抑制的性格学（characterological）和社会结果之外，还有一个更进一步的后果：麻木。如果不了解这个事实，我们就无法理解为什么大多数人没有注意到文明的衰落。

"上帝的磨坊虽磨得慢，却磨得极细。"人类被战争和剥削所蹂躏，尽管文明带来了种种好处，尽管我们对"进步"的骄傲试图掩盖"文明中不满"的种种幻想。我们对找到救赎的绝望仍然没有减弱，重获失去的与大自然的接触的梦想仍然是一个梦想，而每一次求助于宗教、信仰的尝试，无论它是法西斯主义、通神学（theosophy）、精神分析还是哲学，迟早都会失败。它将导致系统内部的矛盾，或与现实发生冲突，造成集体破坏。

基督教徒最重视信念。他们认为：信念就是力量，信念就是美德。批评遭到禁止，独立思考是异端邪说。

这和牙齿抑制有什么关系？圣餐仪式为这个问题提供了答案。在投射的帮助下，信徒会体验到一种幻觉，认为薄饼就是基督的身体——他把对基督的幻想投射到薄饼上，然后再合并（内摄）这个图像。在一些教堂里，他必须在不用牙齿触碰薄饼的情况下吞下薄饼。如果他咬了、品尝了，这片薄饼就会变成一片普通的薄饼，一种普通的食物，这个过程的象征幻想就会被摧毁。

第四章 精神食物

这个仪式的意义本质上是一种训练，训练你吞下宗教所宣扬的一切。

这种态度不仅存在于宗教中，而且存在于对儿童的教育中，要求他们相信任何无稽之谈，比如鹳和婴儿的故事。真正的兴趣常常被压制："好奇害死猫。"在德国，人们唯一的精神食粮是政府（主要是通过报纸和广播）提供的，普通德国人"狼吞虎咽"（goebbels）下给予他的任何东西，他消耗并同化纳粹的口号和意识形态，就像他的咀嚼能力一样，他的批评态度受到了损害。即使精神同化是不完美的，*aliquidsimper haeret*，某种东西必须进入这个系统，特别是当它呈现给在"二战"期间和"二战"后遭受过创伤性食物体验的人们时。

纳粹的宣传认为精神食物应该是这样才容易吃下去。它的承诺、奉承和为了虚荣的"糖果"，如"优等种族理论"（Herren-rasse theory），都被人们热切地吞下了。攻击和残忍首先在犹太人和布尔什维克身上得到"升华"，然后是小国，最后是大国。

我在精神分析方面的经历受到了我自己口腔发育不足的影响。就像我以前一样，我相信力比多理论（特别是赖希关于生殖器特征的理想），但没有意识到它的含义，我把它变成了一种阴茎宗教，用看似合理的科学基础加以合理化和证明。然而，通过咀嚼精神分析理论，通过思考每一口没有消化的食物，我发现自己越来越有能力同化其中有价值的部分，摒弃其中的错误和人为构建。由于这一过程仍在进行，这本书，至少在某些部分，必然具有一种粗略的特点。它可能包含着我没有注意到的矛盾，但由于这种新取向（尽管它仅仅覆盖了有机体功能的一小部分）已经在疑难杂症的病例中取得了良好的实际效果，而且受到了那些显然没有表现出"积极移情"迹象的人的热情支持，我决定是时候提请大家注意对饥饿本能和精神同化的扰乱进行"精神分析"的必要性。

在那些过于喜爱甜食、只吃最简单的精神食物（如杂志故事）的极端情况下，牙齿抑制的极端个案的精神新陈代谢一定很慢，他无法消化任何需要思考的东西，或者与科学或"高雅"文学有一点点相似之处的东西。然而，这样的人至少有一种健全的本能，不吞下不适合他们的东西，与此相反的是，那些吞下精神食物的人，在他们的精神肠道中保留着未被破坏的食物。由于他们无法消化这些食物，他们通常会呕吐出来，并不断地重复这些食物。"重复"一词含义模糊，表明这种"教养"的材料难以消化。

这种类型的一个例子是普通的记者。他匆匆穿过城镇，贪婪地获取消息，却不把获得的知识用于自己。他并没有充实自己的个性，而是在第二天早上的报纸上一遍遍地吐出他所学到的东西。编撰摘要的人往往是同一类型的人。他们培养了他人的知识，但对这些知识的同化和真正"拥有"仍然很少。说闲话是另一个例子。然而，在这里，女人把最新的丑闻报告给她的闺蜜，往往在她的刻薄评论中加入了相当多的怨恨。

最后的例子不属于完全的牙齿抑制组，他们指的是用门牙而不是白齿的人。他们的胃里有一些食物，但不是大块的。

同样，对于精神分析情境来说，心理和牙齿行为的相关性是非常重要的。通常，一个接受分析的人在面谈后会把他所有有趣的体验告诉他的妻子或朋友。他可能认为（甚至他也骗过了分析师）他的行为是对治疗感兴趣的标志，但分析师很快发现患者很少接受他的陈述，通过向别人报告面谈的细节，患者摆脱了他所要接受的一切，没有什么东西需要同化。因此，治疗方法进展甚微也就不足为奇了。

对这种性质的观察可能会引发弗洛伊德的评论,他认为仅仅解释是不够的,因为患者并不真正接受它们,但除了"移情"的口号外,弗洛伊德忽略了解释是"如何"被接受的,以及是什么阻抗阻止了患者消化精神食物。我没有发现任何评论对患者是否愿意并有能力接受分析师的话所依赖的细节表示担忧。虽然在"正面移情"(热情)的影响下,患者更愿意接受解释,但同样,如果分析师说了他不喜欢的东西,患者也会表现出敌意。这种反应是一种自发的防御冲动,而不是突然出现的"负面移情"。

没有人能轻易接受对他被压抑的**无意识**的解释,也就是说,对人格中那些他千方百计避免面对的部分的解释。如果可以的话,就不需要压抑和投射了。因此,要求患者接受他恰好想要避免的东西是自相矛盾的。赖希试图通过专注于铠甲来揭示真相的方法无疑是一种进步,然而,这在很大程度上是通过嘲笑甚至欺凌而进行的,把精神食物塞进了患者的喉咙里。通过漠视口腔阻抗,让患者吞下他无法消化的想法,就会诱发人为的态度和行为,而不是人格的有机发展。我恰好在赖希以前的两个患者身上观察到这个事实。

与赖希相反,正统的精神分析学家假装对患者没有任何要求,但实际上他的要求是不可能达到的——即遵守基本规则,并接受他的解释。我的建议是,不要去处理**无意识**,而是尽可能地去处理**自我**。一旦**自我**的功能得到了更好的发挥,专注的能力得到了恢复,患者就会更愿意合作来征服**无意识**。一个人在考虑别人陈述时的准备很大程度上取决于他的口腔发育和免于口腔阻抗。

口腔阻抗最简单的形式是直接回避。当孩子们被要求吃他们不喜欢的东西时,他们会紧闭嘴巴,就像当他们不想听时,他们会用手捂住耳朵一样。由于成年人通常更擅长礼貌和虚伪的技巧，所以往往很难区分他们是真的不感兴趣（没有心理胃口——未形成图形-背景），还是仅仅在压抑潜在的兴趣。这些接触禁忌包括：忽视他人的存在；心智游移；彬彬有礼，却漠然聆听；假装感兴趣；摆脱不了的矛盾。人们在日常生活中经常听到这样的话："你说什么？我已经离开了好几英里！请再说一遍。"如果一个人感兴趣——如果话题符合他的口味——这样的事就不会发生。

没有人会在没有合理把握信息会到达目的地的情况下发出信息。分析师如何确保一直说"是，是"的患者收到了信息——例如一个解释？为了建立一种健全的精神食欲和同化，我们必须修复我们的患者，我们必须纠正他对身体和精神食物的"错误"态度。但要纠正"错误"的态度，我们必须：

（1）提供"正确"态度作为对比。
（2）认识到我们用"正确"一词来形容熟悉的感觉，用"错误"来形容陌生的感觉（F. M. 亚历山大）。我们有意识的感觉通常不是正确的，而是正义的。所谓的"负向移情"阶段与患者或学生不愿离开他熟悉的思想和感觉相一致。在这个阶段，分析师或老师说的话对他来说是"错误的"。
（3）从"错误"中消耗"能量"和固化，为"正确"行为开辟道路。

一个人很少接受与自己信念相反的意见，这一点在每次讨论中都很容易观察到。因此，我并不认为患者会接受我说的话是理所当然的，但我的任务是，对他的口腔阻抗的关注不少于对肛门阻抗的关注。在很多情况下，我认为只在面谈结束时说几句话是一种糟糕的分析技巧，分析师的概述或解释是否被接受就要看情况了。的确，如果一个人让患者在精神上饿了整整一个小时，有些人会如饥似渴地想听分析师说些什么，但那些可以用这种概括的方式治疗的人是例外。在大多数情况下，人们必须仔细观察口腔阻抗，必须区分完全缺乏兴趣的绝望情况和有希望的情况，后一种情况下患者的兴趣仅仅是被抑制了。如果我发现他走神了，我会让他重复我说过的话。他很快就会意识到自己缺乏接触并且心不在焉，只要有耐心，你就能让他记住零零碎碎的东西——回忆起隐约听到的句子，然后再复述一遍。通过这种方法，他获得了许多本来会失去的材料。一旦患者意识到自己心不在焉，治疗他们"坏记忆"的方法就开始了。

另一方面，如果对这种阻抗存在一种阻抗——例如，如果患者强迫自己像学生一样听一场乏味的演讲——他可能会遭受折磨，而且由于他没有心情听，他将得不到什么好处。分析师必须清楚患者的消化耐受性，并相应地给他精神药物和食物剂量。"甜蜜"，在适当的地方赞美，将有助于在困难的情况下表达对真正努力的赞赏（阿德勒的鼓励）。有时，患者被如此多的精神分析智慧所滋养，以致他"厌倦了"，厌恶分析师，并离开精神分析。随后，不可思议的改善可能发生，这大多归因于非分析环境。实际发生的是，"囤积"的材料后来被同化了，通过分析治疗而获得的知识使从前的患者能够自己解决他的冲突。

分析师所熟知的口腔阻抗就是智力上的阻抗。分析师所说的一切都被接受了，患者也非常聪明地、愉快地谈论分析理论——关于他的乱伦愿望、肛门情结等等。他提出了分析师可能喜欢的许多童年记忆，但一切都是"思想"，而不是"感觉"。这类人有一个智力胃，就像牛的瘤胃一样。这种智慧，虽然经过反复思考，但不会穿过肠壁，也不会到达有机体的正常组织。任何东西都不会被同化，任何东西都不会到达人格，但一切都留在精神瘤胃——大脑里。这种对知识的贪婪是具有欺骗性的。这些知识分子可以吞咽任何东西，但他们没有形成一种适当的品位，一种自己的观点，他们随时准备把这个或那个"主义"当作他们特定的奶嘴（参见第六章）。当他们从一个智性奶嘴转换到另一个时，并不是同化了一个"主义"的内容，并准备好接受新的精神食物。他们对旧的奶嘴产生反感主要是失望的结果，于是又开始了另一种"主义"，抱着新奶嘴会更令人满意的虚假希望。

当他们提出他们空的理论时，分析师应该让他们详细解释他们真正的意思。他甚至应该让他们意识到复杂的短语和琐碎的含义之间的反差，从而使他们感到尴尬。除非他们学会咀嚼并品尝他们所说的每一个字，否则他们无法理解或同化"主义"的含义；与此同时，如果他们感到一口一口未被破坏的食物——真正的食物——进入他们的喉咙，他们就有希望理解或同化"主义"的含义。

只有那些把精神食物磨得粉碎并从中获得全部价值的人，才能够同化艰深的思想或困难的情境，并从中获益。把一本好书读6遍，比把6本好书读一遍能够获得更多的知识和智力。咀嚼同样适用于批评：如果一个人很敏感，他的牙齿攻击被投射了，每一个批评意见都被体验为一种攻击，这往往导致无法忍受甚至是善意的批评。然而，当牙齿攻击在生物学上发挥作用时，人们不会回避批评，甚至欢迎批评。一个人不能从轻率的赞扬中学到很多，但批评可能包含一些建设性的东西，因此，即使是最有害的攻击也会变成一种好处。批评既不应拒绝，也不应囫囵吞下，而应仔细咀嚼，在任何情况下都应加以考虑。

第五章
内　摄

我已经向那些人展示了饥饿本能分析的重要性——我们吃食物的阶段与我们对世界的精神吸收的阶段在结构上的相似性——他们对于弗洛伊德竟然忽略了这一点感到惊讶。与弗洛伊德发现性压抑的含义和复杂性的事实相比，这是微不足道的。在分析完一组本能之后，其他组的分析迟早也会跟进。弗洛伊德用来建立他的理论的材料是贫乏而错误的（例如，联想心理学）。虽然我认为力比多理论已经过时，但我并没有忽视这样一个事实，即它是精神病理学发展过程中最重要的一步，如果弗洛伊德没有专注于此，精神分析也许永远不会诞生。

许多人希望把他们的世界观与人的客观世界和主观世界的研究结合起来，试图使他们的哲学主体两条腿走路——马克思主义和弗洛伊德主义。他们试图在这两种体系之间架起桥梁，但没有看到马克思所关注的经济复杂性是出于自体保存的本能。尽管马克思充分认识到人对食、衣、住的基本需求，但他并没有像弗洛伊德对性冲动所做的那样，继续研究饥饿本能的含义——他的研究领域主要是社会关系，很少涉及个体。

在共产主义和社会主义的文献中，关于性需求和性问题——关于种族保存的本能——的论述很少，相比之下，关于喂养问题——饥饿、自体保存或劳动力再生产的论述却较多。弗洛伊德性化了饥饿本能,而共产主义经历了一段时期,那时性问题被视为"仿佛"属于饥饿的范畴(杯水理论①),就像我们文明中的许多人谈到性欲时一样,从而混淆了性本能和饥饿本能。

马克思主义的精神分析对经济问题的影响很小,正如马克思主义将精神分析外化为资产阶级唯心主义的产物,这削弱了弗洛伊德研究发现的价值。宣称阉割情结是压迫阶级被压制的机制——就像赖希所做的一样——这是武断的,就像假设神经症会在一个没有阶级的社会中自动消失一样。

马克思在某种程度上是弗洛伊德的先驱:"马克思发现了人类历史的发展规律,即历来为繁茂芜杂的意识形态所掩盖着的一个简单事实:人们首先必须吃、喝、住、穿,然后才能从事政治、科学、艺术、宗教等等;所以,直接的物质的生活资料的生产,因而一个民族或一个时代的一定的经济发展阶段,便构成为基础,人们的国家制度、法的观点、艺术以至宗教观念,就是从这个基础上发展起来的,因而,也必须由这个基础来解释,而不是像过去那样做得相反。"(恩格斯)。

这是弗洛伊德和马克思的共同基础:人的需要(对弗洛伊德来说是种族保存的本能,对马克思来说是自体保存的本能)是首要的,智力的上层结构是由生物结构和满足这两类本能的需要所决定的。

尽管众所周知,有些战争是由性欲引起的,比如特洛伊战争,但大多数战争是为了争夺狩猎场和其他养活人民的手段,或

---

① 杯水理论(glass-of-water theory),一种性道德理论,产生于俄国社会主义革命胜利初期,认为在共产主义社会,满足性欲的需要就像喝一杯水那么简单而平常。——译注

第五章 内摄

者,在现代,是为了满足工业或病态征服者的贪得无厌。

弗洛伊德对共产主义的态度是敌对的——至少在他生命中的一个时期是这样。在俄国革命中,他看到的主要是破坏。他对破坏有一种情感上的厌恶,这表现在他独特的死亡理论和他的考古学兴趣上。对弗洛伊德来说,过去不能成为过去,它必须被挽救和复活。最重要的是,这种对破坏的厌恶表现在他对内摄的态度上。

* * *

弗洛伊德当然在内摄方面做出了最有价值的发现,比如在忧郁症的案例中,他意识到这是一种破坏内摄的爱之对象的不成功尝试。然而,他和亚伯拉罕都认为,内摄本身可以是一个正常的过程。他们忽略了这样一个事实,即内摄意味着保存被摄入的东西的结构,而有机体则需要破坏它们。精神分析认为部分内摄是正常心理代谢的一部分,而我认为这个理论从根本上是错误的,是把一个病理过程误认为一个健康过程。内摄——除了在忧郁症、良心的形成等之中出现外——是偏执狂伪代谢的一部分,而且在任何情况下都与人格的要求相违背。

以**自我**为例。根据弗洛伊德的理论,正常的**自我**是由一系列的认同建立起来的。海伦妮·多伊奇(Helene Deutsch)与之形成鲜明对比,她思考自我认同的病理学本质,甚至认为自我认同可以累积到这样的病态程度,以致无法成功地对这种"**仿佛**"人格(他们很快地,但是表面上,接受了一种情境所要求的任何角色)进行精神分析。然而,我有证据证明,如果一个人不是从力比多理论,而是从心理同化的观点来解决这个问题,"仿佛"人格是可以被分析的。

世界的摄入表现为三个不同阶段:完全内摄、部分内摄和同化，对应于哺乳、"咬"和"咀嚼"阶段（出牙前、门牙和臼齿阶段）。在图 1 到图 3 的例子中，攻击主体和被攻击对象的关系是简单的。

图 1　　　图 2　　　图 3

在图 1 中，我们有直接的攻击，而在图 2 中，这是一种内转（如自体毁灭）。在图 3 中，攻击被投射了：攻击者和受害者某些部分发生了明显改变，攻击者感受到的是恐惧而不是攻击的欲望。

一旦我们把攻击考虑进去，复杂性就出现了。

完全内摄

对于出牙齿前群体的任何一个人来说，行为"就像他没有牙齿一样"，被内摄的人或物质仍然完好无损，在系统中被隔离为一个外来物。这个物体被吞下去了。它避开了与攻击性的牙齿接触，正如圣餐的例子所证明的那样。图像或多或少被完全合并在一起。

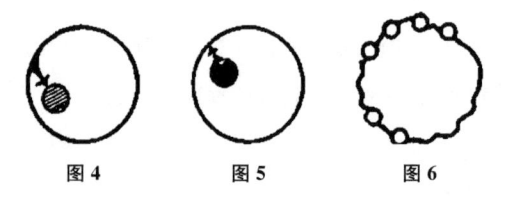

图 4　　　图 5　　　图 6

（1）在忧郁症中（图 4），攻击的冲动是直接指向被内摄的客体的。它是从真正的食物那里被内转的（懒于使用下巴的肌肉，通常是面部肌肉张力不足）。

（2）在严厉的良心的情况下（图5），当良心攻击那些受到它反对的人格部分时，包括从轻微的刺痛到最残酷的惩罚的各种攻击，被投射到一个被内摄的主体上。"**自我**"以悔恨和内疚感来回应。德文的良心呵责（[Gewissenbiss]被良心所咬）表达了良心的口腔起源，英文的懊悔（[remorse]谋杀咬）也是如此。

（3）在"仿佛"人格中（图6），攻击或爱被投射到一个人身上，而这个人后来被内摄了。通过这种方式，"仿佛"的人避免了攻击的恐惧，并保留了环境的仁慈。这一过程所涉及的动力学太复杂了，以至不能在这个情境中加以处理。

在最后三个例子中提到的"内摄"没有被消解。其结果是暂时或永久的固化，由于避免了破坏而没有发生同化，情境必然依旧是不完整的。

部分内摄

相当于"咬"阶段，弗洛伊德认为这是正常的。这里只有部分人格被内摄。例如，如果一个人说话带有牛津口音，他的朋友羡慕他，可能会模仿他的口音，但不会模仿整个人。把这看作一个健康的自我发展是自相矛盾的。牛津口音可能绝不是这位朋友的自体表达。一个由物质和内摄建立起来的"**自我**"是一个联合体——人格中的一个外来物——就像在忧郁症中良心或失落的对象一样。在每一个个案中，我们都发现患者系统内含有外来的、未被吸收的物质。

同化

精神分析不注意牙齿阶段的分化，因此，全部和部分内摄阶段的发展并不追求达到同化的状态。在精神分析理论中，人们并没有把注意力放在生物的这个非常重要的特征（盲点）上，而是从嘴巴转向了肛门。范奥费吉森（Van Ophuijsen）是第一个发现肛门施虐期起源于口腔攻击的人，正如弗洛伊德认识到肛门的许多功能是从嘴巴那里学习来的一样。然而，嘴巴既没有停止运作，也没有在弗洛伊德所说的肛门阶段开始时停止发展。攻击的来源既不是肛门区，也不是任何死亡本能。认为口腔攻击仅仅是个体发展过程中一个短暂阶段的假设，相当于认为牙齿攻击在成年人中不存在。

任何内摄，全部的或部分的，都必须经过臼齿的磨砺，如果它不成为或遗留一个外来物的话——一个在我们系统中扰乱的孤立因素。例如，正如我稍后打算展示的那样，"**自我**"不应该是一个内摄的聚合物，而是一种功能，为了形成一个正常运转的人格，需要去解散、去分析这样一个实质性的**自我**并重组和吸收其能量，就像赖希为了更好地利用而把能量投入肌肉铠甲一样。

紧急行动，如同将未利用的食物呕吐或腹泻排便一样，将不会促进人格的发展。与此相当的精神分析方法宣泄已经被抛弃，因为人们认识到宣泄的成功与催眠的内摄治疗一样短暂。[①] 我遇

[①] 麻醉分析有希望的特点绝不能欺骗我们。这是一种单纯的对症治疗，不能带来永久的人格改变。

第五章 内摄

到的最棘手的个案之一是一位患有胃神经症和偏执狂的老人。他很满意地把发生在他身上的一切都和盘托出。他总是收集和制作各种各样的病理材料，当他可以坦白并吐出自己的所有烦恼时，他感到无比的轻松。但当我阻止他，让他咀嚼、"反刍"时，他变得固执起来。他的治疗进展非常缓慢，这取决于我们能否释放他的攻击性，并花时间和精力在他的咀嚼能力上。与此同时，正如可以预料的那样，他的愚蠢，以前是不可估量的，现在减少了。

如果不是将弗洛伊德的说法——神经症患者患有记忆障碍——当作神经症的一种解释，而是当作一种症状的迹象，我们就会认识到经典分析的伟大（尽管有限）治疗价值。但是，如果一个一个地处理，要处理好这团乱麻——我们从过去带回来的未消化的垃圾、所有未完成的情境和未解决的问题、所有的怨恨和未偿还的债务及索赔——这未物化的报复（报复和感激），就是一项艰巨的任务。然而，如果我们能够一劳永逸地恢复整个有机体的同化，而不是单独处理每一项，这个任务就会简单得多。要做到这一点，我们必须考虑到精神代谢，并以对待身体食物的同样方式看待心理材料。我们不能满足于使无意识的材料具有意识，不能满足于"培养"无意识的材料。我们必须坚持重新讨论它，从而为其同化做好准备。

如果这已经适用于部分内摄，那么它更适用于全部内摄，或完全抑制牙齿攻击。忧郁症患者牙齿的破坏性使用（以及其他完全内摄的例子）是如此的压抑，以致失业的攻击变成了个体的自体毁灭。接触任何内摄的材料通常都是无力的攻击，表现为恶意、发牢骚、唠叨、担忧、抱怨、愤怒、"负面移情"或敌意。这正好与食物的物理破坏未被利用的潜力相对应。这是‡在心理代谢中的扭曲应用。

忧郁症主要是躁狂-抑郁周期中循环精神病（cyclothymia）的一个阶段。在躁狂时期，未升华的，但牙齿被抑制的攻击并没有像忧郁症那样被内转，而是以其所有的贪婪和对世界的最粗暴的爆发为导向。循环精神病的一个常见症状是酗酒，这一方面是粘在"瓶子"上，另一方面是一种自体毁灭的方式。

通过治疗，被内摄的材料——被分开——被分化为可吸收的材料，有助于人格的发展，并形成一种可以释放或应用的情感盈余。用精神分析的话语来说：记忆只有伴随着情感时才具有治疗价值。

精神代谢的增加伴随着胃酸过多、肠道运动的增加和兴奋，如果氧气供应受损，兴奋可能会转变为焦虑。代谢变慢的特点是抑郁、消化液流量不足、口腔干燥、胃酸过少和干燥痉挛性便秘。

内摄现象是一个相对较新的发现，但民间传说表明，它在历史上一直是众所周知的。童话故事中的人物往往或多或少具有固化的象征意义。仙女代表好妈妈，女巫或继母代表坏妈妈。狮子代表力量，狐狸代表精明。狼象征着贪婪和内摄。在《小红帽》的故事中，狼内摄了祖母，模仿了她，表现得"仿佛"他就是她一样，但他的真实自体很快就被小女主角揭开了。

在《格林童话》一个不太知名的版本中，狼会吞下淘气的孩子。孩子们被救了出来，被鹅卵石代替了——这确实是一个很好的象征，说明内摄的消化不良。

在这两个故事中，被内摄的客体虽然被吞噬了，但没有被同化，而是活了下来，完好无损。或者说，力比多理论正确吗？难道狼一点也不饿，而是爱上了祖母？

第六章
奶嘴情结

也许在所有的口腔阻抗中，最有趣的是"奶嘴"态度。虽然我们对它的了解还很有限，但已有足够的观察资料来证实这些研究成果的发表。奶嘴情结的发现揭示了一些模糊的分析，我希望——一旦它被其他的分析师核查——它将主要为固化的问题带来进一步的贡献。

为了理解奶嘴态度，我们必须再次回到哺乳阶段，以及它在达到咬人阶段时的困难。哺乳的主要活动仅限于悬挂着咬，这不是"咬透"，也不是咬掉乳房的一部分，而是在母亲与孩子之间建立融合。因此，只有在进食过程开始时才会出现有意识的困难，一旦婴儿用他的嘴巴形成真空泵吸了口奶，奶就开始流出来了，就不需要再在他这一边用力了。吮吸动作是皮层下的自动动作，当喂食发生时，孩子逐渐入睡。只有在出生几周后，其他有意识的活动——比如有意识地将乳头从嘴中挤出，或者有意识地做出吮吸动作——才可以在与哺乳相关的过程中被观察到。

当孩子的牙齿开始长出来时，可能会发生冲突。如果乳汁的流量不足，孩子就会被刺激到动员一切可以使用的手段来获得满足，这意味着使用硬化的牙龈和试图咬人。在那个阶段的任何挫折，任何撤回乳房而没有立即替代以更多的固体食物都将会导致牙齿抑制。孩子会得到这样的印象，那就是通过试图去咬，平衡不会被恢复，反而会被进一步破坏，因此，不能以任何不同于以前的方式来接近这个产奶的客体。乳房必须保持完整无缺，食物必须被咬、咀嚼和破坏，而乳房和食物的分化并未发生。

这种早期的牙齿抑制导致了两种截然不同的性格特征的发展：一方面是一种悬挂式态度（固化），另一方面是一种"奶嘴"态度。

具有这些特点的人会紧紧抓住一个人或一件事不放，并期望这种态度足以让奶自己"流动"。他们可能会付出很大的痛苦代价去抓住某件事或某个人，然而，一旦他们得到了，就会放松努力。他们试图在接触的最初阶段就稳定一切关系，因此，他们可能有数百个熟人，但没有与任何一个发展出真正的友谊。在他们的性关系中，只有对伴侣的征服才是最重要的，但随之而来的关系很快变得无趣，他们变得冷漠。这些人在结婚前后的态度有显著的差异。有句谚语说："女人能织网，却不能做笼子。"

这类个案对学习和工作的态度也有类似的困难。他们对任何事情都知道一些，但他们不能拥有任何只有付出具体努力才能得到的东西。他们的工作相当缺乏创造力，呆板（自动），主要局限于例行公事。简而言之，他们的目的仍然是——就像婴儿一样——成功地悬挂着咬，这样就恢复了平衡，并省去了进一步努力（咬）的必要。

但在成年人的生活中，悬挂式态度只能是非常偶然地取得成功。在大多数情况下，一个人必须进行适当的接触——一个人必须处理手头的事情，"把自己的牙齿放进去"，例如，一个人必须在一段时间内保持自己的兴趣和活动——以便为自己的个性获得任何好处。

第六章　奶嘴情结

人们如何应对悬挂式态度的失败呢？他们怎样才能绕过咬人的必要性呢？他们怎样才能在不引起改变和破坏危险（正如他们所感觉到）的情况下，处理掉必然会产生的来自对悬挂式关系不满（怨恨）的剩余的攻击？

如果有一种对婴儿般的悬挂式态度的固化，我们就可以想象，用来保持这种态度的方法同样幼稚。沮丧和不满的婴儿寻找——有时甚至被给予——一个奶嘴，一种无法摧毁的东西，咬一口可以不受影响。奶嘴允许释放一定数量的攻击，但除此之外，它不会让孩子产生任何变化，也就是说，它不喂养孩子。奶嘴代表着人格发展的严重障碍，因为它实际上并不满足攻击，而是偏离了它的生物学目标，即饥饿的满足和实现个体整体性的恢复。

婴儿得到的任何东西都可以被用作奶嘴——一个枕头、一只泰迪熊、一条猫的尾巴（如《米尼弗太太》[*Mrs. Minniver*] 中的猫尾巴），或者婴儿自己的拇指。在以后的生活中，任何客体都有可能变成"奶嘴"，只要对其进行悬挂着咬。在这种情况下，个体生活在致命的恐惧中，害怕奶嘴会发展成"真正的东西"（最初是乳房），而悬挂着咬可能会变成"第一次咬人。"他担心这个固化的客体被摧毁。这个客体可以是一个人、一个原则、一个科学理论或一个偶像。在我写这本书的时候，英国人民因为放弃了战舰是无价之宝的想法而遭受了巨大的痛苦。战舰已成为他们奉为神明的东西，但实际上它是一个非常昂贵的讨厌的东西，正如一位著名的政治家所描述的那样，它只"适合沉没"。

议会的讨论经常变得虚假（甚至是木乃伊化）。非但没有将事项付诸行动，反而将之扼杀在摇篮中，或因从一个委员会推到一个小组委员会，再推到另一个小组委员会而令之陷于停顿。结果是一种僵局，而不是进步和一体化，这种局面大多会被一种保守倾向以及希望保持一切完整和不变的愿望来证明是有道理的。目前的制度在任何情况下都不能被破坏，必须拯救奶嘴或偶像。

作为一个完整而未被破坏的客体，奶嘴为个体整体倾向的投射提供了一个完美的屏障。整体功能被投射得越多，在人格建立过程中丧失的功能也就越多，人格解体的可能性也就越大，患精神分裂症的危险也就越明显。然而，只要现实提供了奶嘴，它就会起到非常大的作用，它防止个体滑向一个真正的偏执狂（攻击的广泛投射），让他忙于一些真正的但没有生产力的工作。

但所有这类——就像强迫性性格一样——试图保持事物原始状态的尝试都注定要失败。改变的缺乏，也就是在服务于个体整体论时不使用攻击，会使人格解体，从而使其自身的目的落空。只有重新建立对食物的破坏性倾向，以及对任何阻碍个体完整性的事物的破坏性倾向，通过重新建立成功的攻击，强迫性人格，甚至偏执人格的重新整合才会发生。

只要有助于避免现实中的改变，就几乎没有什么东西不能充当一个奶嘴。以强迫性思维为例，这种思维可以持续好几个小时，让患者忙个不停，却得不到一个决定或结论（慢性怀疑）。以性恋物癖为例，一个男人对女孩的内裤或鞋子的迷恋是为了防止真正的性接触。喜欢幻想而不喜欢"真实事物"的白日做梦者即为例证。此外，拿那些年复一年地继续看精神分析师的患者来说，想象他们仅仅是参加了这些治疗，就足以证明他们打算改变他们的生活态度。实际上，他们只是用一个奶嘴换了另一个奶嘴，而一旦分析师触及某些重要的情结时，患者通常就会设法避免自己被奶嘴打动。

有一个患者就是这样一个极端的例子，每当他在生活中遇到任何困难时，他就变得完全麻木。他觉得自己就像个玩偶，他所有的抱怨和兴趣都集中在他的奶嘴上，集中在他那木乃伊化的人格上。另一个患者，在任何困难的情况下，都会产生一种强迫性的想法，想象刀子穿过他的身体，而不会引起疼痛或流血。在这种幻想中，他变成了一个再怎么咄咄逼人也无法摧毁的完美的奶嘴。其他情况下，在任何情境中，只要他们感知到受到挑衅的"危险"，他们就会感到困倦或昏昏欲睡。

在经典的精神分析情境中，患者几乎觉察不到分析师的存在，特别容易奶嘴化。在这里，患者实际上得到鼓励，不把分析的情境看作一个"真实"的情境，也不把分析师当作一个"真实"的人，因此，患者与分析师之间的整个关系变得"不真实"，这是一件本身并不重要且没有结果的事情。每一种情绪或反应都被解释为一种"移情"现象，也就是说，它并不直接适用于实际情况。因此，这种分析情境将自己呈现为一个完美的奶嘴，所有的强迫性性格和偏执性格都在寻找这个奶嘴。这就解释了为什么那些患者会执着于可能持续数年的分析，尽管——或者更确切地说，因为——缺乏成功。

第七章
作为有机体功能的自我

一、认同/疏离

当我们试图将前面部分的结论付诸实践时,就会遇到一个明显的矛盾:健康的**自我**是不坚固的,这一说法似乎与我的要求不一致,我的要求是分析师应该处理**自我**,而不是处理**无意识**。如果我们将要求表述出来,这个矛盾就被消除了:分析师应该利用**自我功能**,而不是诉诸**无意识**。

肺的功能主要是在有机体与环境之间进行气体和蒸汽的交换。肺、气体和蒸汽是具体的,但功能是抽象的——然而又是真实的。因此,我认为,**自我**同样是有机体的一种功能。它不是有机体的一个具体部分,相反,它是一种功能,例如,在睡眠和昏迷期间停止,而且在大脑或有机体的任何其他部分都找不到物理上的对等物。

在精神分析理论中,**自我**作为一个实体概念被相当普遍地接受。举一个例子,斯特巴(Sterba)将精神分析治疗解释为**自我**孤立岛屿的建立,随着时间的推移,这些岛屿将会巩固成一个坚实的、可靠的单元。

另一个分析师费德恩（Federn）同样假定了**自我**的实体性。对他来说，**自我**是由一种叫作力比多的神秘物质组成的。力比多除了能够占据图像和情欲地带之外，还能激发许多活动，并成为客体本能的代表，现在被认为具有扩张和收缩的能力。与此同时，与**自我**本能相对立的力比多客体本能的二元论概念被轻易地遗忘了。然而，尽管理论上存在混乱，在费德恩的观察中还是有一个有价值的核心：他的力比多**自我**有不断变化的边界。一旦我们抛弃了力比多理论，我们就会看到**自我边界**概念将极大地帮助我们理解**自我**。

弗洛伊德的两个陈述增加了困惑：（1）**自我**从**无意识**中分化而来；（2）**无意识**包含着被压抑的愿望。如果一个愿望被压抑了，它必须足够强大到具有**自我**品质（"我"想要……）。然而，当我们意识到我们有两种**无意识**时，矛盾就消失了，一种是生物的**无意识**（在哲学家哈特曼[Hartmann]的意义上），另一种是精神分析的**无意识**，它是由先前的意识元素组成的。那么，我们可以得出这样的结论：**自我**是从生物的**无意识**分化而来的，但结果是某些**自我**方面被压抑了，现在构成了精神分析的"**无意识**"。对于观察者来说，后者的"**自我**"性质仍然是明显的，但对于患者来说则不然。举例来说，如果一个强迫性神经症患者说："在我的心灵深处有一种模糊的感觉，我可能会经历一种冲动，通过这种冲动，一些伤害可能会降临到我父亲身上，因为他那些令人不愉快的习惯，我非常讨厌他！"他最初的意思是："我想杀了那只猪。"

弗洛伊德进一步说，**自我**控制着运动系统。这一陈述表明，**自我**与整个人格并不相同。如果"我"指挥的是机动系统，"我"

必须是不同的或与之不同的：指挥军队的将军是军队的一部分，但与军队的其余部分不同。

然而，如果我说"我要去某城市旅行"，**自我**就代表了整个人格。没有任何中心概念的陈述数量令人困惑！为了证明我自己对**自我**的概念，我首先要增加这种困惑，不是通过堆砌更多的理论陈述，而是通过进一步给出**自我**的实践方面。

下面列举了一些**自我**方面，以这样的方式显示每个方面的对立面来作为背景，就像我们之前提到的"参与者"一样。

自我是	对立面是
一种功能	一种物质
一种接触功能	融合
一个图形/背景的形成	去个性化和无梦睡眠
难以捉摸的	稳定的
干扰	有机体的自体调节
自体觉察	对另一个客体的觉察
责任实例	本我
边界现象本身	有边界的客体
自发的	尽职尽责地
有机体的仆人和执行者	在自己家里的主人
出现于外胚层	出现于的中胚层和内胚层
认同/疏离	冷漠的感觉

我们可以从构成人类人格的**本我**、**自我**和**超我**或**理想自我**的精神分析分类中获得一些暂时的定位。

第七章 作为有机体功能的自我

弗洛伊德将**超我**和**理想自我**视为同义词,但是,我们可以把它们区分为良心和理想,并把它们归纳如下:

良心是攻击的,它主要用语言来表达,这种攻击从良心指向**"自我"**,良心与**自我**之间的紧张关系被体验为内疚的感觉;

理想主要存在于画面之中,所涉及的情感是爱,它的方向是从**自我**到理想,**自我**与理想之间的紧张关系被感觉为自卑。

本我代表本能,用感觉来表达自己,**自我**与**本我**之间的紧张关系被称为冲动、动力和愿望等。

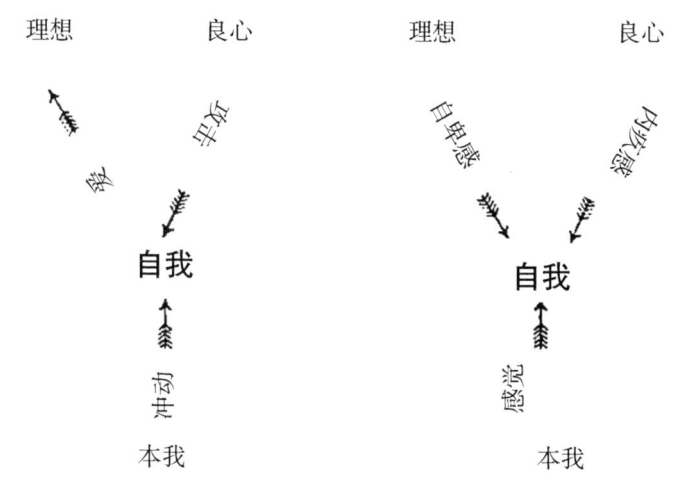

```
  理想        良心              理想         良心
   ↖         ↗                  ↖          ↗
    爱      自卑                自卑感      内疚感
     ↘    ↙                       ↘      ↙
      自我                          自我
       ↑                             ↑
      冲动                          感觉
       本我                          本我
```

我们现在可以把这个概念应用到下面的例子中:一个小男孩想要"偷"一些糖果。而且,像许多孩子一样,他痴迷于长大成人的理想,但在他的想象中,大人物并不渴望糖果,所以他认为他应该克制自己的食欲。此外,他的良心告诉他偷窃是一种罪恶。同时感受到这三种体验,他可怜的**自我**就会陷入三股火焰之中。然而,他并没有将**自我**体验为一个实体。健康的孩子不认为:"一个理想令我着迷,饥饿折磨着我,我的良心不允许我偷糖果。"他体验着:"我想长大,我饿了,但我不能偷糖果。"

从客观角度看，他的意识经验是由良心、理想和本我决定的，但在主观上他几乎没有觉察到这一点。他通过认同的过程实现了这种主观整合——感觉某物是他的一部分，或他是其他东西的一部分。

因此，我同意弗洛伊德关于**自我**与认同密切相关的观点。然而，弗洛伊德忽视了健康**自我**与病态**自我**之间的一个根本区别。健康的人格认同是**一种自我功能**，而病态的"**自我**"则是建立在内摄（实体认同）之上，它决定着人格的行为和感受，并限制其范围。**超我**和**理想自我**总是包含一些永久的、部分无意识的认同，但是，如果**自我**的认同是永久的，而不是根据不同的情境需要发挥作用，并且随着有机体平衡的恢复而消失，那么**自我**就是病态的。①

一个困难来自"认同"这个词本身，它有不同的方面，例如复制某人、支持某人、认为两件事是一样的、同情（移情作用［Einfuehlung］）或理解。同一个词的不同方面带来了精神分析的两种对立理论：弗洛伊德的理论和费德恩的理论。

弗洛伊德的观点认为，每一个**自我都是由**认同或内摄（在模仿某人的意义上，表现得"仿佛"某人是另一个人）建立起来的，只适用于那些已经发展出一种**自我**聚合的类型——一种固化的人生观，或僵化的、人为的性格。在一个僵化的性格中，我们看到**自我功能**几乎完全停止，因为人格已成为习惯和行为的自动条件反射。弗洛伊德认识到这一事实，他说，只有在性格没有被石化的情况下，分析才能成功。完整的认同（例如与惯例相认

---

① 一个明喻至少可以暗示出这种不同。肾脏的功能之一是排泄盐。盐只经过泌尿生殖系统。在一定的病理条件下，盐在有机体内沉淀并形成固体异物，干扰肾脏的健康，最终影响肾脏的功能。

同）在这样一个人身上会引发激烈的冲突，只要**自我**必须作为本能的执行者（并与本能相认同）发挥作用，而这种本能是他根据自己的原则所不赞同的。他可能会发现自己饿着肚子，但偷吃一块面包对他来说是一种可怕的罪行，他会疏远这种冲动。他宁愿饿死，也不愿冒坐几天牢的风险。

在教育中，这种严厉的道德可能会导致严重的误解。如果碳水化合物饥饿使得孩子去任何能找到糖果的地方拿糖吃，那么父母（把他们的法律观念投射到孩子身上）可能会非常担心他们制造的"罪犯"。

二、边界

随着"认同"一词成为内摄的同义词，费德恩（可能意识到内摄不是唯一存在的认同形式）创造了**自我**及其边界的概念。如果我们排除他的某些错误，他的理论将极大地帮助我们理解一些**自我功能**。

一个物理现象可以用来证明**自我边界**的辩证法：

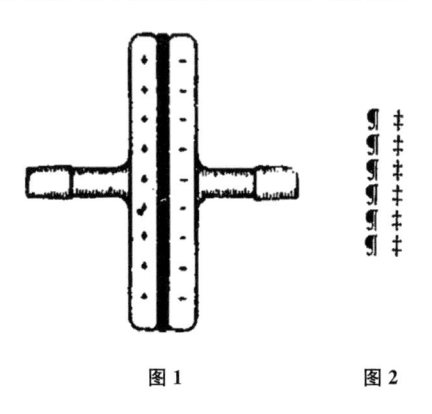

图1   图2

两块金属板 A 和 B 由绝缘层隔开。如果一个电容器板带正电子,负电子就会聚集在另一个电容器板上;但如果有直接接触,正负电子会相互抵消(图 1)。**自我边界**的表现也完全相同。我们只需用¶和‡替换+和-,它们在精神分析术语中呈现为力比多和敌意(图 2)。①

费德恩认为,**自我**是一种边界不断变化的力比多物质。他的意思是,我们将自己与我们认为熟悉或属于我们的一切事物等同起来。根据费德恩的观点,我们的**自我**可以在我们人格内撤回其边界,也可以延伸到人格之外。

特别是在强迫性神经症中,**自我**的功能是有限的,如前所述,死亡的愿望是被否认的,它不被承认属于**自体**。具有强迫性性格的人拒绝认同这种想法,也拒绝为这种想法承担责任,因为责任和责备对他来说是一样的。每一种抑制和压抑都会缩小**自我边界**。

当我们把我们自己与我们的家庭、我们的学校(古老的学校连接传统)、我们的足球俱乐部、我们的国家联系在一起时,我们就扩大了**自我边界**。一位母亲可能会保护她的孩子,"好像"她在为自己而战;如果一个足球俱乐部受到了怠慢,它的任何一个成员都可以进行报复,"仿佛"他自己也受到了侮辱一样。

在所有这些情况下,认同的客体仍然在人格之外。它不是被内摄的,认同是虚构的("仿佛""好像")。这个母亲没有受到攻击,也没有人侮辱这位俱乐部成员本人。

X 先生看到一所房子并说道:"我看到一所房子。"他没有说:"在 X 先生的有机体内的光学系统中看到了一所房子。"他

---

① 电子的照片表明(+)电子具有¶的性质,(-)电子则具有‡的性质。

把自己与他的这个系统相认同。下一刻，那所房子可能会消失在他的意识的背景里，他可能会发现自己的注意力集中在一些声音上。然后，他很快就把自己与他的声学设备以及他对这些声音的好奇心相认同。他可能会说"我听到了声音！"，或者会说"我听到了声音"，以此强调他与那些可能没有听到声音的人形成了对比。

现在让我们假设他听到了声音，但实际上并没有。如果他将自己与想象的事实相认同，并说"我想象我听到了声音"，他的**自我**就能正确地运作；但如果他将自己与幻觉的内容相认同，当他缺乏对他有一个虚构，即一个"仿佛"认同的事实的洞察力时，他就会表现得"仿佛"听到了声音。

"仿佛"认同本身并不是病态的，只有把虚构误认为真实的认同属于这一类。有时，虚构认同可以累积到我们所说的"仿佛"性格的程度（H. 多伊奇）。"仿佛"认同可以在内摄（扮演母亲的孩子）中找到，也可以在**自我边界**的扩大中找到。

相应的"仿佛"疏离表现在压抑、投射和类似的**自我边界**的缩小之中。尽管患者表达出这样或那样的想法和愿望不是他的，但它们实际上属于他的人格：被压抑和投射的疏离最终总是不成功的。精神分析认为这个事实是"被压抑的回归"。

在认同/疏离功能中，我们再次看到了整体论的作用。我们看到了整体的形成——母亲和孩子的合一，许多人结合成一个俱乐部；成员对俱乐部的认同越大，俱乐部的结构就越牢固，有时甚至会僵化到极点。缩小边界也是为了保持一个整体。人格中那些显然危及公认的整体的部分被牺牲了。（"如果你的眼睛冒犯了你，就把它挖出来。"）在政治清洗中就有类似的观点。

费德恩的理论显示出明显的错误和片面性。他的错误在于，他认为**自我**是一个有边界的实体，而在我看来，只有这些边界，即接触的地方，才构成了**自我**。只有当**自我**与"外来物"相遇时，**自我**才开始发挥作用，开始存在，决定个人与非个人"场"之间的边界。费德恩是片面的，因为他只考虑了力比多的整合能量，而忽略了✠的同时出现。

一个足球俱乐部的成员往往会融合成一个团体（¶）。一个氏族的成员之间比另一个氏族的成员之间更加亲密（¶）。意识形态将信仰它们的人团结起来（¶）。在危险时期，当一个国家的安全受到威胁时，其公民的团结在保卫国家方面是最重要的。

一个健全的整体论需要相互认同。一个不把自己与其成员相认同的俱乐部——保护他们的利益并为他们的忠诚提供补偿——将会瓦解。在集体中✠加起来，在它的边界之外找到，并返回给个体。

费德恩并没有从✠聚集的外部去考虑**自我边界**。正如一个电容器板上正电子的积累伴随着另一个电容器板上负电子的积累，**自我边界**内的整合能量被外部的敌意所补充。

无论两个整体结构在哪里相遇，它们本身都保持在一起，并被或多或少明显的敌意分开。两家足球俱乐部通常以一种温和的方式相互竞争，尤其是在比赛中。我们看到学校之间的竞争、国家之间的战争。**史密斯家族**自以为比**布朗家族**优越，布朗家族则瞧不起史密斯家族。蒙太古和凯普莱特是敌对家族的例子，但是罗密欧和朱丽叶打破了这种界限，他们对彼此结合的渴望比他们的家庭纽带要强烈得多。

来自外界的敌意越多，个体和群体的整合功能也就越大。在危险时刻，有机体会调动一切官能；每当一个国家受到攻击时，这种外来攻击都可能会使其公民团结起来。刚刚还在生孩子气的母亲会在下一刻保护孩子免受外来的侮辱。

爱是对某个客体("我的")的认同,恨则是疏离它("离我远点!")。被爱的愿望是一种欲望,即客体应该将自己与主体的愿望和要求相认同。强烈的彼此相爱用"同心同德""如影随形"等词语来表达。在性交中,相互认同是必要的,《圣经》中有一句话写道:"成为一体。"

两个农场之间以一道篱笆为界。这道篱笆表明了两个农场之间的接触,但同时又将它们隔离开来。在游牧时代,没有边界,有一种融合。随着个人所有权的产生,土地的分割和友好或敌对的邻居随之产生。如果今天农民们都加入一个集体,这种融合就会重新建立,但集体农场(参见俄罗斯的社会主义竞争)之间的边界仍将存在。如果一个农民觊觎他邻居的农场,并将其并入自己的财产中,也会有一种融合。

隔离强调分离,而接触强调接近,目的是通过消除敌意,用我们取代我和你,或通过让整个复杂的世界变成我的世界,或通过交出你的世界,来消除隔离。

是¶创造了‡,还是反之?这两种假设都是错误的。这两种功能之间没有因果联系。无论何时,只要存在着边界,人们就会觉得它既是接触,又是隔离。通常既不存在接触也不存在隔离,因为有一种融合而没有边界。这种融合被¶和‡、力比多和攻击、友好和敌意、熟悉感和陌生感或任何人们选择称之为形成边界的能量所干扰。

¶和‡同时存在的一个很好的例子是尴尬。在那一刻,一个人同时发现了想接触(展示)和想隐藏的倾向。它的前分化阶段是害羞。依恋和分离这两种可能性对害羞的孩子来说都是开放的。因此,害羞是儿童发展的一个正常阶段,但是,如果这种态度是长期不变的,而不是适当的回应,那么,和每一个汤姆、迪克和哈里交朋友,或者回避每一次接触,都是不健康的极端。

通过将自身与环境的要求进行排他性的认同,通过内摄意识形态和性格特征,**自我**失去了其认同的弹性能力。事实上,它已不再发挥作用,而是作为原则和固化行为的聚集的执行者。**超我**和个性已经取代了它,就像在我们这个时代,机器制造的物品取代了个体手工艺品一样。

第八章
人格分裂

有一句众所周知的谚语说，一捆木棍比相同数量的单棍更强大。这句谚语仅仅暗示了一个科学事实吗？当然不是。谚语是有寓意的。这意味着：加入一些棍子，它们将有更大的力量去抵抗和攻击！反之亦然：如果你需要一根结实的棍子，把一些更细的棍子连接在一起就能达到同样的目的！

这种整合功能是**自我**的另一个方面。处于一种管理功能的**自我**将整个有机体的行动与其最重要的需要联系起来。可以说，它号召整个有机体的那些为满足最迫切的需要所必需的功能。一旦有机体认同了自己的某个需求，它就会全心全意地支持这种需求，就像它对任何被疏离的事物都充满敌意一样。

一个男人说了两句话，先是说"我饿了"，然后又说"我不饿"。从逻辑的观点来看，这是一个矛盾，但只有当我们把这个男人看作一个客体，而不是一个时空事件时，这才是矛盾的。在说这两句话之间，他吃了点东西。所以他两次都说了实话。如果我们把一个饥饿的人放在一个密闭的盒子里，情况就更加复杂。刚才还在说"我饿了"的人，现在感觉的是"我要窒息了"，而不是"我饿了，而且我要窒息了"。从生存的角度来看，呼吸比吃更重要。

为什么我们没有体验到这种相互矛盾的说法是互不相容的事实呢？认同（关于认同的说法也适用于所有情况下的疏离，因为两者是互为必要的对立功能）遵循着图形/背景的形成。一个健康的**自我功能**会回应主观现实，以及有机体的需要。例如，如果一个有机体产生了饥饿，食物就会变成"格式塔"，**自我**将自己与饥饿相认同（"我饿了"），并回应格式塔（"我想要这个食物"）。

在那个宁愿死也不去偷面包的人的例子中，**自我**疏离了食物的获取。然而，如果没有图形/背景的形成，他就不会看到或想象到面包，也就不可能有**自我**疏离拿走面包的冲动，并将自己与法律相认同。

如果**自我功能**与图形/背景形成相认同，它们将是多余的，但它们对于管理任务是不可或缺的，以引导所有可用的能量来服务于前景中的有机体需要。基于这一事实，我们又遇到了一个双重功能的方面——主人和仆人。弗洛伊德评论道："我们不是自己家里的主人。"这是正确的，因为**自我**在生物场里接受的是来自本能的命令，在社会场里接受的是来自良心和环境的命令。然而，**自我**并不仅仅是本能和意识形态的仆人，它也是承担着许多责任的中间人。（把责任推给原因并不能促进**自我发展**。）

掌控自己的欲望是有机体与**自我功能**之间合作不足的结果。例如，如果某人认为排便是一件讨厌的事，而且他的肠子总是不能不做他想做的事，那么，这种掌控的态度就是对**自我功能**的误用。他的**自我功能**应该以最少的能量和最佳的有机体功能，确保毁损冲动的充分满足。一个专横的、恃强凌弱的自体控制的**自我**（正确地说，它意味着与恃强凌弱的良心相认同的功能），非但没有为有机体承担责任，反而把它推给（主要是作为责备）**本我**或

"**身体**",仿佛它不属于**自体**一样。

"**本我**"的概念只可能作为**超我**概念的对立面。因此,它是一个人为的、非生物的建构,是由**自我**的疏离功能所创造的。人格的接受部分与拒绝部分之间出现了边界,人格分裂由此产生。

换句话说,通过把**自我**当作一个实体,我们必须承认它的无能。我们必须接受**自我**依赖于本能、良心和环境的需求,我们必须完全同意弗洛伊德对**自我**力量的不合理观点。然而,一旦我们认识到**自我**的认同力量,我们就会承认我们有意识的头脑留下了一个非常重要的实例——决定将自己与任何它认为"正确"的东西相认同。

我们发现,在这种认同/疏离功能中,开始了"自由意志"。这一功能经常被误用,但这并不能改变这样一个事实:在这一功能中,我们遭遇了人类**自体**的意识控制原则。社会必须在不损害个体发展及其身心健康的情况下,确定对个体的哪些认同是理想的,以实现其顺利的整体功能。虽然这个计划听起来很简单,但在我们目前的文明阶段,它超出了人类的范围。与此同时,个体可以做的无非是避免多重认同,这必然会导致个人整体主义的损害——也必然导致内部冲突、人格分裂和越来越多的不幸。个体的这些分裂、冲突和不幸在微观上相当于目前的世界局势。

> 城里响起了反对的声音;
> 每个人都会被听到,并立即得到建议。
> 一部分人争取和平,一部分人主张战争;
> 有些人排斥敌人,有些人接纳朋友。
>
> ——维吉尔

＊　　　＊　　　＊

对这些❡和✚功能的直观认识形成了边界，这是希特勒的一大优势。他的攻击未经由牙齿发泄（坏牙齿-吃粥者），而是基本上都发泄到了大哭大叫上。当他得不到他想要的东西时，他就会变得暴躁，先是哭闹，然后扯着嗓子大喊大叫，直到他周围的一切都变得恐慌起来，他会想尽一切办法让爱哭的婴儿安静下来（你不能伤害一个无辜的婴儿，希特勒总是辩称自己是无辜的）。后来他发现，追随者越多，他能运用的攻击就越强；他运用的攻击越强，他的团体内部的联系就越紧密。他发现绞刑架上团结一致的标志是口号"一个民族，一个国家，一个领袖"，这是一个吸引了德国各阶层人民的意识形态术语。最后，他为德国人的虚荣心提供了情感食粮："优等民族"的观念。

与应用❡并行的是他对✚运作的了解。他认识到整体的重要性，知道团结才有力量，所以他开始摧毁每一个强大的不利组织，无论是工业理事会、工会还是教会。他砸碎果壳，扔掉那些不能消化的物质；他吞下那些成员，吸收那些分裂了的组织的钱。"一个接一个"，他首先处理内部的，然后是外部的组织和国家。他在策略中也运用了口腔技巧。他用闪电战作为门牙将敌军切开，用坦克作为臼齿将他们碾碎。如果他的门牙——矛头——是钝的，如果他用来轰炸的白齿不够成功，不能把敌人磨成浆，那么他就完了。他能做的最好的事就是咬紧牙关，尽量不让自己松开。

他的技术的一个基本目的是在第五纵队的帮助下分裂整体——例如国家。这个想法是，一方面，通过激起他们共同的怨愤和仇恨，通过强调他们彼此之间的关系，通过把自己当作唯一的救世主，把第五纵队的所有成员联合成一个坚实的团体。另一方面，他鼓励进行破坏方面的训练，这反过来又增加了第五纵队的凝聚力。他遇到的人口腔发展越不足（例如，缺乏推理能力或依赖**教会**和**国家**），他就越容易找到足够"相信"他的人。

＊　　＊　　＊

只有有意识地利用**自我边界**现象才是希特勒的特权。当然，这种边界无处不在，从分裂到人格分裂，尤其是在美国大选期间。

如果一个足球俱乐部在竞争中不能保持其攻击，并且没有其他吸引人的因素来保持成员的团结，那么，这个俱乐部要么解体，要么至少分裂成几个部分。有一定亲和力的人会聚集在一起，形成小集团。他们会开始互相取笑，为小事争吵，最后，如果没有机会重新建立共同的外部边界，他们会相互打架。结果将是分裂，甚至是分离。

如果分离发生，敌对将会停止，但只有在一种情况下——不保留任何接触。带有¶/‡功能的边界仅仅存在于仍保有接触的地方。

在分裂和接触同时存在的地方，边界的功能要么是开放的，要么是潜在的敌意，要么是通过认同重新整合的被抑制倾向，要么是潜在的友谊或爱情。在这种情况下，接触地点与冲突地点是相同的。"一个巴掌拍不响。"

就被监禁的罪犯而言，个体与世界之间存在着一种分裂，监狱的铁栏实现了他的隔离。双方友好的态度（分别是慈悲和悔改）可以解除分离，重新建立接触。但这种接触现象不是永久性的，它由重聚的体验所构成，一旦以前的"罪犯"再次被社会所接受，就会被融合所取代。

在犯罪的情况下，分裂是由社会引起的，但个体也同样可以制造这样的分裂。对孤独的渴望带来一个短暂阶段的边界，而厌世或普遍的迫害想法导致更持久的隔离。一个不同于多数人的政治信念可能会创建一个新的政党，一个新的信条可能会创建一个新的教派。

为了避免冲突——保持在社会或其他单位的范围内——个体疏离了他人格中那些可能导致与环境冲突的部分。然而，避免外部冲突会导致内部冲突的产生。精神分析已经一次又一次正确地强调了这个事实。

一个孩子非常想要某个玩具。他没有得到它，但他知道可以用父亲口袋里的钱买到它。他知道，拿了这笔钱，会导致他与父亲的严重冲突，他父亲说偷窃是一种罪恶，一个人要为此受到惩罚。认同父亲的格言，他就必须疏离——压制——他的欲望。他必须要么用顺从和哭泣来毁灭它，要么通过压抑或投射来把它扔出他的**自我边界**。压抑是通过内转他的攻击来完成的，这种攻击最初是针对令人沮丧的父亲的，现在是针对他的欲望的。投射——通过一个不同的、更复杂的过程——恢复了他与父亲之间的和谐，但代价是毁掉了他自己的和谐。

整体论要求内部和平。内部冲突与整体论的本质是对立的。弗洛伊德曾经说过，人格上的冲突就像两个仆人成天吵架，一个人能期望完成多少工作？如果人格内部存在分裂（例如，在良心与本能之间），**自我**可能对本能敌对而对良心友好（抑制），或者恰好相反（反抗）。

同样的行为如何引起不同的反应、评价，甚至冲突，以及不同的反应如何取决于认同模式，可以在以下的杀人例子中看到。

（1）有人枪杀了他的邻居。社会或其代表，将自己与受害者相认同的皇家检察官称之为谋杀，并要求惩罚。（2）有人在战争中枪杀了他的对手。社会将自己与士兵相认同，而这次的受害者却在认同边界之外。士兵可能会得到奖赏。（3）和（1）一样，但在这里，法官得知我们的"凶手"被邻居深深地冒犯了，可能会同情被告。由于对杀人者和被杀者都有认同，法官对被告的罪行就会产生冲突。（4）和（2）一样，但士兵的**超我**保留了杀人是一种大罪的信条。他同样会因为认同他的国家和良心的要求而陷入冲突。

在（3）中，法官说"我判你有罪"和"我不判你有罪"。在（4）中，士兵感觉"我必须杀人"和"我不能杀人"。这种双重认同对有机体来说是无法忍受的。需要做出决定。其中一个认同必须停止。事实上，只有认识到有可能将认同视为不可取的和危险的而拒绝并疏离它们，我们才能把握**自我**及其作为选择者或审查者发展的真正意义。

对有机体需要的认同本来是不费力的，疏离却不是。一个愿望越接近有机体的需要，当社会情境要求它时，它就越难被疏离。我们大多数人都体验过，要把自己从一种病态的好奇心中分离出来，哪怕是盯着一个畸形的人看，是多么的困难。人们竭力把目光移开，却发现自己一次又一次地朝着不被认可的方向看。如果要消除这种病态的好奇心，或者像抽搐或口吃这样令人不快的习惯，已经几乎是不可能的了，那么要消除一种真正强大的冲动，又该有多困难。"你能停下想要一块糖的冲动吗？"

我在前面已经提到，在认同功能中，我们有一个"自由意志"的核心，当我们在重新调节的过程中，分别用"认同"和"疏离"来取代"对"和"错"时，自由意志就会产生。把自己和某些方法相认同，我们称它们为"正确的"，而疏离其他方法，并称它们为"错误的"。这种对和错的"感觉"往往具有欺骗性，因为熟悉或习惯被认为是对的,而陌生或不习惯的态度被认为是错。F. M. 亚历山大对重新调节过程中遇到的这些困难做出了很好的研究。

把熟悉的态度视为"正确的"态度,这种错误在分析中每天都会遇到。许多分析师认为这是因为患者对自己的病情缺乏了解。这种指责完全没有切中要害。生理上正确的态度可能被疏离到这样的程度,患者再也不能认为它是自然的。他的阻抗是一种具有某种意识形态要求的认同,这种认同不是被当作一种可变的认同,而是被视为一种固化的"正确"观点。

对症状的分析可以阐明上述意义,并显示**自我功能**的调动如何对整个人格健康功能的重建是必要的。

A太太被女朋友冒犯后感到头痛。她没有觉察到头痛是她自己引起的事实,也不愿意为此承担责任——她宁愿责怪她的体质、她的头痛倾向,或她那不够体贴的朋友。精神分析也通过在转化的力比多能量中寻找原因来免除她的责任。如果她对她的头痛承担更多的责任(少吃阿司匹林),如果她确切地知道她是如何制造头痛的,那么她可能根本不会去制造头痛了。

她说,在朋友的冒犯之后,她想哭,但没有流一滴眼泪。这看起来好像是哭转成了头痛。但就像我无法想象被压抑的性欲怎么会变成头痛一样,我也无法接受这种哭泣转变的行为。每一种魔术都有其合理的解释。她认同了尊严和骄傲,却无法认同从哭泣中寻求安慰的生理需要,因此她收缩了眼睛和喉咙的肌肉,止住了眼泪。强烈的肌肉收缩导致疼痛,头部肌肉的挤压导致头痛。任何人都可以通过握紧拳头来说服自己这种"疼痛的产生"。

回到患者身上,在不消除**自我聚合**([Ego-conglomeration]在这个例子中,是永久收缩)的情况下,她不能屈服于哭泣的冲动，也不能获得足够的**自我功能**，即认同她的实际需要。她的头痛是未完成情境的信号，她无法完成、无法摆脱她的怨恨，因为她非常不愿意让自己离开。

在这种不情愿中，她的感觉运动系统帮助了她。

第九章
感觉运动阻抗

当分析师向患者指出他有阻抗或处于阻抗状态时，患者常常会感到内疚，"仿佛"他不应该有这些不可接受的特征。精神分析在很大程度上正确地把注意力集中在阻抗上，但通常认为阻抗是人们不想要的东西——是可以被消除的东西，无论在哪里遇到阻抗，都应该将其摧毁，以培养健康的性格。现实看起来有些不同。一个人不可能摧毁阻抗，在任何情况下，阻抗都不是一种邪恶，而是我们人格中相当宝贵的能量——只有在错误地运用时才有害。只要我们没有认识到阻抗的辩证法，我们就不能公正地对待我们的患者。阻抗的辩证对立是援助。阻抗攻击者的堡垒同时也援助了防御者。在这本书中，我们可以保留"阻抗"这个术语，因为我们本质上是神经症的敌人。在一本关于**伦理学**的书中，我们更喜欢用"援助"这个词来形容那些帮助我们压抑被谴责的性格特征的机制。然而，应该记住的是，如果不欣赏患者把他的阻抗看作援助的观点，我们就无法成功地处理阻抗。

阻抗能量的僵化是主要的困难。如果汽车的刹车或水龙头被卡住，汽车或供水系统就无法充分运转。分析情境的任务是恢复这种僵化阻抗的弹性。这并不是说内在的阻抗消失了，负面的移情产生了。更确切地说，除了处于烦扰的内在愿望与有意识的人格之间的**自我边界**之外,另一个边界(患者与分析师之间)出现了。分析师被视为被禁止的冲动的同盟者,因而被疏离。充满了不信任和敌意的审查员对扰乱者保持警惕,以免对精神分析师的"奇怪"想法产生认同。有机体将自己与这种敌意认同起来,阻抗甚至攻击分析师。

图形-背景的形成有一个严重的缺点。有机体一次只能专注于一件事。因此,它在一个地方实现了最大程度的行动,对其他地方的关注却很少。所以,任何未预见到的进攻都会构成危险。意想不到之事——突然袭击——对个体如同对军队或国家一样都是有害的。就像防御工事和永久防御可以弥补人力的不足一样,我们发现个体有机体在物理上有皮肤和外壳,在行为层面上有性格形成。但是,正如前面所提到的,边界不可能完全封闭。必须与世界保持一些接触。一个城堡必须有像门这样的沟通渠道来接收食物或发送信息。墙上的一个大缺口,而不是一扇门,将构成一个开放的沟通,一种融合。例如,如果农场的栅栏被打破了,牛就可以从这个与外部世界的融合处逃走,而农民就不得不从由活的守卫、看门人或一条狗形成的对栅栏的机械守卫中退回。然而,这些人和狗可能会睡着,开放仍然没有保护,从而重新建立融合。

这些被保护的沟通是身体的开口。它们需要相当多有意识的参与(**自我功能**),否则它们可能会成为融合的地方。使用城堡的比喻,病态的阻抗可以比作锁住的门(钥匙放错了地方),完全没有阻抗对应的是完全拆除门以后墙上出现的缺口。在"青少年犯罪"案件中所发现的冲动而不负责任的性格,清楚地表明了缺乏必要的阻抗,缺乏保护自己免受社会惩罚的刹车系统。在假设不存在阻抗的基础上去分析阻抗,我们会冒很大的风险。阻抗往往没有得到充分处理，而是被压制和过度补偿——尴尬为伪勇气所压制，羞耻为厚颜无耻所压制，厌恶为肆意的贪婪所压制。在"青少年犯罪"中，阻抗的压制往往表现为反抗和英雄主义，使其表现为"硬汉"的完美典型。

仅仅是阻抗能量的分解就会带来另一种危险。除了那些阻抗，无论是对他们自己的冲动，还是对他们的要求，许多人几乎没有发展出任何其他的**自我功能**。他们的目标是发展一个强大的**自我**，一个充满"意志力"的性格。对他们来说，高效的人格等同于"强大"的性格——能够抑制吸烟、性冲动、饥饿等等。

如果有人剥夺他们这些阻抗和支配的功能，就没有什么是他们感兴趣的了。他们从来没有学会如何取悦自己，如何具有攻击性，或如何去爱。当我们分析他们的阻抗时，他们变得非常困惑，而他们对这些重要功能的认同还没有建立起来。

此外，这些人的阻抗能量是非常宝贵的，如果他们有良好的主导性和阻抗品质，他们就会找到充分的机会来很好地使用它们。我们必须做到的是消除内转。患者必须学会将阻抗的能量导向外部世界，根据情境的需要运用它们，当需要说"不"的时候，就说"不"。如果一个人要对付一个醉酒的、无能力的人，控制甚至摆脱他的骚扰比控制自己更重要。一个孩子忍住自己的冲动，总是听从父母愚蠢和不负责任的要求，这会破坏他的人格，从而形成怯懦和不诚实的性格。有时，如果他成功地抵制了他们的要求，如果他奋起反抗，他就将在以后的生活中处于一个更好的位置来维护自己的权利。实际情况是判断阻抗是否有用的标准。固执，一种集中的有意识的阻抗，同样也要从它的有用性来判断。固执地接受好建议不同于一个坚定的国家对无端攻击的固执。

第九章　感觉运动阻抗

如果我们充分了解了离心感觉和运动功能，以及内转现象这两个事实，我们就能对躯体神经症阻抗有一个清晰的概念。其中主要由增加的肌肉紧张所构成的运动阻抗，已由赖希的铠甲理论广泛地处理。我必须补充的是，这些肌肉抽筋实际上是内转的挤压。它们是一种悬挂式态度的症状（悬挂着咬，紧抓着某人或某人的财产、粪便、呼吸等，参考伊姆雷·赫尔曼［Imre Hermann］扭抱反射［clinch reflex］的分析）。

* * *

在感官阻抗中，最常见的是盲点化，一种减少或缺失的功能，通过它可以避免对某些事物的感知。不太为人所知的事实是，感官活动的增加也是一种阻抗。我们都认识一些小心眼儿、过度敏感、容易受伤的人。他们的敏感是高度发达且有教养的，被当作一种手段来避免他们不想面对的情境，他们最喜欢的表达是："这让我心烦。"当妻子想要避免与丈夫进行一场不愉快的讨论时，这种高度紧张的感觉就会以诸如对光线过于敏感的偏头痛的形式表现出来。在性情境中，她是如此敏感，以致每次接近都会伤害她，而当她与男人和谐相处时，这种防卫就消失了。另一些人变得敏感（作为帮助！），不是为了防御，而是出于攻击的目的。如果你拒绝满足他们的某个愿望，他们就会显得很受伤，让你觉得你像犯了罪似的，而下一次，尽管你意识到这是情感上的勒索，你仍不敢拒绝他们的要求。

如果不考虑伤害的投射，高度紧张的画面——随时准备受伤——是不完整的。每一个容易被冒犯、被伤害的人，在遭受痛苦时都有一种同样强烈的抑制倾向。这有时会找到它的出口，并以迂回的方式达到目的。比如，忧郁的人喜欢让别人感到痛苦，并且经常承认他们总是会成功地让别人感到难堪、尴尬和易怒。

相反的阻抗，即去敏化（［de-sensitization］感觉减退和麻醉）的产生还需要更多的研究工作。有时，感觉减退是由长时间的中等紧张的肌肉收缩产生的；有时，则是通过集中于一个不同于情境所要求的"图形"（奶嘴）而产生。

一个患者抱怨性交时缺乏感觉。对他体验的细节的探询显示，在行动中他在"思考"，而不是集中在他的感觉上。他常常在幻想中忙着看报纸，分析表明，这种行为是在训练他克制过度敏感和早泄。他把注意力从自己的感觉转移到报纸上，克服了疾病，却把高度紧张变成了麻木，在任何情况下都不可能得到健康的满足。

去敏化通常伴随着一种被棉絮包裹的感觉，或者精神上的短暂昏厥。然而，每当患者坚持说他什么都感觉不到或什么都不想时，我就发现短暂昏厥或麻木是不完全的，而只是一种感觉减退，一种变暗。思维是存在的（但只是在背景中），感觉也是，尽管它们被描述为一种陈腐或枯燥的性质。

在弗洛伊德描述的一个个案中，患者抱怨有一层永久的面纱，它只有在排便时才被撕破。我猜想这种"启示"与他对粪便与肛门壁接触的感觉——也就是与出口接触的感觉——是一致的。这种接触的缺失构成了人格与世界之间毫无防备的融合。这种融合没有**自我边界**，对投射的发展至关重要。

小孩子如果不想看，就把眼睛紧紧地闭上。这是一个附加功能，一个活动。这是一种额外的肌肉冲动，阻止了他们的好奇心发挥作用。弗洛伊德的患者的面纱似乎也是一种覆盖物，一种附加功能，一种感觉-运动幻觉。通过正确地描述和分析这些覆盖功能，我们可以揭示它们的目的：避免某些情感体验。在肛门麻木的情况下，人们这样向我描述道："粪便通过一根橡胶管"，或者,"好像存在着一种空气空间",或者,"粪便不接触墙壁"。

在生殖器性冷淡的病例中也有类似的描述。在这里,人们也发现幻觉层与诸如注意力不集中、图形-背景形成不足等负功能并列。

口腔冷淡(味觉麻木、食欲不振)在干扰**自我发展**方面扮演了相当重要的角色。它防止了厌恶和享受的体验,促进了食物的内摄。

第十章
投 射

虽然在现有分析文献的帮助下,我们能够对内摄的起源形成一个清晰的画面,但我们仍然对投射的起源一无所知。

就我所知,存在着一个尚未命名的前差异阶段。人们经常观察到一个婴儿把娃娃从婴儿车里扔出来。娃娃代表孩子本身:"我想去娃娃所在的地方。"这个情感(前动)阶段后来分化为表达和投射。一个健康的心理新陈代谢要求在表达而不是投射的方向上发展。健康的性格表达他的情感和想法,偏执的性格投射它们。

如果一个人牢记两个事实,那么表达主题的重要性几乎不会被高估。

(1) 说本能受到压抑是不正确的。本能永远不会被压抑——只有它们的表达才会被压抑。

(2) 除了本能的抑制表达(主要在行动中),每一个神经症患者在表达"**自体**"方面(主要在语言上)都有困难。表达被戏剧表演、广播、伪善、自体意识和投射所取代。

真正的表达不是被刻意创造出来的,它来自"内心",但它是被有意识地塑造的。每个艺术家都是一个发明家,寻找表达自己的方式和方法——有时是新的方法。

投射本质上是一种无意识现象。投射的人不能令人满意地区分内部和外部世界。他在外部世界中想象自己人格中拒绝认同自己的那些部分。有机体将它们体验为在**自我边界**之外，并相应地做出攻击反应。①

负罪感是令人难以忍受的，因此，责任感未得到充分发展的儿童和成人倾向于将任何预期的责备都投射到其他事情上。一个在椅子上受伤的孩子，会责怪"淘气的"椅子。一个毁了自己生意的人可能会把责任推给"时运不济"或"命运"——总有替罪羊在身边。

这些负罪感的投射具有暂时缓解的优势，但它们剥夺了接触、认同和责任等**自我功能**的人格。

在分析以前接受过其他分析师治疗的患者时，我注意到，其中一些患者展示了大量的投射。他们人格中被压抑的部分已经变得有意识，但患者还没有接受被带到表面的事实和功能。他们是糟糕的"咀嚼者"，从来没有设法同化释放出来的物质。这些物质没有越过**自我边界**，就直接从**无意识**中被抛到这个世界。有一个个案，他把自己的性冲动投射到他的朋友身上，几乎发展成一个迫害狂。另一个人则通过将他的攻击投射到外部世界，发展出了显著增加的恐惧感。通过释放被压抑的物质而不同化它，这两

---

① 为了简化起见，这里省略了某些复杂难题。例如，上帝是人类全能愿望的投射，但由于部分认同（"**我的**"上帝），攻击只会针对一个外来的神，或者在"上帝的意志"不被接受的情况下才会发生，比如在失望之后。

　　据说人们只有在需要上帝的时候才会想起祂。这不是一种记忆，而是每一次都是新的投射。当他们处于困境中时，他们会感到无助，希望获得力量和魔法资源，他们投射出这种全能的愿望，全能的上帝被重新创造出来。

个个案都从雨里掉到了深海里。

一位母亲告诉我,她的孩子经历了一场噩梦。他醒来时哭着说有一只狗要咬他。我发现,当他试图和他的母亲玩"狗狗游戏"并吃掉她时,他遭到了严厉的拒绝,并被告知不要淘气。我没有试图向孩子解释狗作为图腾动物的意义,以及它在**俄狄浦斯情结**中的角色,我只是想当然地认为,那个孩子在梦中把他受挫的攻击投射到那只狗的身上。因此,他主动咬人的角色变成了害怕被咬。我建议母亲既要鼓励孩子扮演狗,也要鼓励孩子的攻击。噩梦没有再重现。

一个倾向于投射的人,就像一个坐在一间摆满镜子的房子里的人。无论他看哪里,他都认为他是透过玻璃看到世界的,而实际上他看到的只是他人格中不被接受的部分的反射。

除了在梦中和完全发展的精神病中,人们总是倾向于用一个合适的客体作为投射的屏幕或接收器。这个做噩梦的孩子如果没有恢复他的攻击性,就会患上狗恐惧症。侵略国的可怕程度因受害者向它们投射的同样数量的攻击而增加,当受害者拒绝受到恐吓并利用自己的攻击时,这种可怕程度就降低到其实际水平。

然而,外部世界并不总是充当投射的屏幕,投射也可以发生在人格内部。有些人严厉的良心不能仅仅用内摄来解释。根据内摄理论,在人格中以良心的形式出现的父母,在现实中可能一点也不严厉。在我的一个个案中,父母本来非常同情孩子,却用善意扼杀了孩子的攻击。这个患者遭受着严重的罪恶感和良心的谴责。他把他的攻击——他的责备倾向——投射到了他的良心上,后来他体验到了良心在攻击他。一旦他设法公开表现出攻击,他的良心就不再支配他了,他的罪恶感也就消失了。只有当自体责备(*re*proach)变成客体接近(*ap*proach)时,良心的过分严厉

第十章 投射

才会被治愈。

苏联文学中的俄罗斯"圣人",通过约束他们的攻击和拒绝罪恶,增加了他们的负罪感。另一方面,孩子可能有非常偏狭的父母,但如果孩子保持战斗精神,不把自己的攻击投射到父母或良心上,孩子就会保持健康。

投射可以附着在最意想不到的客体和情境上。我的一个患者大部分时间都在担心他的生殖器,以及如何感受对它们的感觉。他经常想象他的阴茎已经消失在他的胃里,他男子气概不够,或者他很虚弱。无论出现什么话题,他总是回到他的阴茎这个主题上。对他的生殖器和口腔困难的分析带来了改善,但没有解决办法。然后我突然意识到,他的**自我功能**仅限于抱怨和偶尔的哭泣及烦恼。他人格的其他特征在哪里呢?它们被投射到了他的阴茎上。他不觉得自己在逃避某些情境,但在这种情况下,他觉得自己阴茎消失在了胃里。他不觉得虚弱,他的生殖器很虚弱。他没有试图克服生活的沉闷,而是一直试图唤起阴茎的更多感觉。

这种情况当然是例外。然而,我们经常看到的是对过去的投射。患者不是在实际情境中表达情感,而是产生一种记忆。他没有对分析师说"你说了很多废话",而是表现得很冷漠,但突然想起有一次他攻击一位朋友说了"很多废话"。这种对投射到过去的忽视,一方面帮助精神分析维持了过去都很重要的信念,另一方面,干扰了对实际冲突的清理。

通常,大量不需要的物质被投射到外部世界。有时确实很难发现投射,例如,在神经症患者对情感需要的个案中,这一现象一直被证明是分析理论和实践中的绊脚石。

卡伦·霍尼已经意识到这一性格特征在我们这个时代的神经症中所扮演的重要角色,我已经解释过,这种需要是无法被满足的，因为如果提供了爱，那么在提供时，爱并没有被真正接受和同化。

精神分析和个体心理学（阿德勒）宣称的信条是：神经症患者或多或少仍处于婴儿阶段。每个孩子都需要爱，而不能爱往往是神经症的特征，但是，爱的能力绝不是成年人的专利。孩子们的恨与爱之强烈，成年人只能羡慕。神经症患者的悲剧，不在于他从未发展过爱，也不在于他退行到孩子的状态——而在于他抑制了爱，更在于他无法表达他的爱。如果不被接受的爱伴随着失望，痛苦的体验会让他畏缩，不愿屈服于自己的情感。好像他已经决定："让别人去爱吧，我不会再冒这个险了。"然而，每当他激起爱的时候，情况就会变得不稳定，他很想用爱来回应爱，但他羞于自己的荒唐和浪漫。他害怕被人利用或受到指责。除此之外，如果他是一个口腔性格的人，那么他对感情的需要与他广泛的贪婪相吻合。

神经症患者投射出（受抑制的）爱，因此（在他的期望和幻想中），他想象出接受那些他压制在自己身上的爱的景象。换句话说，他并不是因无法去爱而痛苦，而是因抑制——因害怕爱得太多而痛苦。

正如神经症患者的"对情感的需要"在投射中有它的锚定点一样，经典精神分析学家视为神经症首要症状的另一种症状亦如此。我指的是阉割情结，其基础是对生殖器可能被完全或部分毁坏的恐惧。为了证明这种情结的存在，弗洛伊德学派将身体的每一部分都解释为阴茎。甚至连母亲要求孩子大便也被解释为阉割。然而，精神分析忽略了一个决定性的事实，即所有所谓的阴茎替代品都只有一个因素是不变的，那就是损害：每一种纪律教育都会带来威胁，有时还会造成损害，无论是对阴茎、眼睛、臀部、大脑还是荣誉。要治愈神经症患者对反复出现的遭受伤害的恐惧,不能通过把所有可能的阴茎符号都塞进阉割情结中,而是应通过消除神经症患者攻击的投射——他没有表达出来的威胁和造成伤害的欲望。

一个年轻的男人,虽然不开心,但对母亲有着强烈的迷恋,他承认他害怕性交,因为害怕他的阴茎在阴道里会发生什么事。他的梦表明他害怕阴道牙齿。女性生殖器对他来说就像鲨鱼一样,会咬掉他的阴茎。这显然是一个明确的阉割情结。他是一位艺术家,对任何对他作品的评论都表现出异乎寻常的厌恶,因为这些评论可能会表达出锋利的撕咬。他避免了对他的阴茎和自恋的威胁。

进一步的症状使他的神经症得到了解决:他几乎不使用门牙,甚至害怕伤害一只苍蝇——这两种现象通常是同时出现的。撕咬和伤害不仅仅投射到阴道,所以他对被伤害的恐惧并不局限于阴茎。认为阴茎是唯一的甚至是主要的对象,在我看来是一个武断的决定,错误地把症状当成了原因。即使这种类型的神经症患者能够被说服阴道里没有危险,他的麻烦也不会结束,因为他的阉割情结不是他神经症的中心,这只是他那被投射的攻击的一个结果。他的性欲可能会变得很强烈,但对损害(比如他的声望)的恐惧可能仍然存在,为了他的投射,他只会寻找另一个屏幕。我们的患者在学会了使用他的攻击、用他的牙齿对待事物、从生活中得到他的份额之后,他的羞怯态度就会改变。在治疗期间,我听到他表达了一些非常尖锐的批评。

从最严格的意义上说,投射是幻觉。那个小男孩的噩梦就是这样一种投射性幻觉,而在真正的偏执狂中,这是一个主要症状。只要有足够的现实感,幻觉就会被合理化,那么,我们就可以说这是一种偏执型性格。典型的偏执是寻找"点",寻找可以证明他没有产生幻觉的偏执型现实。例如,病态嫉妒的丈夫会埋伏在那里,试图诱骗他的妻子,以发现她是否对其他人微笑,如果发生这种情况,他会按照他先入为主的嫉妒的想法来理解她的微笑。①

一个男人一直害怕有一天他会被从屋顶掉下来的瓦片砸死。他避免靠近一排排的房屋,而走在街上会增加被车碾过的风险。当然,他不能相信自己被一块瓦片砸死的概率是百万分之一。一天,他拿着剪报给我,得意扬扬地告诉我,有一个男人就是被瓦片砸死的:"你看,我是对的,这种事确实发生过。"他一直在寻找这些点,终于找到了一个。他有一种特别的冲动,想要探出窗外,向那些曾经"不公正"对待他的人扔石头,通过消除这种投射,他的恐惧消失了。

较轻的偏执型性格表现出一定的选择性,强调一个人的某些特征,而忽略另一些特征。被攻击的特征与投射相对应,与偏执型人格中被疏离的部分相对应。因此,投射是避免处理矛盾态度的非常合适的手段。把自己的敌对态度投射出来,就很容易被人容忍。在这样一个糟糕的世界里,一个人表现得如此出色,难道不值得表扬吗?

由于有机体概念不能满足于单纯的心理方面的探究,我们可以尝试在躯体方面寻找与投射过程相对应的东西。

---

① 嫉妒总是源于未被表达的、被投射的愿望。

第十一章
偏执型性格的伪代谢

下面两幅图以简单的形式显示出有机体消化道的活动：图1说明了健康的食物新陈代谢，图2是一种类似于代谢的病理现象，但实际上是一种挫败（frustration），可以被称为伪代谢。

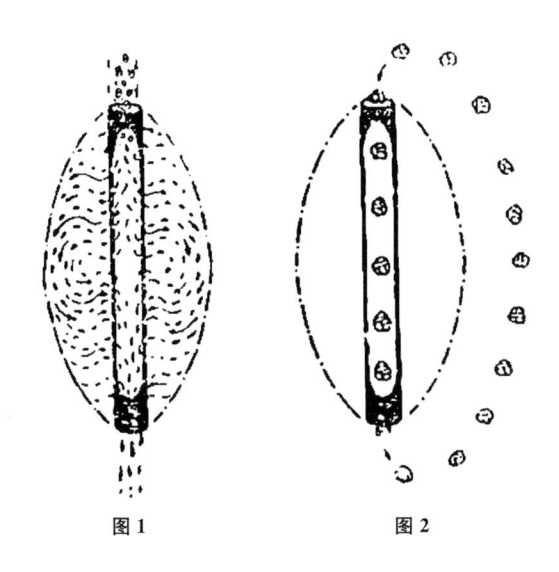

图1 　　图2

消化道是将有机体与外部世界适当分开的皮肤（就像表皮一样）。只要食物还在管子里，没有穿过管壁，它就仍然与有机体相隔离。从某种意义上说，它仍然是外部世界的一部分，就像肺部的氧气在被肺泡吸收之前一样。氧气和食物只有在被吸收后才成为有机体的一部分。

没有适当的准备（咀嚼等），食物是不能被吸收的。不能正常咀嚼的人可能会在他们的粪便中发现整块玉米、浆果和类似的东西。内摄的物质恰当地留在有机体之外，然后被正确地感觉为对**自体**来说奇怪的东西，会引起牙齿攻击或摆脱它的欲望。这些物质不是作为废物，而是作为投射而排泄。它并没有从投射的世界中消失，而只是从他的人格中消失。

在阻抗的影响下，饮食和排便的健康状态常常转变为内摄的病理状态，在感觉阻抗（感觉减退）的帮助下，嘴巴和肛门成为融合的地方，而不是受调节的沟通场所。

当我第一次发现患者不接受，而是将精神分析所释放的物质从**无意识**中投射出来时，我试图弄清楚这些物质是如何在没有**自我接触**的情况下——在患者没有觉察到这一过程的情况下——溜出去的。我在身体和心理过程的结构认同中找到了解决方案。在所有这些个案中，都存在着一种麻木，一种肛门的冷淡。因此，分解的物质就像粪便一样，没有（用费德恩的术语）通过**自我边界**进行过滤，或者，用我更喜欢的说法，**自我**是不存在的，是不起作用的。因为在有机体与世界之间有一个融合，它没有注意到人格的一些部分正在离开系统。

麻木有时会延伸至直肠，其结果之一是排便的冲动大大减少，这种不确定性主要表现为肛门肌肉的永久紧缩和慢性便秘。排便的控制并不是生物学上的功能，为了安全起见，肛门被严格锁住了，这种排便是强迫性的，经常会产生痔疮。通过肛门的粪便是感觉不到的，它在没有足够感觉的情况下产生。与完全觉察不同的是，神游——有时甚至是一种恍惚——伴随着排便。

第十一章 偏执型性格的伪代谢

在健康的有机体中，精神上和物质上的食物被同化并转化为能量，应用于活动，它们表现为工作和情感。无法消化的物质被当作废物而排放和丢弃，它是被表达出来的，而不是被投射出来的。

在伪代谢中，进入体内的物质没有被充分吸收，或多或少没有被利用，带着来自系统的能量离开人格。它们没有完成在有机体中的任务就溜出去了。如果这些物质只是被丢弃并当作废物处理，那么对有机体造成的伤害就可以被回收。在相当大的程度上，这种损失可以通过增加食物的数量来弥补。（"内摄器"是贪婪的，尽管没有口腔破坏，但吞食的食物总会有一定数量进入组织。）然而，很显然，就像强大的消化本能依旧不满足，有机体在相同的程度上渴望恢复它自己的物质。在原始水平上，我们在病态的食粪癖中看到了这种倾向，在一个更高的层次上，它体现在偏执者对自己投射的攻击上。

要理解伪代谢的病理（特别是偏执型性格的矛盾倾向——既敌视又着迷于他的投射），我们必须强调被压抑的厌恶在这一过程中所起的作用。内摄等同于食物过于匆忙地进入口腔。如果品尝了某些食物，就会引起恶心和呕吐，为了避免这种情况，它被迅速咽下，厌恶被压抑住。结果是普遍的口腔麻木，就像在肛门一样，形成了一个融合的地方。（长期以来，这种口腔麻木在医学上被视为一种歇斯底里的症状。）一旦审查员——食物的味道和感觉——保持沉默，就没有多少区别了。在身体上（食物）和精神上（知识），任何东西都被不加区分地吞咽。与这种分化的缺乏相伴而来的是注意力不集中——走神和其他神经衰弱症状。

如果我们把被压抑的记忆看作未消化的碎片的堆积，我们会看到两种摆脱它们的方法——同化或排斥。要被同化，物质必须再被咀嚼，再被咀嚼，它必须被提上来。恶心是呕吐的情感成分。如果这个未消化的物质没有被提上来（重复），它就会以相反的方向通过，被喷射出去。

一旦肛门麻木产生融合，喷射就不会被感觉成分离，喷射变成了投射。有机体继续尝试攻击和破坏新投射的物质，这些物质附着在外部世界合适的客体上。每当这些客体变成"图形"时，有机体就会以攻击——以敌意、报复和迫害——来回应。

这种偏执的迫害是一种非常显著的现象。这是一种试图建立**自我边界**的尝试，而这种边界在投射的时候并不存在。但这种尝试注定要失败，因为偏执者想要攻击，并把真正属于自己的东西当作外在物质来对待。他不能把这个"投射"丢下不管，因为他的攻击从根本上来说是滋养的。然而，由于这种攻击不是作为牙齿攻击来应用，破坏是不成功的，只会导致重新内摄。消化和再消化的情况仍然没有完成——敌人被合并了，但没有被同化，然后被再次投射，并体验为迫害者。[①] 等等，等等。口腔和肛门的麻木会导致觉察的缺失：对食物的感觉（品尝食物的味道并意识到它的结构）和排便的感觉已经不再是**自我功能**。

由于未被同化的物质不仅被排斥和丢弃，而且被投射到世界中，它越来越包含以前被投射的物质，这些物质仍然没有被完全消化。一个恶性循环开启并建立起来，偏执的性格逐渐失去了与现实世界的联系，变得与周围的环境相隔绝。他生活在一个"想象的"世界里。对于这一点，他通常是没有意识到的，因为由于嘴巴和肛门无法进行受调节的沟通，他仍然与他投射的世界融合

---

① 对投射的迫害，通过投射成"被迫害"的想法变成了真正的偏执。

在一起，他把这个世界误认为真实的世界。①

下面的例子可以说明投射/内摄循环的发展：一个男孩崇拜一个伟大的足球运动员。他的热情受到了嘲笑，所以他压抑了自己的感情，把自己的爱慕投射到姐姐身上，把她想象成英雄的爱慕者。后来，他内摄了这位英雄，希望自己也能受到赞美。为了赢得这种赞赏，他"炫耀"自己的小丑表演，发挥他童稚的全部技能。他非但没有得到赞赏，反而受到姐姐的责骂和嘲笑。这个男孩变得害羞，暗地里梦想着成为一名优秀的运动员。他现在正在成为一个神经症患者，但他还不是一个偏执狂。然而，如果他憎恨、嫉妒他以前的英雄的成功，与此同时在他的想象中这个英雄成了他的竞争对手，这就可能发生。接下来，如果他投射了怨恨，从而体验到世界嫉妒他（幻想的）优点的信念，他就在自己与环境之间筑起一堵墙，他会变得沉默而神秘，或者反过来易怒而暴躁。一个偏执狂性格，甚至可能是未来偏执狂的基础已经奠定了。

我故意过度简化了偏执的新陈代谢。有更多地方通过内摄与投射进入和离开有机体，但是人们发现与偏执症状相关的消化紊乱的频率是如此明显，以至人们觉得把伪代谢作为主要症状是合理的。

在性方面，我们发现，除了其他症状外，还有嫉妒和窥阴癖。一个年轻人因为太害羞而不敢和他的未婚妻发生性关系，但把他的想法投射给了一个朋友，并因此而嫉妒他。很容易让他明

---

① 如果厌恶没有被抑制，它的强大屏障就会阻止投射被重新内摄，恶性循环就会被打断。厌恶是一个**自我边界**——尽管肯定不是一个令人愉快的边界。

白，他确实把他没有表达出来的愿望想象出来了。经过重新认同，情况很快就明朗了。

对另一个患者来说就不那么容易了。在这里，这一过程得到了进一步发展。这个人已经结婚了，在投射之后，他内摄了想象中的竞争对手。他在性交时表现得"仿佛"他就是那另一个男人。他并不完全同意自己的生理需要，而是集中精力模仿他的朋友，因此与妻子的接触是不充分的：他的行为仍然无法令人满意，根本就是未完成。这加强了投射和内摄的恶性循环。

在另一种情况下，阴茎感觉不充分造成了融合。在这种情况下，阴茎被投射到女性身上，他开始终身寻找有阴茎的女性。这里我们有一个真正的阉割情结，或者更确切地说，一个幻觉阉割对应于胜任感觉的缺失。

我们之前讨论过阉割情结的另一个方面，也就是说，被投射的攻击会让人害怕自己的某些部分（比如阴茎）可能会受损。然而，有一种疾病，精神分析也将其归因于阉割情结，但不能用被投射的攻击来解释。许多男人相信，精液的流失会使他们虚弱或精神失常，另一些人一直生活在失去金钱和变穷的恐惧之中。如果一个活动是被投射的，那么**自我**体验到自己是被动的；在攻击被投射的情况下，则**自我**体验到自己被攻击。然而，能量的损失被认为是有机体自身的功能，而不是攻击的结果。

投射的人确实会失去能量，而不是应用和表达它们。上面那个例子中的男孩，并没有体验到他的热情（以及生活中一种强烈的乐趣），而是千方百计诱使人们对他自己充满热情。通过投射他的热情，他失去了热情，这是降低人格的第一步。

一位偏执的患者抱怨说，尽管他的性活动减少了，但他的精力持续下降。他早泄了。他投射了他的精液，几乎感觉不到流出，甚至没有真正体验过高潮。他和他妻子的人格没有一时的融合，也没有性交的统一性，总是有性的过度兴奋，但没有个人接触。

的确，在高潮的那一刻，男人与女人之间有一种融合、一种统一，这样世界和个体就不复存在了。但这种融合是个人、皮肤和生殖器接触上升曲线的顶点。接触/隔离现象从消解进入融合被体验为一种强烈的满足感。①

早泄患者的特点是接触区发育不全，**自我功能**薄弱。他们接触生殖器的可能性很小，就像他们的食物接触受到损害一样。由于他们要求立即不费力地流出乳汁，所以他们也会让精液流动，而不会通过和创造接触边界，例如，没有满足感的体验。早泄是一个人不能集中精力的表现。这份努力被投射了，期待由其他人来完成。这样的例子要么是幼稚的——依赖母亲的替代——要么是老板有员工和仆人为他们做事。如果他们必须自力更生，两者（有时这两种态度会出现在同一个人身上）就都失去了。

而在早泄的例子中，特定的努力被投射了，只有一种非特定的兴奋（刺激）仍然作为人格的表达，我们也发现了相反的情况：冷淡的人格投射出他的兴奋，但施加了一种非常集中但徒劳无功的（奶嘴）努力。在性的情境中，这些冷淡性格避免必要的强烈兴奋的释放和表达，但他们会做一切能刺激他们伴侣的事情。他们自己是空虚的、不满意的、失望的，或者充其量他们享有一个可怜的替代品，在让伴侣兴奋的时候有一种施虐的快乐，自己却无动于衷。他们的冷淡是他们试图渗透进去的一道防线，但是他们的性满足和口腔满足几乎与早泄时一样不足。他们是如

---

① 一个著名的例子是争吵后的甜蜜和解。

此疲惫不堪，以致性交后他们并不快乐，而是筋疲力尽。这两种类型的射精，早泄和迟滞，从来没有达到一个完成的情境——一个被有机体所要求的适当平衡。

永远需要爱和欣赏的神经症患者也处于类似的情境。即使他得到了想要的爱，他也没有得到想要的满足。他的伪代谢通常相当简单，他渴望得到赞赏，但一旦得到了（表扬或批评），他就要么拒绝，要么内摄——不分青红皂白地吞下。他没有从这份礼物中获得益处，他没有同化，而是投射了欣赏，继续进入恶性循环。因投射造成的能量损失，也就是缺乏同化，导致了偏执型性格的人格萎缩。

第十二章
自大狂-被遗弃情结

由于偏执型性格中的各种内摄/投射循环同时发生，为了分析的目的，它们必须被隔离。其中一个循环特别值得关注。它以一种温和的形式存在于每一个偏执狂中，在日常生活中经常遇到。这个循环的恰当名称是自大狂-被遗弃情结，或者用更熟悉的词，自尊-自卑情结。这里的一部分，即自卑情结，已成为公众最喜爱的第一名。

"自卑感"之父阿德勒坚持认为，自卑感的来源是某种躯体自卑的童年创伤。赖希认为这是一种性无能的症状。然而，他们都忽视了这样一个事实，即自卑感出现在傲慢自大等情境之中，人们无法保持他们的自尊。

在本章中，我打算在自卑感与一种源自对粪便评价的特殊评价之间，描述一种独特的关系。那些自卑感更严重的人体验到自己是被遗弃的人，因为他们不为世界上的其他人所接受。另一些时候，他们会表现出傲慢自大的幻想（常常隐藏在白日梦中），在那里他们自称是国王、领袖、最优秀的板球运动员等等，因此有资格看不起自己的同胞。在真正的偏执狂中，这些幻想就变成了坚信的观点。

我们已经讨论了这种幻想的一个根源，即把崇拜转变为一种强迫性的渴望被崇拜的投射。即使这些愿望不能得到满足，想象中的愿望实现也显示出一种自恋的目标和获益，即成为"上位狗"（top dog），比其他人或至少比竞争对手更优秀、更强壮、更美丽。站在高处，白日做梦的人可以鄙视和贬低这个世界，他可以看不起他的同类。一个男孩梦见他的父亲——一个非常了不起的人——是个小矮人。

恶性循环继续："你越大，你跌得越重。"鄙视被投射到别人身上，白日做梦的人会觉得自己被鄙视、被拒绝——一个弃儿。他很快内摄了那些鄙视他的人，并把其他人当作弃儿对待。

值得一提的是，内转是这个循环的一个复杂难题：在某些情况下，自大狂和被遗弃的时期是重叠的，偏执狂的性格其后被分成两半，他内转了自己的蔑视和鄙视"他自己"的性格或行为——他是蔑视者，同时又被鄙视。他越是难以接受他的真实自体，就越有冲动要求他自己及其环境做不可能做到的事情来证明自己。在投射期间，他想象不断有人向他提出要求。我的一位患者无法忍受生命中哪怕是一个小时的空虚——她不得不一边填饱肚子，一边填满她的时间表，但是一旦她预约好了，这就成了对她的一种要求，一种使她担心得要死的责任。

人们常常难以接受赞美、喜爱、礼物等。在他们被遗弃的时期，这些人无法接受爱的迹象被投射了，他们觉得他们自己不被接受、不值得，没有什么能使他们相信相反的情况。如果这是被内转的，他们就不能接受真实的自己。他们不喜欢自己的气味，不能忍受自己，等等。

被遗弃-自大狂情结不同于更全面的伪代谢现象，它被要求对粪便进行或多或少与一般观点相认同的评估。在精神分析的解释中，对于孩子（与出生情境相似）或金钱（相反的表达）来说，粪便主要是作为有价值的东西的象征。这些解释对于婴儿的情境来说可能是正确的。在那个时候，母亲和孩子通常认为粪便是一种礼物，但在清洁训练期间，孩子很快就学会了鄙视它们，并内摄了环境对他们表现出的厌恶。

对于我们这个时代的成年人来说，粪便具有明确的象征意义，意味着一些肮脏、恶心、无法忍受的东西——一些根本不应该存在的东西。"你是一坨脏东西——一坨屎"是一种极其严重的侮辱。这种肮脏、恶心、无法忍受的事物的象征意义是"被遗弃"或自卑感的基础。在内摄——与粪便相认同——的阶段，偏执型性格的人感觉自己是污垢；在投射——与粪便疏离——的时期，他自以为高人一等，视世界如粪土。

关于源自粪便的内摄的一个提醒是，偏执型性格的人经常会觉得嘴里的味道很差（"脏"），他们太愿意把很多事情和行为看作"不好的味道"。嘴巴里可能真的有臭味，根据我的观察，每一个偏执狂都表现出消化功能紊乱。就胃神经症来说，人们总是可以留意伴随的偏执特征。

在分析过程中，一个偏执型性格的人开始面对投射，这是他自己人格中被鄙视的部分，他体验了厌恶和强烈的呕吐冲动。这是一个好的迹象。它标志着审查者和**自我边界**的重新建立。投射不再是盲目地被内摄。当味道被重新建立起来时，恶心（由粪便引发的投射）就会浮出水面。如果没有厌恶的再现，对任何消化或偏执型神经症的分析都是无望的。

＊　　　＊　　　＊

精神分析已经认识到，大多数神经症患者有一个精神核。在强迫性神经症中，偏执之核迄今为止被认为是对治疗不敏感的。然而，如果我们充分注意它的营养成分，这个核是可以溶解的。

我们在偏执狂与强迫性性格之间找到了各种中间形式，但也有一些决定性的区别。偏执的功能大多是无意识的，**自我功能被严重扰乱**；在强迫过程中，**自我功能**虽然在数量上减少，但在质量上被夸大（几乎被固化）。此外，在强迫性神经症中，麻木的作用要小得多，主要因素是实际上有意识地避免接触。消除脏的"感觉"主要是通过不断清洗和避免接触污垢来努力的。因此，与偏执狂相比，肮脏的感觉被投射出来的程度要小得多。在强迫性神经症患者的口腔态度中，我们发现完全的内摄较少（与偏执狂相比），但更实际地避免了啃咬和伤害。我们也发现肌肉（主要是下颌的肌肉）僵硬。这似乎是强迫性神经症在啃咬中的尝试，以避免接触上下门牙，从而建立一个口腔融合。与偏执狂相比，他经常使用他的臼齿，但他不能"干净利落地切割"，他害怕直接伤害，并积累了大量的攻击（怨恨）。因此，伤害和杀戮在他的强迫性思想中占据了主导地位。

这些幻想般的杀戮可能转变成行动的危险并不存在于强迫性阶段，而是在中间阶段的偏执性阶段逐渐增加（参见电影《情海妒潮》[*Rage in Heaven*] 和克罗宁 [Cronin] 的小说《帽商的城堡》[*Hatter's Castle*] 中对偏执狂的出色研究）。

强迫性神经症和偏执狂都具有强烈的融合倾向。偏执狂没有觉察到这一点，但强迫性性格的人生活在对失去个性和自体控制的永久恐惧之中。他通过建立严格的边界，来防止滑入偏执狂融合的危险。他的防御——如同马其诺防线——缺乏灵活性。紧紧抓住这样严格的边界给予他一种安全的错觉，就像法国人民所体验过的那样，他们没有充分意识到通过低地国家的现有融合（因为对希特勒而言不存在常规边界），也没有意识到弹性防御边界的必要性。马其诺防线成了一个奶嘴——一个坚不可摧，但又僵硬，因此无法适应的客体。

进一步的研究将更好地揭示强迫性神经症与偏执狂之间的关系。有一件事似乎是确定的：这两种疾病，不像歇斯底里症和神经衰弱症，表现出很少的缓解或自发治愈的倾向，而是一种从坏到更坏的倾向。如果人们还记得偏执狂伪代谢的恶性循环和对强迫性性格的不断回避，这就不足为奇了，这两者都会逐渐瓦解人格。在晚期，这两种类型都失去了微笑的能力——欣赏幽默的能力。他们总是极其严肃。

在强迫性神经症中发现偏执核有一种危险。有人可能想走捷径，把核心单独处理。这将是一个严重的错误，只会增加奶嘴活动和强迫性性格的痛苦。因此，我们必须增强已经变得迟钝的攻击性。为了达到这个目的，我们可以使用我在这种类型中经常发现的一种症状，这种症状具有接触现象的优点，尽管它经常被投射所扭曲。强迫性性格喜欢通过愚弄别人来伤害和羞辱他们，这种态度有时很巧妙地隐藏起来（比如让人觉得愚蠢、无能或困惑），但在早期阶段，它是以一种非常原始的方式表达出来的。一个非常聪明的年轻人问他有大学学历的父亲一些愚蠢的问题："爸爸，您太聪明了，我相信您能告诉我三乘四等于几？"然而，如果强迫性性格的人投射了他们的愚弄，他们甚至不会从中获得乐趣，而是生活在永久的恐惧和被愚弄的幻觉之中。

对强迫性神经症的治疗必须防止攻击性的进一步扩散，并煽动其直接表达。一旦实现了这一点，治疗就与偏执性格的相一致，我们必须停止投射/内摄循环的恶性发展，并通过重新建立**自我**的健康功能来逆转发展。

如果一个人能整体地工作，保持它的结构，并彻底、完全地参与到以下所有三个要点之中，那么从哪里开始打破这个恶性循环并不重要。

(1) 彻底毁坏和品尝身体及精神的食物,为其同化做准备,特别要注意对被压抑的厌恶的挖掘和对内摄的咀嚼。

(2) 对排便功能的感觉,以及对尴尬和羞愧的耐受能力的发展。学习识别和吸收投射。

(3) 消除内转。

到目前为止,除了"对尴尬和羞愧的耐受能力"(第2点)需要更多关注之外,我们已经讨论了上述所有要点。

第十三章
情绪阻抗

对应于人类有机体的身体、头脑和灵魂三个方面，在躯体、智力与情绪阻抗之间存在着一种分化。当然，这种对阻抗的分类是人为的。在每一种情况下，所有这三个方面都会出现，但程度和组成各不相同。然而，在大多数情况下，其中一个方面会占主导地位，并且提供比其他方面更方便的方法。

前几章已经讨论了感觉运动（躯体）的阻抗。智力的阻抗是辩解、合理化、对良心的口头要求，以及审查员，弗洛伊德已经证明了这一切的重要性。尽管在基本的精神分析规则中强调尴尬的重要性，他的理论兴趣还是更多地放在智力的细节上，而不是情绪阻抗的细节上。直到今天，精神分析对情绪阻抗——除了敌意——仍未给予应有的关注。

表面上我们可以把情绪分为完整的和不完整的、¶和‡、正面的和负面的。

在不完整的情绪中，我们发现担忧和悲伤是典型的例子。例如，如果没有聚集足够的动力来宣泄，放声大哭，恢复有机体的平衡，那么悲伤可能持续数小时甚至数天。

担忧与抱怨和唠叨有关，与细咬食物相对应。担忧的人没有采取充分的行动，他的攻击被部分压抑，并以唠叨和担忧的方式返回。他遭受着惯常的被压抑攻击的命运——要么被投射出来，从而被逆转为被动（"我为这个或那个而担心""不得不去参加那个舞会的想法一直让我担心"），要么被内转（"我担心自己快死了"）。

母亲对女儿外出晚了的烦恼，如果没有表达出来，就会转变为担忧或发生意外的幻想。如果她的情绪爆发了，一旦女儿回家，情况就结束了；但如果她不敢这么做，或者她不得不戴上友好和爱的面具，她将不得不为这种虚伪付出失眠或至少是噩梦的代价。

一个男孩一旦得到糖果，一旦采取行动，他就不再烦他妈妈了。在成年"发愁的人"中，总有一些人自己不采取行动，却指望别人来帮他们做。有强迫性性格的人没有能力采取行动，这让他不断地担忧；偏执者的永久易怒是由于在重新处理他的投射上所做的未被识别和未完成的尝试。我的一个患者，一个强迫性偏执型患者，有明显的强迫症特征，他为他外套上的一个小污点担心了好几个星期。他没有去掉这个污点，因为他不想触碰污渍。他真想唠叨，让妻子替他把那个污点去掉，但他也压制住了这个冲动，继续默默地担心着他自己和妻子。这确实是一个不完美的情境，而要完成这个情境，除去污点，只需要花他几分钟时间。

与未完成情境相对应的情绪是怨恨，在领会握紧不放态度的意义之前，怨恨是不可能被理解的。依附他人者无法放手、辞职和转向一个更有前途的职业或人。与此同时，他无法成功地处理他所迷恋的那个人，通过强化"悬挂着咬"，他试图从已经耗尽的关系中得到越来越多的东西，因此无法得到更多的满足，反而使自己精疲力竭，并增加了自己的怨恨。这反过来又促进了一种更强烈的握紧不放的态度，在一个不断强化的恶性循环里，如此

第十三章　情绪阻抗

循环往复。

另一方面，他不想认识到他的努力是无用的，因为他无法认识到他转向新的职业领域的潜力（牙齿无能）。"重入者"将他的牙齿能力投射到固化客体上，并以这种方式赋予"重入者"自己必须服从的不屈不挠的力量。通过投射，他已经失去了他自己充分满足的力量。他既不能拒绝也不能接受固化客体所做或所说的事。虽然他不能接受，但他会发现自己在喋喋不休地谈论别人说过的话；"唠叨"，而不是咀嚼和消化。如果"重入者"同化了情境，他就必须放手，放弃固化客体，通过哀悼活动的情绪激变来完成情境，从而达到顺从和自由的情绪零点。

通过与排泄过程相比较，有机体完成情绪情境的需要得到了最好的证明。一个人可以憋尿几小时，但撒尿用不了一分钟。压抑情绪会导致情绪中毒，就像尿滞留会导致尿毒症一样。如果人们不能发泄对某一特定对象的愤怒，他们就会对整个世界充满怨恨。

我必须再一次警告，情绪是神秘的能量。它们总是与躯体事件联系在一起，以至通常未完成的情绪和未完成的行为几乎没有区别。同样，术语"宣泄"或"情绪释放"是一个暂时的表达，直到我们更多地了解这一过程所涉及的功能。

*　　*　　*

¶和‡情绪既可以是自体塑的，也可以是异体塑的。异体塑‡以破坏客体的形式出现（来自脆食的快感、疯狂奔跑等等）；自体塑的破坏是无可奈何的、哀痛的劳动，如果成功了，还伴随着哭泣。抑制哭泣是有害的，因为它会阻止有机体调整自己以适应丧失或挫折。当有人伤害了你时，哭泣——不一定要在公众场合哭泣——是治疗的过程。"男孩不哭"的教育原则助长了偏执性攻击。即使是士官有时也会说："不要还手，哭吧！"

古希腊人绝不以哭泣为耻，然而阿喀琉斯是一个相当强的"硬汉"。在现代文学中——尤其是俄罗斯和中国——人们可以发现很多关于哭泣的人的典故。与他们更大的情绪独立性并行的是独立行动的能力（游击战）。

在我看来，发生了‡的一种分化：异体塑破坏似乎更像是一种物理性质，而自体塑则更像是一种化学性质。向外的自体塑破坏表现为无力的愤怒，或口头报复。它更像是吐痰而不是啃咬，对有机体几乎没有价值。

*　　*　　*

要理解"正面"与"负面"情绪，必须回顾从量变到质变的辩证规律。

每一种情绪，每一种感觉，当它的紧张程度或强度超过一定限度时，就会从愉快变为不愉快。一开始洗热水澡可能很舒服，但温度升得越高，就会变得越不舒服，直到我们被烫伤、生命受到威胁为止。对大多数人来说，茶有一种不舒服的苦味，但加一两勺糖，味道就好了；由于加了越来越多的糖，它越发甜得令人作呕，大多数人不能喝。孩子们喜欢被拥抱，但如果你"压榨"他们的生命，他们就不喜欢了。在病态的情况下，骄傲可以变成羞愧，欲望可以变成厌恶，爱可以变成恨。孩子们很容易从笑变成哭。热情和冷漠、兴高采烈和沮丧抑郁是情绪对立的更多例子。

负面情绪的令人不快的特性使人们希望避免这些情绪本身，然而，如果我们不允许——通过释放——它们从过度紧张转变为可承受的紧张，并进一步进入有机体的零点，那么，这些情绪就无法变回它们的令人愉快这个对立面。

情绪是可以控制的，但能否压抑情绪，并将其推入**无意识**，这是非常值得怀疑的。在有利的情况下，它们会以极小的数量释放出来（例如，像生闷气似的烦躁）；在不利的情况下，它们要么被投射出去，要么它们的控制需要永久的监视。

面对不愉快情境的无能调动了有机体的**内奸**：尴尬和羞耻。

害羞是羞耻的前差异阶段，与之相反的极性是骄傲。在这些情绪中——就像在自体意识中一样——人格倾向于成为与其环境背景相反的图形。如果孩子表达自己成就的尝试获得了关注、赞扬或鼓励，他就会得到进一步发展；但是，如果合理的欣赏被抑制了，赞扬和关注就会变得比实际做事情更重要。孩子不再专注于一个客体，而是变得以自体为中心。不让孩子接受明智的表扬，他就会对表扬产生永久的——常常是无法满足的——贪婪。表达变成了表现，但他想要炫耀的尝试大多不被鼓励。成就本身被忽视了，而他的表现欲受到谴责和压制。压制将表现转化为其负面，转化为抑制；孩子们不是"消除紧张情绪"，而是"把它保存在里面"（外拥有和内拥有）。

如果孩子的真实表达被贬低，骄傲就会变成羞耻。虽然在羞耻中，这种变成背景并消失的倾向被感觉为不成功，与环境的隔离象征性地完成了，脸和其他部位都被遮住了（脸红或被手覆盖），孩子转过身去，但在迷恋程度上依然是根深蒂固的。生理方面尤其有趣。与暴露的强烈感觉相对应的是，血液会涌向实际暴露的部位（脸颊、脖子等），而不是通过活动进入引起羞耻感的那些部位（大脑、麻木、无法思考、头晕；肌肉、笨拙、无法移动；生殖器，无精打采、性冷淡代替了感觉和勃起）。

由于我们的表达是多种多样的，我们几乎可以为任何事情感到羞耻。想象一下，一个典型的农村女孩，穿着她最好的衣服，被一个时髦的女士用高傲的眼光审视时的尴尬处境吧。她带着真正的天真，不想成为前景人物，甚至不会有自体意识。

对于一个在花园里建了一座城堡的孩子来说，母亲是关注他、欣赏他，还是大声喊叫"看你多脏啊！你搞得一团糟！你真应该为自己感到羞耻！"，这是完全不同的。这后一种经常听到的指责在教育中有着特殊的影响，因为它不把责备限制在任何特定的活动或情境上，而是抨击和污蔑整个人格。

我把羞耻和尴尬称为有机体的**内奸**。它们非但没有帮助有机体健康运作，反而妨碍和阻止了它。羞耻和尴尬（以及厌恶）是如此令人不快的情绪，以至我们力图避免去体验它们。它们是压抑的主要工具，是产生神经症的"手段"。① 由于这几个**内奸**把自己视为敌人，而不是人民，因此，羞耻、尴尬、自体意识和恐惧限制了个体的表达。表达变成了压抑。

坚持基本分析规则的价值现在变得显而易见。对尴尬的忍耐把压抑的材料带到表面，带来信心和接触，并帮助患者惊讶、宽慰地发现，尴尬背后的事实可能并不是那么罪恶，分析师甚至可能带着兴趣接纳这些事实，从而接受先前被拒绝的材料。但如果患者抑制自己的尴尬而没有表达出来，他就会表现出一种厚颜无耻、放肆无礼的态度，并会"炫耀"（没有真正的自信）。厚颜无耻会导致失去接触。忍气吞声（压抑）会导致虚伪和内疚感。因此，分析师必须让患者明白，在任何情况下，他都不应强迫自己说出任何话来，而要付出抑制尴尬、羞耻、恐惧或厌恶的代价。这种危险必须时刻铭记于心，即压抑阻抗的情绪和行为会产生不愉快的情绪，同样地，要进行分析，我们需要完整的情境，阻抗

---

① 反过来，它们可以支配自己的肌肉系统。

的情绪加上被阻抗的行动。

以广场恐怖症为例,我们看到我们的患者要么避免过马路,让他们的恐惧支配他们的行动,要么不行动,要不然,如果他们的环境或良心坚持要自体控制,他们就会压制自己的恐惧。他们只能变得紧张和麻木,从而使他们神经症的态度更加复杂。

成功的恐惧症治疗同时需要对恐惧的忍耐力和对行动尝试的忍耐力。我开发了一种治疗方法,可与飞行中的"方法"相比。飞行的学生进行了多次进场着陆,直到情境有利于降落为止。与此类似,患者在过马路时的每一次尝试都会将一些阻抗带到表面来,必须对这些阻抗进行分析,并将其转化为一种充分的**自我功能**,直到平衡得有利于过马路为止。让我们假设广场恐怖症是源于无意识的自杀愿望。如果患者强行穿行的话,麻木导致的觉察下降只会增加他丧命的概率。如果我们让他的恐惧保持不变,让他一开始就意识到他不是害怕街道本身,而是害怕车辆,如果我们允许他对车辆的过分恐惧,我们就已经建立了一座通向正常的桥梁。接着,我们可能会发现,在他害怕被杀的背后,隐藏着想杀别人的愿望,我们可能会发现,这种愿望如此强烈,以至他的恐惧显然是有道理的。

其中一种最有趣的神经症可能被称为"矛盾神经症",是反对阻抗的一种阻抗的结果。因此,带着被压抑的羞耻,我们得到了一个厚颜无耻(感到羞耻=羞愧)、厚脸皮(脸颊不红)的性格。压制厌恶不会导致食欲的恢复,而是导致贪婪和填饱。

某些变态行为将其自相矛盾的一面归因于对情绪阻抗的掌控。受虐狂,虽然有意识地寻求痛苦,但也是一个害怕痛苦的人,尽管他受过各种训练,但他永远无法忍受超过一定程度的痛苦。暴露狂总是忙于压抑自己的羞耻感。偷窥者(偷窥者汤姆)

对他想看的东西有一种无意识的厌恶。

弗洛伊德对神经症的定义之一是，它是一种被压抑的变态。情况恰恰相反。变态是一种神经症，因为也只要它的内容保持未完成的状态。偷窥者不接受他所看到的，他不得不一次又一次地偷窥。一旦他确信他所看到的是正确的，他的好奇心就会得到满足，从而消失。

所有这些情况的共同事实在于，抑制情绪阻抗会消耗主体在生活中大部分的能量和兴趣。从长远来看，他们的努力就像通过永远地计算球上升的趋势而试图把球留在水下一样，是徒劳无益的。必须允许羞耻、厌恶、尴尬和恐惧打破表面，变得有意识。

觉察到并能够忍受不必要的情绪是成功治疗的必要条件，这些情绪一旦成为**自我功能**就会被释放。这个过程，而不是记忆的过程，形成了通往健康的王道。

忍受不愉快情绪的能力不仅需要来自患者，更需要来自治疗师。精神分析方法仍然受制于其创始人的个人困难：弗洛伊德无法忍受他自己的尴尬感。在个人接触中——正如我亲身经历和从其他人那里所听到的——他用粗鲁无礼，甚至是彻头彻尾的粗蛮来抑制自己的尴尬。在分析中——正如他自己承认的那样——在患者的眼皮底下让他感到不舒服和尴尬；为了避免这种不愉快的紧张气氛，他把分析情境安排成不受患者的注视。

这种安排可能成为精神分析严格遵循的教条，这是不足为奇的。谁不想避免尴尬呢？然而，除了对分析师的影响，它证明了一个明确的分析治疗的障碍，因为这对患者来说很容易，他们看不到分析师在看着他，从而忽略自己正在接受观察这一事实，避免尴尬和羞愧的觉察，拥有一个更健康的**自我发展**。

第十三章 情绪阻抗

*　　　*　　　*

比所有这些情绪阻抗更重要的是非情绪阻抗，我们称之为"习惯力量"。无论是力比多投注还是死亡本能，无论是条件反射还是记忆痕迹理论，都没有揭示出它的真实情况。奶嘴的态度和对未知的恐惧在一定程度上解释了不愿改变的原因，但惯性和习惯的真正本质仍然是最黑暗的谜。为了实践的目的，我们可能会满足于这样的认识：习惯是一种节省的工具，它可以减轻**自我功能**的任务，因为在同一时间内，注意力只能集中在一件事情上。在健康的有机体中，习惯具有合作性质，旨在维持**整体论**。在某些情况下，例如随着年龄的增长或环境的变化，习惯变得不能胜任。它们非但帮不到**整体论**，反而扰乱了**整体论**，导致不和谐与冲突。在这种情况下，就需要去自动化——把不想要的习惯与可取的态度训练进行对比。

F. M. 亚历山大对这个问题的方法非常有趣。他赞成先"抑制"再行动。（这种抑制的体验与弗里德伦德尔的"**创造性零点**"是一致的。）这不是处理他对有机体驱动力的忽视，以及决定"遗忘记忆"的因素（如无意识的破坏、对改变的恐惧）的地方。我想指出的是，他的"抑制"带来了习惯的去自动化，让他有机会感受习惯背后的驱动力。

让我们来举个例子，有一个人在谈话中表现出跳起来和走来走去的习惯。通过记住去抑制这个习惯，他可能能够克服它，但他起立的基本驱动力仍然没有被触动。他可能习惯性地感到困惑或恐慌，但他只觉察到轻微的紧张。他站起来，离开与他打交道的人，他缩回到一个壳里，这是他理清自己想法的唯一方式。另一种可能是，在谈话的过程中，他可能变得很生气。他没有表达出来，而是试图逃跑。同样，他对这种驱动力一无所知，只知道他感到不安。

然而，通过抑制他的冲动，通过保持悬念，他会觉察到"赤裸裸的"冲动。① 我认为，如果与此同时我们不通过忽视他的冲动的意义并对他重新调整，以此来处理他强大的内在驱动力，这就不会有什么好处。鼓励他的表达是，并且将永远是最好和最简单的方式。如果他因为感到困惑而让他的同事等一会儿，或者如果他发泄他的烦恼，他就会改变一种不愉快的习惯，使自己完全掌控局面。

然而，这些都是细节。它们丝毫无损于亚历山大论点的价值，即一个人应该在匆忙行动或思考之前停下来。仅仅通过重新调整，他就将增强偏执狂态度的危险降到最低（但并非完全避免）。那些打破习惯的人，没有"升华"的能力，更不用说表达的力量了，他们总是会投射出那些最初导致他们习惯形成的冲动，留下的不是更快乐，而是更空虚。

亚历山大最感兴趣并与之打交道的是过于紧张的人，他的"抑制"与释放悬挂着咬（Verbissenheit）同时发生，如果他成功地用有意识的计划取代了这种幼稚的态度，那么他确实会实现一个根本性的改变。他正确地强调了他的学生在带来变化方面所面临的困难。幸运的是，并不是整个人类都抱着一种悬挂式态度；幸运的是，现在还有一些咀嚼者，他们愿意并且有能力改变自己的内在和外在。

* * *

亚历山大的"抑制错误态度"和专注于正确态度的方法，就

---

① 在这方面，弗洛伊德的技术与亚历山大的技术是一致的，因为这是在沮丧的情况下进行治疗——一种非常"积极主动"的技术，强烈地干扰了患者的自发冲动。

像弗洛伊德主要集中于分析不良态度的取向一样，是不充分的和片面的。需要一种组合，即分析和重新调整的同步化。破坏和建设仅仅是有机体重组的基本上不可分割进程中的两个方面。

第三部分

专注治疗

第一章
技 术

科学发现的实际应用需要发展一种新技术。法国人忽视了坦克和飞机发明所开创的现代战争新技术,这一事实是导致他们失败的一个重要因素。

像"M & B 693"①这样的新药的发明简化了许多疾病的治疗。另一方面,微生物的发现推动了一种特殊的防腐技术的发展,使操作变得越来越复杂。

"M & B"的广泛应用是通过根据细菌来源对疾病进行分类才得以实现的。这种重新分类带来了一种简化,这在一个世纪前是不可能的。当时谁能想到像淋病和肺炎这样的异质疾病会相互关联(两者的细菌都属于球菌家族)?

理论是整体,是众多事实的统一。有时,当发现与原概念不相符的新因素时,一个简单的理论必须加以修正。有时,我们不得不提供如此多的补充,以致我们得到了一个令人困惑的复杂性,而不是一个有效的假设。当这种情境出现时,我们必须停下来,重新定位,寻找新的共同因素,以简化科学的观点。

---

① 即磺胺吡啶,第一代磺酰胺类抗生素之一,它是肺炎的第一种化学治疗方法。——译注

我们在"移情"理论中找到了一个例子。只要"力比多"概念在精神分析中占据它最重要的位置，移情就等同于对分析师的喜爱。当人们承认患者对精神分析师的敌对态度有攻击性时，人们就会谈到"负面移情"。再一次，当人们认识到，没有一个患者能像迄今为止所期望的那样坦率时，对阻抗的分析得到了更多的关注，"潜在的负面移情"就出现了。随着精神分析的进一步发展，如果它坚持"移情"，就可能会使我们有必要为潜在的负面移情添加更多的"处理"。

本书中发展的新技术理论上很简单：其目标是重新获得"我们自己的感觉"，但实现这个目标有时非常困难。如果你有"错误的"条件反射，如果你有"错误"的习惯，那么纠正这种状况要比养成新习惯困难得多。我可以向那些想要了解一种后天养成的习惯，或者我们可以称之为固化的"格式塔"会变得多么强大的人推荐 F. M. 亚历山大的书。即使不考虑消除错误的态度，获得一种新技术也绝不容易。例如，你只需回忆一下，要获得写作的技巧要多久，如何痛苦地将每一个字母一遍又一遍地生产和复制，你花了多长时间将这些字母组合成单词，直到你能够写得很流利为止。只有当你着眼于新技术的获得——这正是我想要演示的——并充分觉察到摆在面前的困难时，我才能帮助你掌握你自己的"感觉"字母表。

我有意使用"字母表"这个术语，因为没有必要遵循以下章节中列出的顺序。你可以根据自己的喜好和口味来挑选——至少在开始的时候是这样。然而，一旦你开始感觉到一些好处，一旦你开始对这种方法有了信心，就尽可能按照所呈现的顺序进行重新调节。

尽管我们不能完全忽视智力，但我们的技术不是一个智力程序。它与瑜伽技巧相似,但目的完全不同。在瑜伽中,为了发展其他能力而使有机体钝化(deadening)扮演着重要角色,而我们的目标是唤醒有机体以进入一个更充实的生命。

通过假设我们是我们存在的变化场中的"**时空事件**",我也符合当前科学的趋势。正如爱因斯坦通过考虑人类自体而获得了一种新的科学洞察力,我们也可以通过认识到人类行为的相关性、"对"与"错"的相关性,以及"好"与"坏"的相关性,从而获得新的心理洞察力,用"熟悉的"和"陌生的",最后用对**自我功能**的"认同"和"疏离"操作,来替换这些术语。每一点**自我意识**都不会让我们变得更自私(就像人们普遍认为的那样),而是会让我们变得更有理解力、更客观。

第二章
专注和神经衰弱

在我们开始介绍技术 ABC 之前，我们必须先介绍另一个理论方面。人们早就认识到，在每一个进步中，在每一次成功里，最重要的因素都是专注。你可能拥有世界上所有的才能、所有的设施，但如果不专注，这些就都是没有价值的。（席勒：天才就是专注，天才就是勤奋［Genie ist Fleiss］。）

人们进一步认识到，专注与兴趣和注意力有关，这三个概念常被用作同义词。这些表达能揭示什么呢？兴趣意味着处于某个情境之中，专注意味着进入某个情境的中心（核心、本质），注意力意味着指向某个客体的一种张力。在这些表达中没有神奇的根源。它们是对一种状态、一个行动和一个方向的简单描述。这三个术语的共同之处在于它们是图形-背景现象的不同表达。健康的图形应该是强有力和相对稳定的，既不像在联想心理情况下（神经衰弱、许多精神病、注意力分散）那样神经质，也不僵硬（强迫意念、变态、固化的想法）。最近，**实验心理学**成功地研究了这些偏离健康零点的现象。研究发现，存在一种正常的毅力指数，毅力指数过高或过低都表明有精神障碍。

几乎对每个人来说，专注都仍然是一个神奇的参考，最好的表达是弗洛伊德的力比多投注思想。专注不是一种可移动的物质，而是一种功能。在消极的人为专注的情况下，它仅仅是一个**自我功能**。它是**无意识**在固化或"**意象**"专注中的一种功能。**自我和无意识**的和谐功能是"积极的"、生理上正确的专注的基础。

虽然作为经典精神分析领域的无意识专注不需要在本章处理，但是我们必须对专注的"流行的"、片面的观点加以批判性注意。大多数人认为专注是一种刻意的努力。实际上，这是一种"消极的"、不可取的专注类型。

完美的专注是一个有意识和无意识合作的和谐过程。专注在通俗意义上是一种纯粹的**自我功能**，不受自发兴趣的支持。它是对责任、良心或理想的认同，其特征是强烈的肌肉收缩、易怒和过度紧张，从而导致疲劳，促进神经衰弱，甚至神经崩溃。它是人为的和消极的，因为它缺乏自然的（有机体的）支持。一堵人造的墙被建造起来，把所有可能吸引人的东西都挡在外面，这些东西往往变成了图形，而不是保留下来的背景。

我们发现有两种不健全的专注：一种是刚刚描述的，另一种是有意识的强迫性专注。在强迫性专注[①]中，强迫性被投射出来，被质疑的人生活得仿佛他是被强迫的，被强迫去做一些他反对的事情，那些他认为奇怪而无意义的事情。然而，在消极的专注中，强迫性不是投射出来的，而是被内转的，他强迫自己去关注他不太感兴趣的事情。比起他的任务，他更专注于防御任何干扰（噪声等）。他收缩肌肉，皱紧眉毛，抿紧嘴巴，咬紧牙关，屏住呼吸，以控制自己的脾气（无意识地针对他正在做的工作）——一种随时都会爆发的脾气，反对任何干涉。他对骚扰者的无意识吸引力越大，他就越会准备好"咬掉他的脖子"，这表

---

① 这种强迫性性格是一个压抑的奴隶般的驱动者。

明了他的胃口和他的攻击性的牙齿性质。

如果你理解了悬挂和奶嘴态度，你就会在这两种专注中认出它们。在消极的专注中，你会咬紧牙关坚持工作；在强迫性专注中，你坚持一种没有益处或改变的奶嘴态度。在溜冰场上，我遇到一个人，他练了两年同样的图形。他总是渴望接受建议，但他从不把建议付诸实践，他从不改变。他不能容忍任何偏离他认为正确和熟悉的事情。对未知的恐惧使他固守着他僵化的模式。

正确的专注可以用"入迷"这个词来很好地加以描述，在这里，客体毫不费力地占据了前景，世界的其余部分消失了，时间和环境不再存在，没有出现内部冲突或反对专注的抗议。这种专注在孩子们身上很常见，在成年人从事一些有趣的工作或爱好时也很常见。由于人格的每一部分都是暂时地协调和服从于一个目的，所以不难意识到这种态度是每一个发展的基础。用弗洛伊德的话来说，如果强迫变成了意志，那么健康和成功生活的最重要的垫脚石就奠定了。

* * *

我们已经把回避作为神经症的主要特征，很明显，它的正确对立面是专注。但是，当然，这是对客体的专注，该客体根据情境的结构要求成为图形。简而言之，我们必须面对事实。心理治疗意味着：帮助患者面对那些他对自己隐瞒的事实。

精神分析是这样描述这个过程的：由于自由联想具有磁性的吸引力，它们会自动带来无意识的问题，或者说，本能的压力强大到足以到达表面，尽管经常是变形的，而且是在支道上。

格式塔心理学可能会阐明：隐藏的格式塔是如此强大，以至它必须在前景中表现出来，其形式主要是某种症状或其他伪装的表达。

第二章 专注和神经衰弱

我们不能失去由症状引出的通向隐藏的格式塔的线索。自由联想的方法是不可靠的，它很容易适用于各种回避的方法。通过专注于症状，我们仍然停留在被压抑的格式塔的场里（尽管在边缘）。通过坚持这样的专注，我们朝着场或"情结"的中心工作，在这个过程中，我们遇到并重新组织特定的回避，例如阻抗。

回避生物需要的格式塔，总是与专注于异质领域的客体（对头脑的贬低、奶嘴）密切相关。通过避免自然的图形-背景形成，消极的、被迫的专注导致神经症，或者在紧急情况下，导致神经衰弱，缺乏专注力一直被认为是一个突出的症状。这里有两个例子，说明通过忽视有机体自体调节的原则，片面的专注是如何必然会变成其对立面，变成精神上的不稳定。

一个十分尽责的军官非常关心的事实是，他一再地崩溃，这使他得到了逃避职责的名声。他给我的印象是真诚，当他告诉我三四个月后他就无法继续工作时，我相信了他。事情是这样的：每一天他都要处理许许多多问题，其中很多问题不可能在同一天得出结论。它们代表了一些未完成的情境。上床睡觉前，他读了一些离奇的故事，他睡得很不好，因为这些未完成的情境干扰了他的睡眠，第二天早晨起床时，他感到更加疲倦了。这减弱了他的能力，更多的任务仍未完成。越来越多的夜间忧虑，越来越多的疲劳和工作能力的进一步下降，开启并继续着恶性循环，直到他无法集中注意力，迫使他完全停止。当我遇到他时，他处于一种疲惫的状态，他的工作堆积成一座不可征服的山，留给他的是一种完全无能为力的感觉，他感到绝望得想嚎叫。他的困难的解决办法是减少他必须处理的问题的数量，在白天尽可能多地完成问题，并在睡觉前把所有未完成的问题处理掉。当他知道他的问题的症结仅仅在于未完成的情境时，他学会了把他的工作问题限制在办公时间,在完成他手头的任务之前,不去开始一个新的任务,并在休闲时间好好玩。通过这样的平衡,他不仅工作得更好,而且重新获得了生活的乐趣。

第二个例子更简单。一个男孩,在准备大学入学考试,抱怨他不能集中精力学习。各种各样的白日梦干扰并分散了他的注意力。他采纳了我的建议,把白日梦和学习分开。白日梦一出现,他就让自己做十分钟左右的白日梦,然后再继续学习。一开始,即使是这样也不容易。他已经习惯了内心的冲突,以致他刚开始做白日梦,课本上的句子和图片就映入眼帘。然后他继续寻找这些材料,直到一个白日梦再次出现。由于没有拒绝任何一个要求,他学会了区分这两个领域,并很快就能轻松地应对他的学习。

积极的专注在各个方面都符合整体论的规律。不仅所有的功能都是为了一个目的——在消极的专注中只有一部分用于这个目的——而且我们也能够仅仅只是完全专注于那些意味着完成一个未完成整体的目标。

*　　*　　*

除了缺乏专注之外,还有两种神经衰弱的重要症状要提出来。一是头痛、背痛和大规模的疲劳症状,这些症状都是基于运动系统的不协调。这些问题将在《身体专注》一章中加以讨论。另一种症状是对生活的厌倦,缺乏兴趣,对每个人都越来越不满意。这种症状是对生活厌恶的表达。我承认,人们通常并不会感到厌恶,而是经常以神经衰弱、消化不良和食欲不振的形式出现。

通过专注地吃饭,我们可以同时达到几个目的。我们学会了专注的艺术,我们治疗了神经性消化不良,我们形成了自己的品位，我们发展了智力和个性。尽管按照本书给出的建议，治愈更严重的神经症的可能性很小（对坚持锻炼的阻抗可能太大了），但任何有神经衰弱倾向的人都可以说服自己这种方法是有效的。

但是，如果我们没有专注的能力，同时又不能强迫自己专注，那么，我们如何摆脱这种困境呢？解决办法在于试错。在不强迫自己的情况下，婴儿一次又一次地尝试掌握艰难的行走机制，直到他的运动系统达到适当的协调。在成人生活中，我们可以在飞行的学生中找到一个好榜样。他大部分的飞行训练是通过接近来完成的。有时他飞过了着陆点，有时他滑翔得太早了。强迫自己着陆，即使不危险，也是愚蠢的。试错法是我建议读者遵循的方法，因为这是唯一能通向成功的方法。不要介意失败，因为每一种方法都将带来表面的阻抗，这是可以克服的，并将产生更好的理解和同化。尽管会有许多失败，但坚持这种方法本身将为健康、全面的人格的培养做出巨大贡献。此外，如果你能学会分析、理解你的"错误"态度的意义，而不是谴责它们，你最终一定会赢。

第三章
专注于进食

这一章里的练习是本书的精华。这一章应置于其他练习之前,尤其是如果你想嘲笑我在正确饮食这个问题上喋喋不休的话。我这样做是因为它对实现一个聪明和谐的人格至关重要。它是消除精神压抑瓶颈的"手段"。如果你发现自己轻视了关于饥饿本能章节的重要性,特别是如果你想跳过它们,你可以将之看作你有牙齿抑制和根深蒂固的神经症态度的迹象。

让我再一次简短地解释一下牙齿前阶段与牙齿阶段之间的根本区别。哺乳只积极地专注在一个动作上——悬挂着咬。这一悬挂着咬意味着产生了一个真空,类似于橡胶帽被压在窗户上时产生的真空。只要抽吸动作继续,就没有必要保持在那里。在初步的悬挂着咬之后,婴儿的意识活动停止。为了保持真空,哺乳过程会继续在无意识的皮层下运动。在这段时间里,婴儿变得越来越困倦,直到最后,他睡着了。我们把刚喂饱的婴儿的"微笑"理解为一种快乐的表达,但它仅仅是完全的放松,是悬挂着咬肌肉运动的崩溃。

从这个画面中,我们必须得出两个结论。首先,哺乳的喂养节律随其张力的减小而呈现出与性满足随其张力增大而急剧下降完全不同的曲线——这一事实又提供了一个反对力比多理论的证据。

第二个结论,在这方面更让我们感兴趣的事实是,哺乳只需要一小段专注时间,而成年人需要对付固体食物,在整个进食过程中都必须保持专注。固体食物的真正同化需要持续而有意识地专注于永久改变所摄入物质的破坏、味道和"感觉"。

在完全了解这一根本区别之前,试图纠正一个人的进食是徒劳的。这应该不难,因为你一定见过一个贪婪、没耐心的食客像哺乳时一样,只有在用餐前才对食物表现出真正的兴趣。当他在桌子旁坐下时,他的行为表现出悬挂着咬的特征。他只专注于开始吃的味道和最初几口,然后,就像吃奶一样,他陷入一种恍惚的状态,至少在吃东西的过程中,他的兴趣被投入思考、做白日梦、说话或阅读之中。固体食物进入他的喉咙,"仿佛"它是一种饮料,他不能给食物的结构和味道带来改变(就像在喝东西时结构和味道不会发生改变一样),这反映在他的基本生活态度上。他害怕,即使是在需要的时候,也不能给自己或环境带来改变。他不能说"**不**",因为他害怕仁慈会变成敌对。他坚持陈旧的习俗,而不是用更好的制度来取代它们,他害怕这种转变所带来的风险,即使是一个前景更好的提议。

他永远不会获得独立,与环境的融合①对他来说就像与母亲的融合对喝奶的婴儿来说一样令人向往。要求觉察到分隔边界的个性感还没有实现。或者,一堵人造的墙已经建立,以绷紧嘴巴为代表,拒绝与世界有任何接触,导致孤独,缺乏兴趣和接触,厌世和无聊。这两种现象,完全融合(个性的缺乏)和完全阻抗融合(个性的伪装)可以在早发性痴呆(dementia praecox)的

---

① 所谓的民众或群体本能是一种融合现象。

自动性和否定性症状中找到极端。① 在第一个阶段，患者自动地执行每一个下达的命令，而在第二个阶段，患者的行为与被告知的完全相反。在不那么极端的情况下，我们会发现过度服从和违抗。

我们有什么方法可以轻快地航行通过融合之斯库拉（Scylla）海妖和隔离之卡律布狄斯（Charybdis）旋涡海怪？我们怎样才能在不成为纳粹式破坏主义者的情况下，实现这种改变，使我们所需要的外部世界的物质成为我们自己的呢？我们如何着手实现从牙齿前阶段到牙齿阶段的过渡？

答案似乎很简单：我们必须使用牙齿。弗莱彻（Fletcher）开出的药方是每一口都要咀嚼30或40次。但弗莱彻的方法是强迫性的，没有强迫性倾向的人无法忍受如此单调的计数，很快就会减少，虽然一个强迫性性格的人会欢迎它，但不会从中获得太多好处。这将为他提供另一个奶嘴，另一个专注于无意义行动的借口。他的兴趣将投注在他的奇怪行为的延续，而不是使固体食物液化和其他变化所需的生物学功能。你能想象一头反刍的奶牛数着下巴的每一个动作，然后确定每一口需要精确地咀嚼30次吗？

不。我们必须以一种不同的方式着手，而开始将是最困难的。我们必须把注意力放在进食上，我们必须充分觉察到我们正在吃东西这个事实。这听起来很简单，也许甚至很愚蠢。当然，你以为你觉察到了你正在吃东西。但是你真的觉察到了吗？还是

---

① 早发性痴呆本质上是**自我边界**功能和人格整体结构的失调。有时，通过休克疗法有可能重建整体功能，使患者分裂的部分重新整合，为自体保存的本能服务——为了"生存"的目的。

一边吃东西，一边看书、聊天、做白日梦或发愁？有多少次你的脑海里充满了焦虑，担心你可能会错过公共汽车，上班迟到，或看戏约会迟到？在吃东西时，你多久会考虑一次你必须处理的事情的结果？你吃饭时多久就着报纸吞一口？

一旦你决定对你的进食保持觉察，你将会有惊人的发现。刚开始的时候，即使是很短的一段时间，你也很难将注意力完全集中在进食的过程之中。几秒钟之内，你可能会发现你的头脑走神了，你在任何地方，而不是在餐桌前吃东西。不要强迫自己集中注意力，但每次你发现自己正在偏离专注时，就把自己叫回来，慢慢地你就会学会专注10秒或20秒，然后增加到1分钟甚至更长时间。

当你在延长专注力所能持续的时间时，开始培养另一种态度——满足不被过早干扰的纯粹观察。在你已经学了这些之后，我相信你会迫不及待地去改进你的啃咬和咀嚼，但是这样的过早干扰会妨碍和破坏一个良好的发展。它只会有助于隐藏你最基本的不愿咀嚼的目的。直到你充分感觉到吞下未被破坏的零碎东西，直到你意识到你是喝固体食物，而不是在吃它，你才着手去补救，否则将意味着毫无意义的盲目服从，而不了解最重要的生物过程。

没有充分认识到熟悉但"错误"的态度——在这个例子中是贪婪和不耐烦——一旦你的思想离开，你就无法阻止它回来。你必须让不耐烦变得有意识，然后把不耐烦变成烦恼，再然后变成牙齿攻击，最后把它巩固为对完成每一项任务的兴趣——耐心地、精力充沛地咀嚼你的身体和精神食物。

如果过了一段时间，你仍然体验到难以专注，那就应用描述技术。分析（我不是指精神分析）你的体验。描述你感觉到和品尝到的所有细节：热和冷、苦和甜、辣和淡、软和硬。但不是好和坏、开胃和恶心、美味和难吃。换句话说，培养你对事实的欣赏，而不是评价。

最后，但并非最不重要的，是专注于食物的结构，审查每一口未被破坏的食物，因为它们试图逃避你的臼齿的磨碎。不要休息，直到你把自己改造成一个完美的"审查官"，他应该在他的喉咙里感受每一口没有溶解的东西，他应该自动地把它推回到他的嘴里，去加以彻底摧毁。到这个时候，你应该已经掌握了进食艺术的方法。对细节的了解和对进食过程的充分觉察将共同为你的食物带来所需的改变。良好的品位会得到发展，你会停止内摄你的身体食物，同样，停止内摄你的精神食物。

再讲几句话就可以更清楚地说明合理进食所带来的好处。胃和肠道仅仅是一层皮肤，而食物（比如你盘子里的一块固体肉）必须穿透这层内部皮肤。在没有完全液化的情况下，这是不可能发生的。如果你的下巴没有充分的运动，你的口腔、胃等腺体分泌的汁液就不会流出来；如果食物没有被适当地切碎，这些汁液就不能与之混合。

最重要的是，要避免内摄的危险，避免吞咽精神和身体碎片，这必然会在你的系统中留下异物。要理解和同化这个世界，你必须充分使用你的牙齿。学会直接切入，直到门牙相遇。如果你有撕扯和轻咬的习惯，那就改掉吧。如果你把食物撕开而不是咬穿，你就会保持一种融合而不是接触的状态；精神上的鸿沟——外部世界与内部世界之间的大门——仍然敞开着。这尤其关系到那些不能切得干净利落的人，那些不能分得一杯羹的人。他们不能"参与"（说的是"部分"），获得他们的部分。

如果你害怕伤害别人，害怕攻击他们，害怕在情境需要时说

"不",你应该注意以下练习:想象你自己从某人的身体上咬下一块肉。你能想象把它咬下来吗?或者你的牙齿只是留下一个印记,就像你在咬橡胶一样?在你的想象中,如果你能够直接咬穿,你能体验到肉在你牙齿上的真正"感觉"吗?你可能会谴责这样的练习是邪恶而残忍的,但这种残忍是你的有机体的一部分,就像它是动物为生存而斗争的一部分一样。你的生物攻击性必须在某个地方以某种方式寻求发泄,即使在最温和的人的面具后面,一个有着甜美、宽容性格的人,在那里也潜伏着一种潜在的攻击特性,必须以这样或那样的方式表现出来,像投射,像道德化或带着善意的杀戮。

如果你仔细想想,人类通过压抑个体的生物攻击性得到了什么?看看这些精巧的破坏手段和目前战争中遭受的大量苦难吧。难道这还不足以证明这样一个事实:仅仅通过伪变态主义的恶性循环,攻击性就已经发展到目前大规模破坏的偏执阶段?

我们越是允许我们自己在生理上正确的地方——也就是牙齿——消耗残忍和毁坏的欲望,攻击性找到作为一种性格特征来发泄的危险就越小,我们可能怀有的那些病态恐惧也将大大减少,因为啃咬和咀嚼的攻击性越强,留给投射的攻击性也就越弱,最终恐惧(恐怖症)的数量必然会减少。

千万不要把一个任意进行攻击的人和一个永远易怒,整天发牢骚、爱抱怨,却无法解决他的问题的人相混淆。永远易怒是又一个不完整情境、三心二意和错误应用攻击的例子。这样的人是一个"唠叨者",而不是一个"啃咬者"。与后者相关的是"融合"类型。这些类型的人总是能找到门牙之间的空隙。这样的人走路时要么半张着嘴,要么作为补偿紧闭着嘴。他特别害怕成为一个个体,或者,他专注于向自己和世界证明他是一个个体,他有他自己的意见,即使只是一个永远反对一切的意见。我认识一个人,由于反对他的资产阶级家庭,他成了一名共产党员。后来,他加入了一个自称是共产主义,但反对公认的共产主义学说的政党。他很快也发现了这个政党的错误,并成为一个法西斯主义者。"玛丽,玛丽,真倔强。"

对于那些挑剔自己个性的人,有一种练习可以改善接触区(费德恩的**自我边界**)。让上颌和下颌的牙齿轻轻地彼此接触。不要用力收缩下巴肌肉,也不要放松得太厉害以致下颌下坠,相关肌肉不应出现高张力或低张力。刚开始,你可能会感到轻微的,甚至是明显的颤抖(牙齿打战,就像在寒冷的天气或害怕时那样)。在这种情况下,将无意识的颤抖转变为有意识的快速小咬动作,然后再试一次。

一旦你开始调整你的进食习惯,就需要做一点小小的练习,这对治疗急躁和混乱的思维有特殊的价值。训练自己去中断源源不断的食物。许多人在清理和液化上一口食物之前,就把新的食物塞进嘴里。这种态度是把固体食物当作液体对待的另一个症状。如果你夸大健康的态度,如果你学会在咬东西的间隙让嘴巴保持几秒钟的空,你很快就会发现自己有能力完成生活中所有的大事和小事,你的精神胃——你的大脑——将会变得更好。因此,你的混乱而不连贯的想法会消失,你会发现澄清你的想法和概念并不困难。这不仅适用于你的思维,也适用于你的一般活动。如果你是那种还没完成手头的工作就开始新工作的人,如果你经常发现自己陷入混乱,那么上面的练习正是你所需要的。

如果你成功地把上述练习付诸实践,你将会取得很大的成就。你会发现,你经常会遇到阻抗,比如借口、无精打采、缺乏时间等等,但只要有决心和毅力,这些练习是人人都有可能做到的。当我们处理厌恶的练习时，必然会遇到更大的阻抗。然而，在以前的练习还未成为自然而然的事情之前，不应尝试这些练习。

*　　*　　*

我们对食物，乃至对整个世界的矛盾态度是如此根深蒂固，以致我们大多数人仍然抱着幼稚的态度，认为一切要么是"娘娘腔"要么是"m-m-m"。我很惊讶地发现，许多人对他们听到的每一段音乐、看到的每一部电影、遇到的每一个人的第一反应都是用"糟糕"或"了不起"来表达。在大多数情况下，他们的努力是为了提高他们的批判能力，而不是加深他们的体验。有些人承认，如果没有连续不断地评论，如果没有不断地对自己说"哦，这很好"或"多么愚蠢"等，就无法坐着看完屏幕上的表演，他们的全部兴趣都集中在评价上，而不是被感动上。对于这一类人，我总是发现他们的思想有百分之九十是由偏见组成的。他们可以被描述为选择性偏执狂。为了克服这种态度，有必要通过把他们被压抑的厌恶暴露出来并加以处理，以此来治疗他们的口腔冷淡。他们吃东西凭自己的判断，而不是凭自己的口味。

在品尝练习中，你会注意到，比起那些你不喜欢的或对你来说陌生的食物，你更容易专注于你喜欢的食物。在某种程度上，你也会体验到，你的味觉极限已经扩大，一旦你克服了专注的努力，你会比以前更享受你的食物。（如果正确地进行练习，整个过程现在应该毫不费力。）很少有人觉察到自己的口腔冷淡。不仅是流连忘返、享受每一道菜的真正美食家已成为稀罕之人，而且我们对食物总的消费态度也变得越来越野蛮。味蕾的麻木被各种刺激的香料和各种变态的行为过度补偿。我的一个患者不能享受喝汤，除非它是滚烫的，否则她会觉得那淡而无味。

许多人已经完全丧失了动物这种不碰太热或太冷的食物的健全的感觉。这种态度不仅表现在食物上，也表现在其他快乐领域里，导致了整个过程的退化。在舞厅里，音乐必须火辣，舞伴必须令人兴奋；赌博时赌注必须很高；而在服装界，任何不是最新款式的服装都是毫无价值的。在这些圈子里，使用的语言由一连串最高级的词语组成，智力水平相应较低。我们在社会的不同阶层中发现了各种各样的兴奋剂，这些兴奋剂要想保持药效，就必须增加剂量。例如，喝酒的习惯是所有阶层都有的。酒鬼从来不会正确地使用他的牙齿和味觉。如果是这样的话——如果他是一个真正的"啃咬者"——他就不用酗酒了。要治愈一个酒鬼，就必须消除自体毁灭的内转，把毁灭的快乐带回到牙齿上来。

在严重的口腔冷淡情况下，食物只有在盘子里才存在。它一进嘴里就感觉不到，更不用说品尝了。当然，这是内摄的一个极端例子。这种行为与酗酒、大量使用香料、大吃大喝却从未达到真正满足密切相关，不可抗拒的贪婪与严格的饮食纪律周期性地交替出现。在精神方面，这幅画面是由对爱情、权力、成功和刺激的永恒贪婪所完成的，然而，这些贪婪从来没有带来任何真正的快乐或满足。

虽然让人们理解分析焦虑、恐惧或尴尬的重要性很容易，但要认识并分析强烈的厌恶情绪（或感觉）的意义是一项艰巨的任务。为了得到一个清晰的画面，我们必须区分在其发展中所涉及的不少于四个的层次。最基本的一层是健康的、自然的、未被扭曲的欲望，它的紧张和满足可能会受到两种方式的干扰：一种原始而强烈的欲望可能会被谴责为指向"娘娘腔的"东西，或者孩子应该摄入有机体强烈抗议的东西。这种抗议，即厌恶，提供了第二层。一旦这种厌恶发展起来，许多家长就会提出反对意见。恶心和呕吐被认为是淘气，胆敢呕出菠菜或蓖麻油的孩子将受到惩罚的威胁。因此，为了避免恶心、呕吐和威胁的惩罚，就建立了第三层，即口腔冷淡。然后，为了从食物中获得某种伪味道，麻木被第四层，即人工刺激层所覆盖。

厌恶分析的核心与尴尬分析的核心是一样的。一般来说，要么是厌恶主导了情境，在这种情况下，你拒绝接近厌恶的对象，要么是你决定加入一些通常会引起厌恶的东西，从而做出这样的决定：你压抑了厌恶，麻木了你的味觉和嗅觉。即将到来的任务是忍受厌恶，而不是压抑它，与此同时，不要畏缩于厌恶的对象，不要避免与你厌恶的人、食物、气味或其他令你呕吐的东西接触。要想达到分析口腔冷淡的目的，你必须学会充分觉察到厌恶的体验，即使这意味着呕吐或经历极大的不愉快。但在你能完全专注于吃饭之前，不要试图挖掘和治疗厌恶。即使厌恶只有一半被释放出来，如果你感觉它是一阵突然的咳嗽或一种胆汁的感觉，这也将极大地帮助你克服对食物和整个世界的冷漠。无论你对环境的偏好是什么，你总会发现它们与你的欲望或厌恶程度是一致的。那些对人们及其行为感到厌恶的人，肯定比那些用迟钝和无聊的精神味觉接受任何事物的人更有活力。

由于身体和精神的摄入遵循同样的规律，你对精神食物的态度会随着上述练习的进展而改变。对胃病患者的心理检查和我对精神分析的总体观察一再地证明了这一点。从同化的角度来看待精神食物。在庸俗、伤感而甜蜜的文学作品与有助于你个性成长的坚实材料之间做出区分。但不要忽视这样一种危险：如果"不切实际的"文学仅仅是被内摄了——如果它仍然是你系统中的一个异物——那么它将只是一种不必要的负担。一个真正被咀嚼、被同化的句子比只是被内摄的整本书更有价值。如果你想改善你的心态,就静下心来研究语义学,这是对付精神味蕾冷淡的最好解药。学会同化词语的核心——词义,即你的语言的意义。

第四章
可视化

如果天平失去平衡，为了恢复平衡，你必须给较轻一边的天平增加重量。这就是我写这本书时试图做的。通常，我似乎与我所批评的理论一样，都是片面的。然而，我一直在努力保持完整的有机体结构，并把我的重心放在被忽视的天平上。我认为对饥饿本能的分析如同精神分析的继子女，我也没有低估对性本能分析的重要性。我强调我们感觉-头脑的主动行为的重要性，作为对机械被动概念的平衡。在现实中，从来没有一个个体或一个环境这样的一个东西。它们两个组成了一个不可分割的单元，例如，刺激与被刺激的准备或能力是不能分开的。光线确实存在——但它们必须有一个为之存在的有机体情境（兴趣）。

虽然每个人都愿意认识到，我们的有机体在消费和消化食物时非常活跃，但我们的感官相应的活动不那么容易被识别。我们都习惯于用条件反射来思考，我们太理所当然地认为，一些外界刺激使我们的有机体以一种机械的方式做出反应，但这种方式需要努力地去认识到感知是一种行为，而不只是一种被动的态度。食物不会自愿地流入我们的系统，交响乐音乐会的声波也不会。

在后一种情况下，我们必须经过大量的活动，以使我们的有机体进入理想的声场。我们必须买票，把自己送到音乐厅，在演出期间，我们的活动不断进行。不要以为几百位听众在聆听着同样的音乐，他们甚至不会感知到相同的声音。一段对某位听众来说意味着混乱的乐曲，对另一位听众来说却是一个清晰的"格式塔"。一个细心的听者在低音提琴旁边发现的低音管，甚至吹不进没有受过训练的人的耳朵里去。你能吸收多少声波，取决于许多因素：取决于你的音乐取向、情感认同、训练，最重要的是，取决于你的专注力。

如果你感到累了，如果听的时候太紧张，或者由于其他原因，管弦乐队不能让你保持兴趣，你的思绪溜走了，就失去了与表演的接触。如果你发现自己处于那种状态，如果你注意到音乐已经完全不再是图形，你一点也不知道演奏的是什么，你就会相信两件事：图形-背景与专注的联系的重要性，以及你在使用感官时所涉及的活动量的重要性。

我们对照相机的了解，助长了我们对感官被动性的错觉，我们很容易认为，我们的有机体只是简单地拍照，当照片存储在大脑的某个地方时，光线会照射到底片上。我们忘记了，每个摄影师在设法拍摄一张照片之前，都必须投入大量的精力。我们忘记了将大量的劳动浓缩成一张摄影底片，忘记了我们的有机体必须成为一个连续工作的化学工厂和一个连续的摄影师。我们也没有充分认识到摄影师的工作是由他的兴趣（爱好、生计或学习）决定的。

人类的感官已经从单纯的信号传递者发展成为"精神胃"的器官，成为第二和第三人类世界的器官。在第二个平面（想象世界），计划和简化、吸收和同化起着决定性的作用。我们已经把记忆当作未消化的碎片来处理，把幻觉和想象场误认为真实场来处理。第三个平面是评价的世界（M. 舍勒 [M. Scheler]）。在

第四章 可视化

本章中,我们将关注组织我们感官使用的方法,以使整个有机体获得最大的利益。

解决这个问题的最好方法是通过我们的可视化能力。我们的大部分心理是由图片和文字组成的。无意识对图片有更大的亲和力,而有意识的头脑则对文字有更大的亲和力。为了实现**自我**与**无意识**之间良好的和谐,我们应该对我们的可视化拥有最大可能的控制,而这种控制在白日梦中显然是缺乏的。白日梦往往超出了意识控制的影响范围,许多人只知道这样的事实,即他们在做白日梦时没有留下任何痕迹,只会觉得他们在出神,好像是在别的地方。另一方面,对许多人来说,任何有意识地去可视化事物的努力都是不可能的。每一次有意识地在头脑中寻找图像的努力都要么是失败的(头脑一片空白),要么是我们遇到一堆无意义的图像,例如,在入睡之前。

当然,根本不去可视化的人显然会遇到最大的困难。这是一种严重神经症障碍的症状,超出了自体治疗的范围。这里我们只能借助不同眼部肌肉的强烈收缩来表示把图片排除在外的无意识习惯。随着这些收缩的放松,图片将重新出现。(这将在《身体专注》一章中进行更广泛的讨论。)在这种可视化缺乏的背后,人们常常会发现,他害怕看到自己想要避免的东西,或者任何可能唤起情感或记忆的东西。有时,拒绝满足一个人的"偷窥"癖好可能已经蔓延开来,因此,所有的看都包括在这一禁忌里。那些只是看而没有看见事情的人,当他们把目光转向内心时,与当他们唤起脑海中的画面时同样缺乏可视化,而那些运用观察的人,那些正视事物并具有识别能力的人,也会有同样敏锐的内心之眼,这使得可视化相对容易一些。那些头脑里充满了言语、怨恨或白日梦的人,通常根本不看世界,而只是盯着或透过事情看,对他们的环境没有真正的兴趣。如果我们不用我们的眼睛去创造世界,或者更确切地说,去重新创造世界,创造就无法在人格中发生。

让我们假设你属于大多数能可视化事情的人。找出你的内在视觉是如何运作的。闭上眼睛,看着你脑海中可能出现的任何画面。在这里,你可能会再次发现一种要逃避的倾向,一种阻抗呈现在眼前的画面的欲望。或者可能会有一堆混乱的画面,或者你会发现自己从一个画面跳到另一个画面,无法维持其中任何一个超过一秒钟。从一个画面跳到另一个画面成为这个人的特征,他在生活中也是神经症、焦躁不安、无法专注的。

解决这个问题的第一步是要认识到画面不是跳跃的,但是你正在从一个画面跳到另一个画面。试着完全觉察到你的跳跃,很快你就会发现,每当你把目光从一个画面转向另一个时,你的眼睛都会有细微的动作。让你眼中的不安和视觉继续下去。试着不要干涉,不要阻抗你的不稳定,直到你对你的眼球的紧张有一个清晰的概念。不要把责任推给画面,不要往前走,直到你真正意识到是你正在漫游,而不是画面。然后找出是什么让你惴惴不安的。是害羞、不耐烦、缺乏兴趣、害怕等等?(为了增加**自我功能**,这个分析很重要。)只有在你完全觉察到你对自己内心画面的情绪态度之后,你才能开始分析感觉运动阻抗。如果一幅图像停留几秒钟后变得模糊,或者你在脑海中切换到另一幅图像,那么你应该找出你在可视化图像中试图避免的事情。不要满足于把跳跃称为联想。我们不要联想,我们不要下一个最好的东西,而是要人或事本身。一遍又一遍地专注于同一个画面,直到逃避的原因和目的"跳入"你的觉察。当你在不受干扰的情况下发现了你与你的画面之间的障碍时,不妨反过来:大胆、坚持和感兴

第四章 可视化

趣，这样你就不会跳来跳去，而是正视这些画面。

当你掌握了这个练习时，或者如果你根本不是一个跳跃者，但能看到场景并至少保持画面几秒钟，这个任务就会简单得多。如果你能在一堆杂乱的图片中找到一两张可以看上几秒钟，那就足够了。最大的益处来自静态的图像，这些图像看起来就像魔术灯投射出来的那样，或者来自对梦的分析，这些梦经常会重复出现。这些都是被内摄的图片，是在你的精神胃里未消化的碎片。找到你的图片后，做两件事。第一，确定你对它的情绪反应。你是喜欢还是不喜欢所看到的人或事，或者你觉得无所谓？你对这个画面体验到阻抗吗？如果有，就表达出来。如果你不喜欢，就骂吧，如果你所看到的是你爱的人或事，不要羞于说出来。如果你是独自一人，大声地表达（这意味着释放、摆脱）你的阻抗，尽可能真实地表达。

记住，有机体会对情境做出反应。你对这种人造图片-情境的反应或多或少与你的真实行为一致。通过把图片引入精神分析实验室，你给外部现实找到了一个很好的替代品。在许多情况下，这是为真正的方法做最好的准备。有接触困难的人总是倾向于可视化无生命的东西、绘画作品、照片或人的半身像，而不是活生生的人本身。正如弗洛伊德主义所主张的那样，这并不一定是潜意识死亡愿望的象征性表达，而是用来掩饰软弱和恐惧反应的投射——患者自己的情感死亡。因此，如果你发现自己在选择无生命的客体和图片，你就要认识到你在避开有生命的客体，并借此来避开你的情绪反应。

首先在日常生活中尝试这些专注练习。也许你正在上驾驶课。如果你完全依赖这些课程，你的进步会比你在想象中练习你所学的东西并坚持所有的细节要慢得多。在你的幻想中，让你自己坐在方向盘前，记住并遵守所有你所学到的规则：你会惊讶于你的自信和能力的增长。如果你正在学习速记，把你脑海中拥挤的想法变成符号，尤其是在睡觉前，把你说的话可视化为记号，那么速度和准确性就必然随之而来。要把事情做正确，大脑至少需要和肌肉一样多的专注，还有一个额外的好处是，在实际驾驶或速记课上，你的注意力可能会被其他事情分散而没有注意到它们，如果不投入你所有的兴趣，你就无法在幻想中练习任何事情，并借此来检查你的专注。然而，你必须观察每一个可能的细节，一个人不能用"大纲"来开车或速记。

在你对你有意识的想象能力有了信心，并且在你设法保持一个图像一段时间之后，就扩大细节描述。梦境常常会提供很好的素材，而梦境中总是包含着大量未被同化的素材。（这就是为什么他们中的大多数人如此难以理解的原因。）依次取单个的项目，但一次又一次回到整个梦境。根据弗洛伊德的观点，解梦的第一个基本要素是关注每一个单独的项目，独立于作为整体的语境。我称之为：把梦撕成碎片，用你的精神门牙把它切成碎片。第二部分，嚼碎，溶解碎屑，释放阻抗，这是由弗洛伊德通过自由联想的媒介来完成的。我已经证明了这些自由联想会导致自由分离的危险，因此我更喜欢嚼碎的方法，接触梦中的碎屑。阻抗，即接触的回避，浮现得更清晰了。这种嚼碎是通过细节描述完成的。如果不专注，你不可能详细地描述任何事情。

对细节的压抑会使屏幕记忆和梦境变得难以理解，而对梦境片段的细节描述和被抹掉的细节则会带给它们同化和理解。正如在侦探故事中，优秀的侦探通过观察其他人忽略的细节而使自己与众不同，因此，细节的揭示完成了梦境或画面，并解决了一个问题，否则将仍然令人困惑不解。

然而，细节描述只是一种"借以实现的手段"。这就像泥瓦匠的脚手架一样，一旦房屋完工，脚手架就会被拆除。通过将我们的观察翻译成文字，我们使用描述作为一种实现的手段，让我们的注意力集中在细节上，通过嚼碎的过程，这些细节经历了发展。图片本身可能会发生变化，属于同一领域的其他图片和记忆可能会出现，但关键是不要离开中心图片，直到它被完全同化、理解和溶解。

由于表面上的相似性，一开始很难看出专注产生的物质与联想产生的物质之间的决定性区别。作为联想技术的证据，精神分析学家可能会提出弗洛伊德寻回被遗忘的名字的实验。我认为名字浮出水面不是通过联想，而是通过专注。如果你继续联想下去，你将找不到那个被遗忘的名字，但是，在盲点的存在里有这样一种着迷（专注的最高形式），你会一次又一次地回到它身边。很少有未完成的情境会像被遗忘的名字那样要施加压力去完成它们。

与普通的会话交谈或自由联想的技巧相比，专注疗法提供了一种更短、更好的"情绪恢复"方法。例如，当一个人说到他的父亲时，他的语气相当轻蔑，当他被要求可视化他的父亲，并专注于他的外貌细节时，他可能会突然大哭起来。他会惊讶于自己突然爆发的情绪，也会惊奇于自己对老人仍然有那么多感情。专注于一个人或一件事，对于与这个人和事有情感联系的人来说，其宣泄价值几乎与催眠或毒品分析带来的加强有意识人格的额外好处差不多。

要获得四维精神生活，即一种重新创造外部现实的生活，有一个更困难但非常有价值的步骤，那就是训练其他感官——比如听觉、嗅觉和味觉。为了实现这种四维的可塑心态，你必须让你想象的接触尽可能完整，我的意思是，不仅仅是把图片可视化出来。如果你可视化一处风景，你可以描绘出所有的细节：树木、草地、阴影、放牧的牛、芳香的花朵。但你必须做得更多。你一定要漫步其中，爬上树，挖出肥沃的褐色泥土，闻一闻花朵的芳香，坐在树荫下的草地上，听鸟儿歌唱，往河里扔石头，看着蜜蜂忙忙碌碌！放纵每一种可能的冲动，主要是那些在现实中会使你尴尬的冲动（比如把一个女孩摁倒在树篱下，或者从苹果园里偷水果，再或者往沟里尿尿），但这些冲动只是出现在你的幻想中。

这种感觉运动的方法，特别是接触的方法，给你正确的感觉，并引发了四个维度的体验。它将发展你的现实感，并将有助于产生清晰的记忆（感知和可视化的同一性），这在梦中本身总是存在的。

第五章
现实感

按照外部世界的四个维度思考，加上区分内外现实的能力，是心理卫生的基本要求。到目前为止，在我们的训练中，我们只关心孤立的练习。我们从二维图像开始，添加了第三维（深度）甚至第四维（时间的持续或延伸）。如果我们想要更丰富的生活，比如更全面的体验，这种时间因素的体验是必要的。只有当"时空觉察"渗透到我们存在的每一个角落时，自体实现才有可能。从根本上说，它是一种现实感，是对现实与当下身份的欣赏。

这种现实感不能与弗洛伊德的"现实感"相混淆。弗洛伊德将"冲动的"生物行为与社会所要求的升华和延迟满足需要进行了对比。但是，将在获得快乐之前承受不确定的能力称为"现实原则"是不正确的。痛苦、快乐和其他上百种体验，就像环境和承受不确定的能力一样，都是现实。即使是震颤谵妄中的幻觉也是心理上的现实，尽管患者无法区分内部场和环境场。

当下不断移动的现实可以与铁路相比较，铁轨代表了持续时间，正在运行的火车代表了现实。外部不断变化的风景和我们内心的体验（思想、饥饿、不耐烦等），就象征着"生命"。

现实感指的不是别的，而是感激每一件事都发生在"当下"。我发现很多人，大多具有"握紧不放"的性格，他们最难以理解的是，这个不断变化、难以捉摸、虚无缥缈的东西，才是唯一存在的现实。他们想紧紧抓住他们所拥有的。他们想要冻结流动的现在，让它成为永恒。当这一刻的现实在下一秒就不再是现实时，他们就会感到困惑。他们倾向于通过拍照来保存当下，而不是活在当下。他们遵守陈旧的习俗。他们很难从一种情境切换到另一种情境。醒着时，他们不能去睡觉；在床上，他们不能起床。在咨询医生时，他们无法完成面谈，于是便找了几十个理由和问题来延长咨询时间。

在**第一部分**中所描述的预期性格在重新获得现实感上稍微不那么困难。很明显，他在时间方面的思维能力更强。

*　　　*　　　*

大多数人的接触是通过语言工具进行的。这个优秀的工具通常被滥用，单词包含如此多的含义，以致理解日常事件已经变得非常困难。当 A 使用一个词时，他的意思可能与 B 的理解完全不同。我希望，语义学的革命性科学——意义的意义——将为这种巴比伦式的困惑提供一种补救办法。语言不是一种单纯的聚合体，而是一个意义组织，其框架就是语法。心理和情感障碍会导致意义的扭曲和语法的错误应用。掌握语法某些部分的意义将极大地帮助你消除神经症逃避。

根据罗素的观点，我们可以从语言中区分出三种可能性：

(1) 表达性说话，顾名思义，我们表达自己，并——通过情绪释放——带来自身的改变（自塑行动）；

(2) 意图改变他人思想的目的性或暗示性说话（异塑行动）；

(3) 描述性说话。

这三种不同的语言都与时间有特定的关系。表达的关系虽然是因果关系，但还是与现在的关系。引起表达的冲动必须仍然在

第五章　现实感

当下，否则表达就会变成描述或表演。

暗示性说话趋向于未来。例如，宣传的目的就是给他人带来想要的变化。① 没有这样的异塑目的，整个广告和推销技巧就失去了意义。

区分自塑和异塑行为的重要性可以通过哭泣的两个例子来加以说明。如果一个孩子真的哭了，他的哭是由伤害引起的，更像是一种反应，而不是一种行动（自塑行为）。然而，如果一个被宠坏的女人因为"她没有衣服穿"而哭起来，以引起丈夫的怜悯，那么我们就会看到她哭的目的——她行为的行动，事实上，在这种情况下，我们说的是"行动"。她的目的是给他的心或钱包带来改变（异塑行动）。

描述与当下有着最强烈的联系。一个画面，一种情境，必须客观地或在想象中呈现出来，否则就不可能去描述它。对于描述，我们需要将事情或图像翻译成文字，并从这些文字中重新创造出我们所指的图像。因此，一旦使用意义不明确的词语，就很容易引起误解。

虽然大多数动物拥有给人留下深刻印象和表达的能力，但在动物王国里，没有什么东西等同于描述。描述是事件的重建。在摄影出现之前，口头描述是人们互相传递事实的主要方式。科学充分认识到适当描述的重要性。一个事件要想被描述，必须满足三个条件：它必须是存在的、当下的（在环境或头脑中）和真实的（物质上或精神上）。"存在的""当下的"和"真实的"这三个词可以浓缩成一个词："现实的"。

通过详细描述体验，你发展了观察的能力，同时也培养了现

---

① 自动建议（内转的建议）是一个明显的例外。

实感。在本书的整个理论部分，我一直在最大限度地强调这种现实感——强调认识到除了当下没有其他现实的重要性。

这种现实感是如何得到发展的？首先，你必须意识到你生活在什么样的时间状态之下。你和当下有接触吗？你对周围环境的现实是清醒的，还是徘徊在过去或未来？为了从了解时态的练习中得到充分的好处，你必须评估你有多少时间花在了实际的现实上，有多少时间花在了记忆或预期上。与此同时，要意识到记忆或预期的实际过程总是从当下这一刻开始的，而且，尽管你不是在向后看，就是在往前看，但你总是从现在开始的。一旦你完全找到了你现在的方位，你将很快学会认识到你自己是一个"时空事件"。通过观察你滑入过去或未来的倾向来训练你的现实感。与此同时，看看你是否因为逃避过去或未来而打破了你的平衡。

逃回过去是需要替罪羊的人的特点。这些人没有意识到，尽管过去发生了一些事情，但他们现在的生活是他们自己的，正是现在他们以自己的责任去弥补他们的缺点，无论这些缺点是什么。每当这些人遇到困难抓住过去不放时，他们就会把所有的精力都花在抱怨上，或者花在寻找外部的"原因"上。"理由就像覆盆子一样廉价。"由于这种搜寻不可能成功，他们变得越来越沮丧，充满抱怨，并患上各种疾病，玩各种把戏，以获得他人的同情。他们甚至可能会使用完全无助的孩子的模式。精神分析称这种态度为"退行"，但这种退行在大多数情况下仅仅是一种把戏，而不是一个无意识事件。（参见赫胥黎的《针锋相对》[Point Counter Point] 中的伯来帕 [Burlap]）。

精神分析从重复的陈词滥调中得出一个普遍规律，即每个一现象都有它的历史渊源，并把它应用于每一个可能的场合。弗洛伊德的退行概念就是一个典型的例子。弗洛伊德认为，当神经症患者在生活中遇到困难时，他就会退行到童年的某个阶段，这种退行几乎可以用年来衡量。在我看来，已经发生的事情很少是历史倒退，这仅仅是患者真实的自体，是他的"弱点"变得更加清晰可见的事实。他的装模作样、过度补偿和这些并没有成为他人格组成部分的成就，都被抛弃了。焦虑的人通常会表现得沉着、冷静和镇定，在紧张的时候，他们更专注于自己的问题，而不是保持外表形象。他没有退回到童年焦虑的状态。他的核心，他的真正自体，除了易激动，什么也没有，他的发育不全从未停止存在。他已经回到了他真正的自体，也许回到了他天性的本质，但没有回到他的童年。如果一个过于礼貌的患者在精神分析治疗期间辱骂人并勃然大怒，那么每个分析师都会欢迎这种行为，将其视为被压抑情绪的发泄。患者的行为就像一个顽皮的孩子，从潜在的敌意转变为公开的敌意，从而在瞬间暴露了他的真正自体（就像《大师歌手》[*Mastersingers*]中的贝克梅瑟[*Beckmesser*]）。但是，孩子也会发脾气并使用"坏"语言，这一事实不能作为这种行为本身幼稚的证据。

别再沉溺于过去了。一旦我们意识到无法区分计划和梦想这一根本错误，从未来主义思维的角度，我们就可以获得更多关于我们自己的实际知识。许多未来主义思想包含在各种各样的白日梦里。在极端情况下，人们可能会表现出恍惚状态的症状，带着惊讶或恐惧从**无意识**的偏离中回来，发现自己举着剃须刷站在镜子前，并注意到在过去的两分钟里，他们完全没有觉察到周围的环境——他们的**自我**已经停止工作。白日做梦的人逃避现实，试图弥补挫折。他没有意识到他的梦从来没有促成他的有机体平衡的恢复。他没有意识到，它们只是掩盖挫折，就像吗啡注射只是掩盖但不能治愈痛苦的疾病一样。

如果你"身无分文",你可以通过做中奖的白日梦很容易地摆脱对真相的认识,而在现实中,你会对一张五英镑的钞票很满意。性饥渴可能让你做白日梦,梦见自己爱上一个著名的电影明星,而在现实中,你可能对你的好邻居很满意。沉溺于白日梦,对它可能成真的期待和希望,导致了现实生活中越来越大的失望。这些失望会增加白日梦,从而开始一个恶性循环。

我在《有机体平衡》那一章已经说明,有机体的减产生心理的＋,但在白日做梦的情况下,你会产生心理的＋＋＋。它能助你做百万富翁的白日梦吗？为了偿还那些让你担心的小债务,你需要的钱要少得多。如果你娶了她,一个电影明星的奇思妙想可能会让你很不开心。

你能从白日梦中学到的是你所需要的方向。如果你想从纽约飞到蒙特利尔(这意味着几乎是正北),你要从一根以北极为目标的磁针上确定方位。但你不会认同这个目标,你不会飞到北极本身,你只是从指针的行为中抽象出方向。同样,只需要从你的白日梦中找到方向,用它们来帮助你了解你的需要在哪里——金钱、爱情或任何可能的东西。白日梦的目的很好,可以显示你的目标和抱负的方向,但这样一来,它们的作用就耗尽了。如果你在一厢情愿的想法上投入太多的时间和精力,你就会获得一种伪幸福,为此你必须付出大量的失望和**自我功能**的削弱。为了治愈这种紊乱,你必须学会重新组织你的精力,去面对那些你认为你不能忍受的不愉快的情境,那些你试图通过白日做梦来克服的情境。对不愉快感到不快,并且,如果不快乐被充分地体验和表达出来,对不快乐本身将是有益的。然后,按照你白日梦所指引的方向迈步前进,开始实际建造这些"空中楼阁"吧,这会让你很感兴趣,但要在坚实的地面上去建造。不要着急满足于把那些不存在带入一个不真实的天堂，但要做一些事情将这些梦与现实联系起来。把"不可能"变成"可能"。如果你的白日梦是成为一个著名的作家，很可能你在这个方向上有潜在的才能，应该加以培养。如果你把自己想象成一个伟大的爱人，你显然有恋爱的能力，把它们从永远无法满足的电影明星身上解脱出来，你很快就会找到值得你关注的人。如果你的白日梦是绘画、工程学或致富，那就行动起来吧，听从它们的指示，即使你不得不降低自己的标准。

然而，我们必须区分描绘理想情境的白日梦和美化理想的白日梦。这种形式的理想主义形成了自大狂-被遗弃情结的一部分，也是我们偏执狂文明的一个重要标志。关于理想主义的有害影响，我将在本书的最后一章里说一些。就目前而言，理解这样一点：现实感意味着就在这一秒的体验——而不是仅仅在一分钟前发生的体验！

第六章
内在静默

实验表明，从出生到人类的孩子学会理解并使用语言，黑猩猩和人类的孩子在智力上几乎没有区别。各种具体的事件被抽象的术语统一起来，文字-符号的使用所带来的简化，使人具有了超越动物的首要的和决定性的优势。然而，就像许多其他工具一样，词语已经对人类不利了。就像中国烟花的粉末变成了火药，就像运输机变成了轰炸机，词语也从一种表达和传达手段变成了一种针对我们天然自体的致命武器，更像是一种隐藏而不是揭示的工具。

言语永远比不上与朦胧的情感或神秘主义毫无关系的真实的感觉。柏格森重新使用了"直觉"这个词，来表达我们对存在的最深刻认识，这种认识超越了图像和言语。言语已经成为我们日常生活的一部分，如同其他生活商品：食物、住所、交通工具或金钱。但是想象一下你自己被移植到一个孤岛上！你的观点会完全改变，每件事都会有不同的意义。你周围的事物将会有更深刻的意义，而语言，尤其是抽象的语言，将会失去它的重要性。你使用的每个词都需要有精确的所指事物。生物的存在将会掩盖智力的存在。

在战争中，尽管已经尽可能地为士兵提供了生活必需品，但

第六章 内在静默

生物自体仍在坚持自己的主张,而智力——至少是与士兵最重要的需要没有接触的那部分——被抛弃了。每一次回到我们存在的更深层次,都将带来对智力①及其代表——语言的重新定位。有一种方法可以让我们接触到我们存在的更深层次,让我们的思维重新焕发活力,并获得"直觉"(思维与存在的和谐):内在静默。② 然而,在你掌握内在静默的艺术之前,你必须练习"倾听"你的思想。

如前所述,语言思维和说话具有一种前分化状态:语言思维是一种想象的说话。类似的,存在着一种分化为说和听的前分化状态,它在声学层面上对应于视觉领域里的异常清晰态度。如果你能成功地重新获得这种说/听的统一,你就能极大地增加你的知识和觉察,知道自己在想什么,是如何想的。

作为最初的练习,大声朗读或背诵任何你所喜欢的东西,并倾听你说话的方式,但是你不能批评或改变你的说话方式。成功的秘诀和所有专注练习一样:除了你应该觉察到一个具体的行动,不要做任何特别的努力。一旦你在训练情境中注意到你能听见你自己,与别人在一起的时候就可以偶尔也听听你自己的声音。

在那之后,认真地尝试去觉察你所谓的思想。这个练习首先

---

① 智力总是和词语联系在一起的,而才智却不是!
② 写完这本书后,我偶然发现了柯日布斯基(Korzybski)的《科学与理智》(*Science and Sanity*)。尽管他的语义分析比我所尝试的要深入得多,尽管他的结构差异提供了一个显然非常有效的方法来体验难以言说的层次,但我认为在本章中阐述的方法比他的方法更简单、更可行。

没有人能不从他的书中得到最大的好处。以后我希望能够广泛地处理他对心理-"逻辑"问题的值得赞扬的方法。目前,我只需要说明,我的态度与他对认同的全盘谴责有很大不同(参见有关自我功能的章节),我认为图形-背景概念比抽象理论更可取。

必须独自进行。当你试着去倾听你的想法时，你一开始可能不会成功。你会像著名的蜈蚣一样感到困惑①，你的内在对话会在审视下停止。但一旦你放松了你的注意力，你的内部"胡言乱语"（称为"思想"）就又会开始。一遍又一遍地重复这个尝试，特别是当你的想法是一种真正的不出声说话的时候——当你想使用像"我对自己说"这样的句子时，或者当你准备见某人并在脑海中排练你将要说的话时。坚持下去，直到你对自己的想法有了"感觉"，即倾听和对话的认同。当这种情况发生时，你会注意到另外两个现象。你的思想将变得更富表达力，同时，那部分不是真正表达的思想将开始瓦解。当你听到断断续续的语无伦次、毫无意义的短语出现在你的脑海里，并等着被重新讨论时，你强迫性的内在对话就会结束，你可能会觉得自己快要疯了。很少有什么行动能像倾听你的思想那样，让你产生这种程度的现实感，尤其是当你体验了思想的重组并再次发现语言是一种意义和表达工具的时候。

这种思想的重组对于那些很难进行真正接触的人来说是绝对必要的。这适用于胆怯、笨拙或口吃的人，也适用于那些性格相反的人，那些总是要发言的人，那些说话没完没了的人，那些一遇到人就滔滔不绝的人，那些听不懂别人说什么话的人，就像他们自己不能贡献任何有用、有趣或好玩的东西一样。

随着"感觉"的改善，更深层次的知识，你的人格特征的"精神分析"将随之而来。你会在没有变化的、指责的、发表观

---

① 指心理学上的"蜈蚣困境"（Centipede's Dilemma）：当你问一条百足蜈蚣它如何走路时，蜈蚣试图按顺序抬脚，最终反而忘了怎么走路。英国心理学家乔治·汉弗莱（George Humphrey，1889—1966）以此来说明有意识地思考自动化行为，反而会使之变成不自动。另见下文第287页。——译注

点的、哀号的或吹嘘的内在声音中发现你的**自体**。一旦你认识到你的具体特点，就会把它当作你整体人格的表达，并在你的其他行为举止中尝试发现同样的态度。

学会珍惜每一个词，学会咀嚼，学会品味，学会体验隐藏在每一个词的"理法"中的力量。据说温斯顿·丘吉尔曾经是一个笨拙的、缺乏自信的演说家。现在，他对自己说出的每一个字、每一个句子都细细品味。其结果是一场强有力的、具有穿透力的演讲，其中每个词都有其分量。他有自己思想的"感觉"，这带来了强有力的表达。如果同样用"演讲"这个词来形容某个喋喋不休的社交圈女士，那将是对神明的亵渎，因为在滔滔不绝的言辞之下隐藏着一个事实，那就是她没有什么可表达的。

在你掌握了内在倾听之后，你就可以进行决定性的练习了：在内在静默中进行训练。外在静默已经是许多人无法忍受的情境。当他们和别人在一起的时候，他们觉得必须说话，如果有几分钟的沉默，他们就会感到尴尬，于是就在头脑里寻找一个话题来打破它。在需要沉默的情境下——美丽的山景或大海的咆哮——他们必须继续交谈。他们与**大自然**失去了接触，以至他们不得不把谈话当作某种唯一的接触方式。

即使对那些不是喋喋不休的人来说，要应付内在静默也要困难得多。内在静默不能被误认为是一个空白的头脑（恍惚，癫痫小发作［petit mal］，所有精神功能的停止）。在这个练习中，我们只关注掌握一种心理功能：无声地说话。试着保持内在静默，抑制你的语言思维，但要保持清醒。在开始的时候，你会发现这非常困难，你会意识到你内在对话的强迫性特征。你会发现，尽管你很认真地尝试着去做这个练习，但只有在最初的几分钟里，你的脑海里才会空无一词。在没有注意到的情况下，你的注意力会放松，你会再次产生言语思维。如果你坚持不懈，你就能学会延长沉默，这样你就会为你的感官更充分的发挥腾出空间。你会视觉化事情或感知你微妙的"身体"——感觉更加清晰。一旦你成功地保持这种内在静默一分钟左右，能量，或者更确切地说，被对话所取代的活动，就将从更深的生物层上升——你的生物**自体**将在言语的外壳下活跃起来。

那么，试着将这种新获得的专注应用到外部世界。我建议听音乐。没有其他地方能让你如此有效地检查你的专注。在全神贯注的状态下，没有空间同时听音乐和思考或做梦。

如果你听音乐，你将有留在声场的优势。在你完全掌握了声音的专注之后，你就可以进行最后的练习，用其他感官的体验来填满你的头脑。例如，看一幅吸引你的图画，或一个花园、一次日落，甚至你自己的房间。试着去了解所有的细节，不发表内在观点也不做口头描述。默默地，不要废话，学会欣赏你感兴趣或吸引你的东西。

也许，内在静默训练最有价值的结果是达到一种超越评价（超越好与坏）的状态，例如，对反应和事实的真正欣赏。

第七章
第一人称单数

在我们的可视化练习中，我们发现，通过将我们的心态从"画面进入我们的脑海"转变为"我们自己看着画面"，我们改善了我们的**自我功能**。我们从消极被动的态度转向更加积极主动的态度。这一活动对应于有机体行为的整体上积极的、离心的特征，这比反射理论和宗教让我们相信的要明白得多。我在前面已经指出，自我是认同事实的象征，因此，如果我们不认同我们的外部或内部可视化，我们就剥夺了我们自己的一个重要功能。

通常，只有那些与我们的问题、未完成的情境和有机体需求有关的画面才会出现在我们的脑海之中。除了那些标志着真正需求的图像之外，我们内部的生命历程中还包含着许多我们最初想象出来的图像，它们要么被当作我们理想的例证，要么被当作阻抗——一种反对被谴责情绪的抗衡行为。一旦我们充分认识到这些画面——甚至是白日梦——似乎都没有好的目的，我们就应该准备好为"我们头脑的运作"承担更多的责任。

一般情况下，我们可以说，我们故意想象出来的这些画面是一些阻抗，而不是一种基本需求的表达。但即便如此，我们还是建议将自己与每一个画面联系起来，并说："我在脑海中看到了这样那样的一个人。"责任的回避与**自我语言**（Ego-language）

的回避是密切相关的。由于责任常常与责备、羞耻和惩罚联系在一起，难怪人们经常逃避责任，否认他们的行为和思想。

当军队医疗官遇到一种可疑的疾病时，他把自己置于一场冲突之中，主要是他不确定也无法抉择去哪里寻找责任。他应该寻找原因还是目的？例如，装病的人为他的疾病制造"原因"，而军队医疗官则追查原因。头痛、背痛、健忘症和消化不良等原因都或多或少容易制造，但如果这些都不是充分的证明，装病的人就会回想起以前的疾病，这不是机械的退行，而是为了制造病因，让他获得一个由以前的医生为他做证的历史事实。只要医疗官在斗智斗勇中获胜，他就敢说患者的疾病是由患者的"**主我**"［I］而不是他的"**客它**"（It）造成的。只有到那时，他才辨别出寻找的是目的，而不是原因。

在我们的社会里，运用**自我语言**通常是非常困难的。假设你昨晚睡得很晚，不想起床。你上班迟到了。你会对老板说"我不想起床"，还是躲在一辆没有到达的有轨电车、一部坏了的电梯、一场可能会或可能不会出现的头痛后面？想象一下，如果你告诉他真相会有多大的影响。然而，当你对自己或对朋友诚实时，情况就不同了。但是，即使你想象对自己完全诚实，你仍然可能是错的。你有多少次因为"电车刚开走"而生气，而不是承认，因为磨蹭，你错过了它？

更难的是要意识到，所有神经症的症状都是你自己引起的，而不是神秘的"它"或"力比多"——正如我之前提到的，稍后我将更详细地展示——你收缩你的肌肉，从而产生焦虑、冷淡、头痛等等。

这一概念的重要性怎么强调也不过分。如果不承担全部责任，不把神经症的症状进一步转变为有意识的**自我功能**，就不可能治愈。我们可能不会走到像强迫性性格这种极端的地步，有强迫性性格的人会坚持说"在我的头脑里有一个想法"，而不是说"我想过这个和那个"——尽管我们中很少有人能完全摆脱这种说话方式。大多数人在被问及梦境时都会承认，"我"昨晚做了这个梦，但当他们在梦中杀人时，他们会否认是自己想象的，他们拒绝为自己的梦负责。

每当你运用适当的**自我语言**时，你就是在表达你自己。你在帮助自己发展你的人格。因此，首先你必须意识到你是否以及何时在使用**"我"**这个词时退缩了。然后把**"它"**的语言翻译成**"我"**的语言，最初是默默地，最后是大声地说出来。当你听到有人说"杯子从我的手中滑落"，而不是"我把杯子摔掉了"，说"我的手拍了一下"，而不是"我打了他一巴掌"，或者说"我的记性很差"，而不是"我忘了"，或更真实地说"我不想记住，我不想被打扰"时，你会很快意识到两种说法之间的区别。你是否习惯于将生活中所犯的错误归咎于**命运**、**环境**或**疾病**等？你是否在一个**"它"**后面做掩护，就像弗洛伊德所嘲笑的那样："不安全感和黑暗夺走了我的手表"？

如果你把"下雨了"和"我突然想到……"放在同一个平面上，那么你区分内部世界和外部世界的能力就显得不那么完美了。

许多知识分子热切地期待着格罗德克的**本我**理论。在推翻了上帝和命运之后，他们自己还没有足够的力量来承担足够的责任，他们在**本我**的概念中找到了必要的支持。他们需要一个首要的原因，并找到一个解决办法，把上帝从天堂转移到他们自己的系统之中。他们的**"本我"**概念显示出与荣格神秘的集体无意识惊人的相似之处，阻碍而不是发展了他们的**自我功能**。

就像弗洛伊德内摄兰克的**出生创伤**来填补他对焦虑的历史性解释中的空白一样,他也接受了格罗德克的"它"或"**本我**"(两者是同义词)。"**本我**"很好地符合弗洛伊德的"**超我**""**自我**"和"**本我**"的体系——但也带来了混乱:有机体的需求和被压抑的人格部分被归为同一类,这一概念继承自基督教对身体的敌意。

阿德勒对有意识的人格在产生症状的训练中所起的作用有很好的洞察力。另一方面,弗洛伊德证明了我们有意识的头脑是多么虚伪。**自我语言**并不总是有机体需求的表达。如果你睡不着,你将很难意识到,作为有机体代表的"你"不想睡觉,而作为习惯和疑病症代表的"你"想睡觉。当然,你可以说:"我想睡觉,但我的'**无意识**'不想睡觉。"但是,这种表达与"不安全感和黑暗偷去我的手表"的说法有什么区别呢?

自我的意义是一种象征,而不是一个实体。由于**自我**表示接受和认同人格的某些部分,我们可以利用**自我语言**来同化我们自己被否认的部分。这些被否认的部分要么被压抑,要么被投射。"它"语言是一种温和的投射和结果,就像其他投射一样,从积极主动的态度转变为消极被动的态度,从责任转变为宿命论。

因此,尽管"我认为"的表达乍一看像是"我突然有一个想法"的一个无关紧要的变化,但我必须以一种学究气的方式故意指出,事实并非如此。虽然这两种表达方式的差异看起来微不足道,但它的纠正将对整个人格产生最深刻的影响。这与弗洛伊德的观点基本一致,即强迫在治愈后转变为意志。

为了形成一种正确的**自我语言**,我们必须遵守专注治疗的基本规则:在你完全觉察到错误态度的所有细节之前,永远不要试图改变。首先观察"它"语言在别人和你自己身上的运用。抵制过早的改变，你会得到最有价值的观察结果。你会发现很多逃避的动机：内疚感、羞耻、自体意识和尴尬。

最重要的一步是（尽可能地）把"它"语言翻译成**自我语言**。一个非常有价值的帮助是表达"我制造"——暂时搁置，比如说，暂时搁置你用某种方式制造头痛。最后，但并非最不重要的，是运用**自我语言**。学会说话，而不仅仅是用大写字母写**"我"**。在尝试这样做的过程中，你会发现，在一开始，主要是与刚才提到的不愉快情绪有关的大量困难。正确的自我语言，例如正确的认同，是自体表达和自信的基础。自体表达在神经症的预防和治疗中起着多么重要的作用，现在应该已经为你所知了。

然而，这一规则有一个例外。正如新陈代谢与伪新陈代谢有着本质的区别一样，真正的**自我语言**也不同于**"伪自我语言"**。我指的是许多人在他们的讲话中用来装饰的那些小小的提议："我认为""我的意思是""我觉得"。这些提议不是表达，而是对情绪的回避，它们大多是在接触中的抑制——避免正确地使用**"你"**。"我认为你对我生气了"比"你对我生气了吗？"在情绪上要弱得多。

在这些情况下，不是**"我"**而是**"你"**被回避了。和在**"它"**语言里一样，这种说法被审查和重塑。在这两种情况下，从自体意识中获得自由是非常昂贵的。它的代价是人格的退化。

第八章
消除内转

我正在桌子上写字。根据目前的物理科学标准，这张桌子由充满了数十亿个运动电子的空间组成。然而，我表现得"仿佛"桌子是坚固的。从科学的角度来说，这张桌子的意义与实际意义不同。在我的职业场里，它"是"一件坚固的家具。在**自我**的情况下，也存在着类似的表象与事实之间的差异。我本可以这样开始这一章：皮尔斯认为他自己有传达某些事实的冲动……我用符号"我"代替了这个冗长的句子，我很清楚，如果不是他人格的主要部分与写作的冲动相一致，他就不会写出这本书。

认同大多是一个无意识的过程。有意识认同发生在冲突之中，例如在理想与有机体需要之间的冲突。有意识的认同（"我"）如果遇到阻抗就会产生意志（"不应该"），主要表现为对环境的干扰或有机体的自体调节（被内转的干扰）。因此，意志可能起源于"否定"。

如果一个孩子在肥皂进入眼睛时闭上了"他的"眼睛，从语言学的角度来看，这似乎是一种内转。但事实并非如此。这仅仅是一种反应——一种反射，而不是内转。眼睛闭上，没有任何有意识的**自我功能**。然而，这个孩子可能没有把他自己与他的有机体联系在一起，而是把自己与某种罗马理想联系在一起，就像穆

第八章 消除内转

西乌斯·斯卡沃拉（Mucius Scaevola）一样，在强烈的燃烧中决定不闭上眼睛。这种否定是"意志力"的基础。在这种情况下，孩子人格中主动的部分干扰了另一部分，从而变得被动、痛苦。

真正的内转总是基于这样一种分裂的人格，由积极主动部分（A）和消极被动部分（P）所组成。有时是 A，有时是 P 出现在前景里。"我生我自己的气"有更积极的性格，"我欺骗我自己"有更消极的性格。在后一种情况下，根本因素不是欺骗，而是希望被欺骗——不愿看到真相。

四种重要抑制的主要特征如下。

（1）在压抑中，材料和**自我功能**被扭曲或消失。经典分析对这一现象做了如此广泛的处理，以至在本书中我们可以忽略它，但我们必须注意内转在产生和保持压抑方面所起的重要作用。

（2）在内摄中，材料基本保持完好无损，但从环境场变成了内部场。被动变成了主动。（保姆打孩子。孩子内摄，扮演保姆，打另一个孩子。）**自我功能**过度增大并引起幻觉（"仿佛"功能）。

（3）在投射中，材料完全不变地从内部滑入环境场。主动变成被动。（这个孩子想打保姆。孩子投射并预期保姆会打他。）**自我功能**减退，产生幻觉。

（4）在内转中[1]，材料的丢失相对较少，**自我功能**基本保持完整，但**自体**被替换为一个客体，目的是避免明显的危险接触。

这种与环境失去接触往往会导致灾难性的后果。情绪释放不

---

[1] 我很想用"内向"（introversion）这个词来形容这种现象，但这可能会与荣格的性格分类相混淆。荣格使用对立面"内向"和"外向"来表示两种基本正常的类型。内向-外向并不是正确的辩证对立。健康的人格通常是面向世界的——外向的。辩证地偏离正常的是忧郁内向型和超外向偏执型。难怪"内向的人"这个词进入了医学和文学，而"外向的人"这个表达完全被忽视了，因为它毫无意义，甚至在百科全书中都没有提到。

足，如果攻击性被内转，压抑部分 P 的表达和功能就会受损。但是，内转的治疗比抑制或投射的治疗要简单，因为仅仅需要改变方向，导致内转的冲突在一定程度上是位于表面的。此外，内转的过程是易于理解的，而在压抑的情况下，我们往往不得不仅仅满足于事实，而无法确切地知道压抑是如何发生的。① 然而在内转中，我们总是可以处理人格的有意识部分（**自我**或 A），它会引导有意识的活动去反对另一部分（剩下的"**自体**"或 P），尽管着重点在于 P。即使你打算自学化学，有时你也会更喜欢被教。

在下面这个自行鞭打的例子中——打自己的倾向——人们可以理解强调 A 或者强调 P 的重要性。②

（A）一个男孩喜欢扮演马车夫。在他和小伙伴们的游戏中，他总是驾着马车，喜欢鞭打他的朋友，而这些朋友总是要当马。当他一个人的时候，他经常继续玩游戏，但不得不鞭打自己，同时成为车夫和马。

（P）另一个男孩在做作业时，一犯错误，就狠狠地打他的

---

① 我们既不知道"力比多"是如何在有机体中进行它的旅程的，也丝毫不知道，在地形学的概念中，从一个系统到另一个系统是如何发生的。只要这些假设没有得到证明，我们就只能把它们当作推测，而不是"铁的事实"。

② 弗洛伊德对主动性和被动性的理解并不总是清晰的。精神分析学家要求患者以一种"被动"的状态躺在沙发上，让他的思想出现在他有意识的头脑中。然而，精神分析学家认为，患者应该处于一种漠不关心的状态，一种不活跃——或无动于衷的——状态。如果我们承认弗洛伊德要求回忆而不是行动，当患者变得活跃时，他会非常愤怒，我们认识到，弗洛伊德无意识地（尽管他愤怒地谴责主动治疗）在分析情境中分配角色，使分析师占据主动的部分，而患者位居被动的部分——这是催眠情境的另一个证据。

精神分析学的两个分支强调活动和表演的表达：儿童分析和莫雷诺的技巧，莫雷诺通过敦促患者书写、制作和表演自己的戏剧来治疗精神神经症，作为自体表达和自体实现的一种手段。

第八章 消除内转

指关节。他这样做是因为预料到老师会打他。

赖希和其他人把道德受虐解释为小罪恶的政策，即贿赂。许多自体强加的痛苦可以用这样的方式解释："神哪，看哪，我正在惩罚我自己（用禁食和祭物），所以你不能这么残忍，还要来惩罚我。"

由于有机体主要是主动的，最后一个例子已经表明，对于更被动的内转，需要一定数量的投射。信徒的残忍和惩罚的欲望至少有一部分是投射到上帝身上的。① 在某些情况下，A 已经被完全地投射出来，以至最初的活动只留下了一点点可见的迹象。例如，在自怜方面，对他人的怜悯难以追溯，在这种情况下的内转意味着：如果没有人为我难过，我就只能为自己感到难过。

自杀愿望的例子很有启发性。在这里，内转和投射的混合再次显示了 P 部分的过度平衡。一个女孩被她的爱人抛弃了，她想自杀。就 A 部分而言，情况很简单。她的第一反应是："我要杀了他，因为他离开了我。如果我不能得到他，别人也别想得到。"（在这些情况下，攻击性通常不会进入咀嚼并消化不愉快的事件。）但随后她的攻击性变成了痛苦："没有他我活不下去，生活太痛苦了。我想逃，想死。"杀人的愿望变成了死的愿望。

"生活是痛苦的，命运是残酷的。"在自杀行为中，转而针对 P 的攻击被投射出来，残酷的不是她，而是命运（或心爱的人）。此外，她对他的谴责投射到了她的良心。"如果我杀了他，我就犯了谋杀罪。"如前所述，这种对惩罚的预期，是道德受虐的根源。"在他们惩罚我之前，我宁愿自己动手。"最后，恐慌和被杀

---

① 与基督温和的性格相似，上帝/主也是温和的，与摩西及其上帝/主的报复心形成对比。然而，基督教会通过将残忍投射到一个魔鬼和一个地狱上来弥补这种人性的疏忽。

的危险使她失去了最后一丝理智，自杀成为成功的解决办法，显然满足了她所有的复仇愿望。"如果我自杀了，他下半辈子就会痛苦。他（投射着她自己的不幸）再也不会幸福了，他会为他对我所做的事后悔的。"在所有的后果之后，最初想要摧毁他的愿望得到了满足——但只是在她的幻想中。以什么代价报复？

与这一复杂的过程相比，不复杂的内转知识在理论上是简单的，在实践目的上是充分的，但如果我们想把这些知识应用到治疗中，我们必然会碰到道德阻抗的砖墙。我几乎还没有找到一个人不认为消除内转是违背他的原则的。我们一定会遇到这样的评论："这是不公平的"，或"我宁愿对自己这样做，也不愿对任何人这样做"，"如果我那样做，我就会感到内疚"。如果我们把内转简化为一个球从墙上反弹回来的画面，我们就必须认识到，没有墙，球就不会反弹回来，而是会笔直地向前飞。如果一个人在离树太近的地方小便，他一定会弄脏自己的衣服。如果没有良心之墙、尴尬、道德禁忌和对后果的恐惧，内转就不会存在。我们的行动可以去接触世界，但不必承担把弯曲的箭头拉直的任务。

与失眠的治疗相似，病理性内转的治疗本质上是一个语义程序。一旦你完全理解了"内转"的含义，主要的任务就完成了。练习是重要的，直到它们帮助你觉察到内转的结构为止。这里有3个练习来达到这个效果。

首先，注意每当你使用"我自己"这个词时，你都可能是在内转一些活动。同样的情况也适用于与"自体"有关的名词，例如，自体责备。

第二步，找出内转更多是A类型还是P类型，自体责备是指责备某人，还是被责备。

第八章 消除内转

第三，思考你能给出的理由——"为什么"你不应该内转。找到可能掩盖阻抗的理由。

从实践的角度来看，最重要的内转有：对自体的憎恨、自恋和自体控制。当然，自体毁灭是所有内转中最危险的。它的小兄弟是压抑的倾向（压抑内转了压迫）。

*　　　*　　　*

抑制自己情绪和其他表达的能力被称为自体控制。通过理想化，自体控制从它的社会意识中分离出来，常常成为一种为自身而培养的美德。因此，自体控制变成了过度控制。在这种情况下，压制他人的倾向会被内转，并常常以极其残忍的方式应用于反对他们自己的有机体需要。太自律的人会被抑制，纪律严明，恃强凌弱。我还见过这样一个精神崩溃的个案，不是由于过度控制，而是被朋友们"振作起来"的唠叨给激怒了。

通过自体控制，大多数人能理解对自发需求的压抑和对做没有重要自我功能——感兴趣——的事情的强迫。

汽车的例子不言自明。汽车有许多控制器，刹车只是其中之一，而且是最粗糙的。驾驶员越了解如何操作所有的控制装置，汽车的运行效率就会越高。但是，如果他开车时一直踩着刹车，刹车和发动机的磨损将是巨大的，汽车的性能会恶化，迟早会出现故障。司机越了解汽车的潜力，他就能越好地控制它，也就越少发生操作失误。控制过度的人的行为与无知的司机的行为完全相同。除了刹车——除了压抑，他不知道其他的控制手段。

神经衰弱（过度控制的结果）的治疗首先就是要消除内转。自体控制的人总是有独裁的倾向。通过让自己独处和命令别人，他给了他的**自体**一个呼吸的空间，允许他的各种有机体需求去表达它们自己。他必须学会理解自己的要求，并认同这些要求，而不仅仅是环境和良心的要求。只有当他学会在利己主义与利他主义之间取得平衡，在认同自己与他人的需求之间取得平衡，他才能找到内心的平静。个人与社会的和谐运作取决于：''爱邻如爱己。''不是更少，也不是更多。

内转仍然是一种自我功能，而在压抑和投射中，自我功能被消除了。正如我之前指出的，通过内转，自我只是用自体代替了一个外部客体。一个控制自己哭泣、干涉自己对痛苦情境所进行的生理调整的女人，通常会表现出干涉他人的倾向，并谴责那些''放任自己''的人。

让我们假设，一个对生活持清教徒态度的女孩压抑了她跳舞的乐趣。每当她听到舞曲时，她就遏制双腿有节奏的动作，变得笨拙而局促不安。要想治愈，她首先必须认识到，她的清教主义主要是一种''手段''，借此她压制了自己和他人的快乐。一旦她认识到自己从干涉别人中获得乐趣，她就不会去管自己了，反而会干涉那些试图阻止她跳舞的人。

卡伦·霍尼在《我们这个时代的神经症人格》（*The Neurotic Personality of Our Time*）中给出了一个非常有趣的内转例子，它揭示了自卑情结。一个有着病态自卑感的漂亮女孩在走进舞厅时，看到相貌平平的对手，却不敢和她竞争，心想：''我是一只丑小鸭，怎么敢到这里来？''我个人认为，这不是一种自卑感，而是一种隐藏在内转背后的傲慢。如果我们想象她不是自言自语，而是对另一个女孩说：''你这只丑小鸭，怎么敢到这里来。''我们就是从适当的角度来看待这个情境。我们所讨论的这个女孩有贬低别人的倾向，却内转为对自己的嘲笑。

最后一个例子是内转的责备。如果我们的美人能对付相貌平平的女孩，而不是她自己，她将在治疗她的神经症上向前迈进一大步。她要把她的自卑情结——她的自体责备——变成一种客观方法。

这种取向通常是困难的，因为它充满了自体意识、尴尬和恐惧。因此，我的建议是：对这种令人尴尬的内转的消除，首先应该只是在幻想中进行。尽管释放不能令人满意，但我们可以通过这个练习达到几个目的：（1）我们可以改变方向，让P有机会浮到水面；（2）我们可以认识到许多危险信号仅仅是盲目的；（3）我们可以增加自由攻击的数量，这反过来又可以应用于同化。这种暂时不受攻击的状态被精神分析学称为"暂时症状"。

如果你消除了"思考"上的内转，你接近和接触的可能性将会呈现出决定性的改善。"我对自己说"，为什么？如果你能说出来，你一定会知道。那么，向自己传递信息有什么意义呢？每个孩子都有这样的自言自语，后来，当他变得沉默时，我们称之为"思考"。如果你检查你的想法，你会注意到你会给自己解释，你会表达你的体验，你会排练你在困难的情境下想说什么。在你的想象中，你打算向其他人解释、表达和抱怨。我的建议是把你所有想法的重新定向（首先在你的幻想中，然后，如果可能的话，在现实中）应用到一个活生生的人身上，作为一种练习。这是一种简单且有效的良好接触方式。

假设你和同伴一起时绞尽脑汁想要说些什么，心想："我必须找到一个话题来开始一段对话。"然后你可以简单地改变你的句子的方向，命令同伴："你必须找到一个话题来开始一段对话。"接触建立了，痛苦的沉默打破了。

内省（introspection）是另一种内转，经常出现在对心理学感兴趣的人身上。它是一种观察自己、研究自己而不是观察和研究他人的倾向，一种沉思的静止状态，这与本书前面提到的感觉运动觉察（以及我将在后面谈到的对它的培养）有着直接冲突。从下面的例子可以看出，自体观察的消除是不容易的。一位患者告诉我："昨天我更有勇气了。我比平时更精力充沛地回应我妻子，当我观察自己时，我没有发现任何不愉快的反应。"他真正观察到的不是他自己，而是她，因为他仍然为自己的勇气而感到害怕，结果，他在她身上没有看到任何不利的反应，这使他感到宽慰。人们为了避免不愉快、尴尬和恐惧而压抑自己的客观观察，并将其转化为自体观察，也不希望被认为是不礼貌和好奇的。

内省与疑病症不同，自省的重点在 A，而疑病症的重点在 P。因此，疑病症患者被动接触的倾向表现在他随时准备去看医生。

许多年前，施特克尔就已经意识到手淫通常是同性恋的替代品，虽然同性恋的问题要复杂得多，但大量的内转肯定是存在的。自慰固化有玩弄自己阴茎的意思，因为另一个是不可用的，否则就是禁忌。重点同样既可以在 A 上也可以在 P 上。

在与最后一种相类似的情境下，避免接触是很容易理解的，但在任何情况下，内转都无法减轻所有行为的作用。我们从不以自体为中心而不干涉他人，尽管我们可能会做很多自体干涉、自体纠正、自体控制或自体教育。有时，甚至连自体责备都不加掩饰，以致我们除了直接的责备之外几乎什么也看不出来。抱怨"为什么我有一个这么淘气的孩子？"或"为什么我的丈夫总是迟到？"的女人并不是在批评她自己，而是在批评淘气的孩子或不守时的丈夫。

最具破坏性的内转是破坏和报复。一个人承认自己有报复的感觉,这与他的理想有很大的冲突,所以很少有坦率、直接的报复倾向。直到青春期,这似乎或多或少被承认,但大多数成年人以间接性的报复为乐,借由阅读犯罪故事,或遵循法庭程序,或沉溺于正义,或将他们的报复推给上帝或命运去执行。诚然,报复不是一个令人愉快的人性特点,但以自己为代价进行报复,不仅会发展出以怜悯为幌子的伪善,而且会产生使情境不完整的抑制。而反击,无论是以感激还是报复的形式,绝对会终止算账。

第九章
身体专注

我当时在治疗一个被认为患有心脏神经症的年轻人。我告诉他,他真的患有焦虑性神经症,他笑了。

"可是,医生,我不是一个焦虑不安的人,我甚至可以看见我自己在一架燃烧的飞机上而丝毫不感到焦虑!"

"的确,"我回答道,"你也能感觉到自己在飞机上吗?如果能的话,详细描述一下你所体验到的。"

"哦,不,医生,"他喘着气说,"我不可能。"

他开始呼吸急促,脸涨得通红,表现出急性焦虑症发作的所有症状。有那么一会儿,我成功地让他感觉到了他自己,而不是仅仅把他自己视觉化为他想成为的样子。

他是怎么做到对自己的焦虑毫无觉察的呢?他从包括焦虑在内的整个情境中抽象出来的仅仅是他自己的形象,他这样做的方法是回避自己的感觉。他一感觉到自己,焦虑就会浮出水面。作为一个观察者,他向我展示的不是他真实的自体,而是他希望成为的英雄。

我可以提出基于力比多理论的解释。我可以把飞机解读为阴茎的象征,把燃烧的东西解读为爱的火焰,把他自己的形象解读为强大的征服者。这种解释应该是正确的,但我意识到他的主要困难在于"回避",他在很多方面回避了身体上的感觉,而且也不是主要在性方面。他的理想是战胜身体。这种禁欲的态度导致了智力的过度增大和感官的发育不良。

通过固定我们的肌肉运动系统,我们也固定了我们的感觉,我们可以通过适当的专注来重新调动这两个方面。通过重建我们"身体"的分化运动,我们消解了僵化的人格麻木和尴尬,我们恢复了肌肉运动的**自我功能**。用更多的才智(例如解释)来满足一个智力过剩而感觉不足的人,是一种技术上的错误。要消除一个人有机体内的神经症症状,就需要觉察到症状的所有复杂性,而不是理智地反省和解释,就如同溶解一块糖需要水,而不是哲学。

我们的目标是——通过专注——重建**自我功能**,消解"身体"的僵硬和僵化的**自我**,即"性格"。这种发展首先必须在退行的方向里变动。我们试图去中断神经症和性格僵化的进程,与此同时,退回到我们存在的生物层面。在工作时间里,我们离自己的生理自体越远,就越迫切地吵着要休假。我们都需要——至少偶尔——从职业和社会施加给我们的压力中解脱出来,回归到我们自然的自体。每天晚上我们都会回到这样一种动物的状态,周末我们回到"自然"。

神经症症状总是生物自体想要获得关注的一个迹象。它表明你已经失去了直觉(在柏格森的意义上)——在你自我监控的**自体**与自发的**自体**之间的接触。要重新获得这种接触,你首先要避免问无关紧要的问题,比如永恒的"为什么?",而要用相关的问题来代替:"怎么做?""什么时候?""在哪里?""为何目的?"你一定要去证实事实,而不是产生可能正确也可能不正确的原因和解释。通过与神经症症状的充分接触,你就可以化解它了。为了获得专注于"身体"的正确技巧，描述技巧尤其有用。开始的时候，你会觉得很不愿意进入细节，但是如果你毫不犹豫地坚持细节，你一定会遇到具体的阻抗，最终会得到不言自明的、不证自明的解决方案。表达出阻抗，但保持细节描述。随后运用完善的技巧，即静默专注，但在目前，继续保持口头描述，它能很好地帮助你把注意力维持在症状上。

躯体专注的理论非常简单。我们通过肌肉收缩来抑制重要功能（营养能量，正如赖希所说的总和）。在神经症患者的有机体中肆虐的内战主要是在运动系统与不被接受的力争表达和满足的有机体能量之间进行的。运动系统在很大程度上已经失去了它作为一个工作的、活跃的、局限于世界的系统的功能，通过内转，它已经成为重要生物需求的狱卒，而不是助手。每一种消除的症状都意味着释放警察和囚犯——肌肉运动的和"植物人"的能量——为生命共同奋斗。

如果我们称肌肉系统的收缩为"压抑者"（repressors），那么压抑的补救方法显然是放松。不幸的是，刻意放松——即使像雅各布森（Jacobson）在《你必须放松》（*You Must Relax*）中规定的那样彻底放松——也是不够的。它与肤浅的决心有着同样的缺点，如果你专注于放松，你可能会放松，但在任何兴奋的状态下"肌肉铠甲"必将回归。而且，雅各布森和 F. M. 亚历山大一样，忽略了收缩作为压抑者的意义。

仅仅通过专注于肌肉放松，那些被压抑的生物功能（那些被恐惧、轻视且不被允许进入意识的功能）必然会在患者那里得到警告，并在他准备好处理它们之前浮出水面。然而，如果一个人正在接受精神分析治疗（即使是旧的类型），那么他将同时通过用雅各布森的方法训练自己来得到极大的帮助。更多遭到压抑的材料将浮出水面，可以在分析的时间里加以处理。①

如果得到正确理解，放松就可以在紧急情况下有所帮助。有时在屏幕上和廉价的文学作品中，你会听到这样的表达："放松，姐姐！"这是在对一个过度紧张和过度兴奋的人说话。在这种情况下，放松意味着放弃那种坚持不懈的态度（"Verbissenheit"），找到自己的方向，从盲目的情绪转向理性方面，恢复自己的感官。在这种情况下，放松即使作为紧张的短暂中断，也能产生奇迹。

雅各布森方法的另外两个缺点应该提到。放松成为一项任务，而且，只要你在执行一项任务，"你"（人格）就不能放松。在一种完全放松的状态下，图形-背景的形成就是自然而然的，但在练习过程中，需要有意识地（尽管在有利条件下这一意识是很小的）努力形成图形-背景。我们也不能忽视这样一个事实：一个健康的运动系统的张力既不是张力亢进也不是张力减退，它是有弹性的、警觉的。如果按照雅各布森的指示进行，放松可能会导致松弛性瘫痪状态——张力减退。但它肯定有其优点，它增加了运动觉察的感觉。它使人认识到收缩的存在。

现在开始练习。

（1）在你完全清楚强制的专注（悬挂着咬）与专注的兴趣之

---

① 在**麻醉**分析中可以达到完美的放松。在硫喷妥钠（sodium pentothal）的作用下，压抑运动系统的自体控制变得不紧张，郁结的情绪得到释放。然而，运动阻抗没有得到分析和重组。一种改进的方法是使用一氧化二氮的弱混合物（如米内特［Minet］的机器）。这种技术有几个优点：（1）患者自己操作器械；（2）他一直是清醒的；（3）他开始熟悉放松的"感觉"；（4）他体验到强烈的"身体"感觉，隐藏的神经症症状，如焦虑、要爆炸的感觉、眩晕等就会出现；（5）他能够向分析师描述他的体验，从而让其帮助他一层一层地剥去"铠甲"；（6）不需要特殊麻醉师。吸入的方法比静脉注射的方法简单，不会产生毒性影响。从医生的观点来看，很少有禁忌症存在。

间的区别之前,不要试图进行任何特殊的分析性专注练习。如果你不能毫不费力气地对任何感官运动现象(脑海中的一幅画面、皮肤上的瘙痒、脖子上的疼痛、一个有待解决的问题)保持兴趣,那么,你的心理构造就有一些根本性的错误。

这不适用于对外部世界的专注。在那里你不能依靠有机体选择,你可能想要专注于那些不会引起你的自然兴趣,但由于责任、势利、习俗等原因而选择的项目。

如果你已经理解了本书理论部分所阐述的有机体的平衡,你就会认识到外在图形-背景的形成主要是跟随内在的冲动,一旦达到内在专注,外在专注也会跟着实现。专注于外部迷人的客体和描述它们的细节是没有异议的。这将使你相信健康专注的特征是轻松的,如果你想避免病态的强迫性专注,你就必须知道这一点。当你发现自己因为"错误的"专注而变得紧张时,记住:"放松,姐姐!"放手,放松,甚至放松到沉溺于自由联想的程度。在此之后,进行另一种方法。

(2) 不需要为专注练习创造特殊条件。过不了多久,你就能在任何地方、任何不需要与环境保持接触的时候做这些事了。最终,只要你保持清醒,就会有一种持续的自体觉察和客体觉察。然而,在开始时,明智的做法是选择一个安静的地方,来促进兴趣。在开始时,一把软椅或一个沙发会对你有所帮助。在精神分析学中,我已经省去了经典的设置。① 我和患者面对面地坐着,

---

① 这里的患者躺在沙发上,精神分析师坐在他身后,像一个无形的上帝在云层之上,那些不被视为虔诚的犹太人就不能形成上帝的图像,或者罗马天主教的信徒不能看到他的神父。

如果分析的情境保持在如此神秘的水平上,患者怎么能与现实形成接触呢?除了分析师的声音,患者没有任何依据,有时甚至连这个都没有。

但我还是让他躺在沙发上,目的在于练习内在专注,从而为外在专注(克服自体意识,面对"敌人")和内在专注提供足够的情境。

(3)所有的平衡练习都是有用的。体操只要培养的是身体觉察而不是"男子气概"的东西,体育只要不是一边倒的和被野心奴役的,就能培养出这种整体的感觉。走路时,感觉自己在走路,尽可能多地打断"思考"。最重要的是,当你无事可做时,只要满足于觉察到你的身体是一个整体。

(4)如果你感觉不到整个身体,就让你的注意力从一个部分移动到另一个部分,主要选择那些对你来说只是模糊存在的部分。但不要试图专注于被忽略的部分——那些显然根本不存在于你意识中的部分。偶尔,在你的日常工作中变成"身体"意识,有意识地打开一扇门,就像你经常做的那样,不需要特别强调或改变你通常的态度。不要以一种特别优雅或男性化的方式打开那扇门(或任何你想做的有意识的动作)。这只会让你有自体意识,而不是身体意识。有一个关于蜈蚣的故事。有人问他哪条腿先动,他是如何同时用所有的腿走路的。当他试图故意这样做时,

---

我曾经有一位分析师,他几个星期都不开口说话,为了表示疗程结束,他只是用脚擦了擦地板。在我和他一起度过的几个月里,他说的几句话有时是对我的**无意识**的巧妙解释,但当时我还远远不能接受这些解释。在其他时候,它们仅仅是投射,我也同样无法识别。多年以后,当我听说他患有妄想症时,我才猛然意识到真相。我不再责怪自己不能理解和欣赏他的话,而是把责任推到他不能让别人理解他自己,不能欣赏我的处境。

把精神分析师从一个令人敬畏的形象变成一个与患者处于同一层次的人。不要把患者的恐惧和抗议理解为"上帝移情"!只要分析师继续像牧师一样行事,保持固定的分析姿势和强迫性的时间安排(无论如何,一次面谈必须持续55分钟),患者就必须正确地将分析师解读为一个宗教客体,任何认为这是移情现象的建议,都不会使他作为精神分析宗教的信徒或反对者的反应沉默下来。

他变得如此困惑，以致他根本不能走路。他不仅觉察到自己的行动，还干扰它们。

（5）在进行这些练习的过程中，当观察记忆图像时，必须记住之前所说的关于"跳跃"的内容。从一个部分跳到另一个部分并不构成良好的接触，尽管这比强迫你把注意力集中在一个单独的部分要好，通过这个过程，你可能只是成功地把一个症状挤出去。你将会体验到这种作为症状消失的挤压。如果你感到一阵不愉快的瘙痒，当你专注于此时它就会消失，你可能会感到非常满足，而实际上它只是被驱赶到地下，并没有以有机体需求的语言来表达它的声音。一旦你放松了挤压，它就有可能会回来。

如果你是一个"跳跃者"，从一种感觉跳到另一种感觉，每次都要满足于将接触时间从几分之一秒延长到几秒，那么你很快就能随意选择一个症状并进行分析。许多症状——那些轻微的阻抗——会让你感兴趣，甚至着迷。其意义的揭示将成为一次真正的"大开眼界"。但如果感觉或症状消失而没有发展，没有揭示它的意义，那么你可以通过记忆来回忆它，或者，更好的是，通过注意到压抑它的方法——肌肉收缩。

（6）一旦你能在一个地方集中注意力一段时间，你就可以开始尝试去意识肌肉专注所涉及的"消极"专注。悬挂的"咬"是所有抑制收缩所形成的模式。这种悬挂的"态度"简而言之就是令人筋疲力尽的消极专注。这是尴尬、协调不良和许多令人不快的神经症症状的基础。强迫自己专注是无法达到任何自然接触的。如果你不得不扮演尸体，几乎不敢动一下肌肉，或者如果你必须时刻保持警惕，等待着扑向任何可能有意无意地干扰你所谓专注的人的喉咙，那么，你的注意力引导能力一定非常微弱。如果作为成就基础的专注是如此的虚假和昂贵，那么你要在生活中

第九章 身体专注

取得任何成就，都会是极其令人疲惫。我曾在其他地方指出"着迷"是专注的最高形式。然而，到目前为止，你不得不面对如此多的阻抗，以至你几乎不可能着迷。不断重复之后会让你意识到如何把不愉快的感觉变成愉快的感觉。因此，一旦你学会了肌肉收缩的感觉，试着让它们在你的控制之下，以释放被压抑的有机体功能，增加你的运动灵活性。一旦你达到了这一点，你就会在这些练习中获得信心。然后你就会感受到第一波着迷。你的活动和记忆以及你快速掌握情境的能力将稳步提高，这些将不断积累，直到你获得良好的"自我感觉"。所有这些练习都将变得过时。

（7）为了控制你过度紧张的肌肉，你必须把痉挛转变为**自我功能**。这些痉挛可以出现在任何地方。它们可以表现为写作时你手臂和手抽筋，或者说话时你结结巴巴。在焦虑发作时，你会发现你的胸部肌肉会变得僵硬；在性压抑中，腰背部会变得僵硬。接触的干扰会表现为下巴和手臂肌肉的紧绷。

从专注于眼部肌肉开始，就像我们在《可视化》一章中已经开始的那样。不需要知道涉及的肌肉，更不用说它们的拉丁语名字了。当这些肌肉最初收缩并变得紧张时，你在不知道它们的解剖结构和名称的情况下对它们做了一些事情。曾几何时，在它成为习惯之前，"你"故意收缩每一块正在抽筋的肌肉。当你想把某种感觉、情绪或画面从意识中赶走时，你就内转了你的运动功能，作为一种挤压你不想要的感觉的方法。你用自己熟悉的刻意努力来做这件事，这种努力类似于你必须控制住自己的肌肉活动，例如，一种要小便的冲动。

很难确定有意识的**自我控制**的影响有多大。在进化的过程中，有机体的许多较低的中心已经变得自动化，超出了意识的控制范围。① 然而，横纹肌系统是在有意识的控制范围内的。例如，它被用于压抑的目的。为了消除压抑，你必须重建对你的运动系统的有意识掌控。

当你在你的系统中遇到过度紧张、抽筋、痉挛、收缩时，按照以下方式进行。

(1) 获得适当的"感觉"。在你能在现场集中注意力至少10到15秒之前，不要做任何使之消除的尝试。

(2) 观察最微小的进展，如紧张、麻木或瘙痒的增加或减少。出现轻微的颤动、震颤或"电"感是很有可能的。每一个变化都表明，有意识与无意识的事件之间发生了接触。

(3) 开始满意地用"**它**"语言来描述收缩，比如："我的右眼周围有一种紧张感"，或"眼球非常不安"。

(4) 尝试将收缩转变为"**自我功能**"，但不要附加活动。感觉"你"正在皱紧前额肌肉或紧张的眼睛，或任何你正在做的事情。如果你没有成功，转向练习（5）。

(5) 如果你不得不回避"你的"肌肉收缩的责任，那么从"**它**"功能到"**自我**"功能的转换将是困难的。在这种情况下，求助于自我暗示是有帮助的。像这样重复一句话："虽然我没有感觉到我在收缩肌肉，但我知道我正在下意识地做。因此我想象或相信我正在做。"与库埃

---

① "间接"的影响可以实现，例如，通过生动的想象。一个好的演员，通过将自己置身于想象的动作场中，并将自己与所讨论的人相认同，可以产生直接有意识的努力所不能产生的情感。（哈姆雷特很欣赏这种能力——与他自己的情感缺陷形成对比。）

(Coué)的方法①相反,当你告诉自己真相和现实时,这种自我暗示可能会很有帮助。

(6) 接管控制:放松并稍微收紧一点点我们所讨论的肌肉。
(7) 找出你收缩的目的。找出你在阻抗的东西,表达阻抗:"我不想见我的祖母",或者"我要是哭了就见鬼了"。
(8) 随着阻抗的表达,你就完成了所有需要做的事情。但是坚持下去。其他的阻抗将会出现,使压抑者与被压抑者之间的冲突变得有意识。每一个被承认的画面,每一滴眼泪,都在为你有意识的人格注入一点能量。

* * *

与收缩相反的是,弛缓性麻痹作为一种阻抗,很少被研究。从理论上讲,张力减退不应该作为阻抗发挥任何作用,就我所知,它不会发生在内转中,不会发生在对人格中不被接受的部分的压抑中。然而,它发生在投射中。这是融合和抑郁的一种症状。这就像人们所说的水母的存在一样——作为一种不抵抗的技巧。这样的人圆滑得像条鳗鱼。有了它们,你会觉得自己好像撞进了一个空的空间。他们喜欢这样的表达:"你可以对我做你想做的事",或"不管怎样都没关系"。弛缓性麻痹的极端形式表现为装聋作哑或昏厥。这是一种返祖行为,但对于今天的智人来说,这可能有助于避免不愉快的情境。

* * *

就感觉阻抗而言,只要有一些感觉出现,专注技术就是极其简单的。只需要一种智力上的努力来专注于感觉过敏或疼痛。疼痛需要如此多的关注,以至它们形成了最令人印象深刻的图形-

---

① 库埃的方法是基于自体欺骗,而不是基于自体实现。

背景。正如 W. 布施（W. Busch）所言：

> 只是，在白齿的洞里
> 是受难者的头脑和灵魂。

你必须站起来，表达你的痛苦，全神贯注，而不是大喊救命。经常有必要"经历"地狱，而不是"绕过"它。疼痛是有机体寻求专注的主要信号。病变的器官最初想要的是关注，而不是吗啡。虽然一些器质性疾病的治疗借助哭泣、充血（由于正确的专注）等，但不建议以任何方式依赖于这种治疗。恰恰相反！只要有一点器质性疾病的嫌疑，就必须去看医生。现在许多医生有足够的医学心理学知识，使他们能够决定一种疾病应该从身体方面还是心理方面来处理，或者两者兼有。在任何情况下，专注都是比库埃或基督教科学会（Christian Science）的方法更好的方法，后者只否认和轻视现存的现实。分析性专注无疑是解决所有"神经性"疼痛和那些以无意识自杀愿望为症状的疾病的方法。

一个人相信专注有效性的简单方法是：关注疲劳。如果你感到累而又没有时间睡觉，就躺下来，专注在感到累的症状上10分钟。你的眼睛可能会感到刺痛，你的四肢可能会感到沉重，你的头可能会疼痛。在一种打瞌睡的状态下观察这些现象的发展，你会惊讶地发现，仅仅经过一小段时间的练习，当你起来时，就会感到多么神清气爽。你不能睡着，而是必须保持在清醒与睡眠之间的中间状态。

一项非常艰巨的任务，在难度上只能与**内在静默**的训练相同，那就是注意一个心理盲点。你可能有过这样的体验：寻找某样东西，却被告知它就在你面前。它在那里，但对你来说它不在那里。就那件事而言，你有盲点。痊愈是紧张的释放——一种发现和惊喜，它拆除了心理的防护罩。在许多神经症尤其是歇斯底里的症状中，这种盲点化（主要以麻醉的形式）起着主要作用。例如，大多数紧张的性无能病例不是由生殖器感觉的盲点化引起的，而是完全认同生殖器感觉的盲点化所造成的。

以前我已经告诫过你不要过早地尝试处理盲点，但是现在你应该已经能够处理它了。如果通过让你的注意力在你的身体中游移，你发现了你根本感觉不到的地方，那么首先找出感觉到与没有感觉到的部分之间的边界。在那之后，把你的注意力放在没有感觉到的区域。这需要相当大的专注能力。最终你会发现有一种特殊的感觉——感觉减退，像麻木或迟钝，像一层面纱或一片云。把这种"仿佛"的体验当成现实，直到有一天，你几乎可以揭开面纱，就在那一刻，生理上的感觉和图像将会显现出来，起初只有几分之一秒，但随后会增加它们的持续时间，并最终在人格功能中占据适当的位置。

在理论部分，我已经指出盲点大多是与投射相结合的。图像、感觉或冲动从内部场中消失，在环境场中再现。因此，如果我们在处理盲点的同时处理投射的问题，我们就会增加内在的推动力，并在相当程度上这有助于人格的稳定。

第十章
投射的同化

无论何时何地,任何人——从表面上健康的人到极度偏执的人——都在进行投射,他只会准备好为自己的投射进行合理化和正当化。例如,对许多人来说,几乎不可能想象到,甚至连人格化上帝的想法也是一种投射,仅仅是一种幻觉。

那个患者害怕有一天一块瓦片会如他所预期的那样掉下来砸在他身上,因而恐惧痛苦,他的症状已经完全消失了。这表明一种尚未完成的情境,由于落下的瓦片的投射,它还没有完成。他怀着想朝敌人扔石头的欲望,把这种迫害行为变成了害怕石头落下的被动性。这个例子表明,虽然他投射他的死亡愿望是为了让自己免受罪恶感(在他有意识的头脑中,他停止成为一个潜在的杀人犯),但他未能达到他的目的,即减少他的痛苦。与此相反,由于他的反应仿佛投射是真实的一样,他承受了比所有罪恶感所能产生的更多的痛苦。

通过投射,我们改变了整个"环境场"。例如,在我们投射了我们的全能愿望之后,我们就会表现得"仿佛"全能的上帝是一个现实,祂可以实现我们自己想要实现的所有奇迹。这个上帝可能会成为现实,我们会改变自己的整个行为和性格,以免受到我们想象中的造物主的惩罚。① 这种反应性的变化与另一种变化是辩证地同时发生的。不仅"环境场"发生了变化,而且"有机体内场"也发生了变化。在后者中,"全能"变成了"无能"。这也不完全正确,因为这两种变化在描述中是孤立的,而实际上只有一种变化涉及"环境-有机体内场"的各个方面。如果你把水从壶里倒进玻璃杯里,倒空壶里的水和倒满杯子的水会同时发生。

在分析性情境中,患者对因他的投射产生的反应是焦虑不安的,在这种情况下,投射的干扰在分析师与患者之间的理解中造成了严重的障碍。在分析性情境中(当然,在日常生活的所有其他相应的情境中),大多数情况是这样的:精神分析师发现一些他想给患者带回家的东西。他指出了某个行为,比如咬指甲。让我们假设这个习惯是我们的患者所谴责的,但他试图抑制它的努力没有成功,他只是将之盲点化了,这成了一种无意识的习惯。分析师的目的是使这种特定的态度成为一个需要关注和处理的图形。他想要加入意识,以便澄清那个特定的态度。然而,患者把分析的、科学的态度错当成了道德的态度,通过把他自己想要进行道德说教、谴责和干预的意愿投射到了分析师身上。由于他自己不赞成咬指甲,所以他想象分析师也是这样的。然后,他对自己的投射做出反应,"仿佛"是分析师而不是他自己不赞成。他感到羞耻,因此干扰自己,并旨在压抑或隐藏他的不愉快行为,而不是公开地讨论它。其结果是,这种不想要的特点非但没有得到表达和处理,反而再次驱使它转入地下。它可能要过好几个星期才会再次出现。为了应对这种再次压抑的危险,赖希开发了一种持续关注患者的中心性格特征的技术——这是一种非常好的方

---

① 创造天地本身也是投射的。上帝成为一个造物主。

法，当然比不加区分的解释技术更有效。

虽然弗洛伊德已经发现投射在某些精神病患者身上起着重要的作用，但在神经症患者身上被忽视了。精神分析的兴趣更多地集中在压抑上，对投射和内转的关注不足，结果是神经症的精神核经常未被触及。直到最近，投射机制才越来越受到关注，特别是通过安娜·弗洛伊德（Anna Freud）、安妮·赖希（Annie Reich）等人，尽管仍然不够充分，仍然被移情分析所掩盖。

移情概念显然引起了精神分析治疗的极大简化。通过遵循处方，将分析情境中发生的一切解释为移情，精神分析预期，在找到最初的模式之后，神经症将被消除。从儿童早期起，许多模式被重复，但精神分析学太过于把它们看作无知觉的、机械的重复，而不是在分析的情境中及其他任何地方都需要完成的未完成问题。此外，还有足够多的日常生活问题需要处理，这些问题不一定来自童年创伤，而是来自体质或社会条件。特别要注意投射的过程，它本身不是移情，而是一种"屏幕"现象。电影的胶片不是从放映机中取出来并转移到屏幕上，而是留在机器中，仅仅是被投射了。

当我介绍时，正统的精神分析师会同意我的观点，当我引入另一种方案来终止分析治疗时，我主张，不仅精神分析师要理解患者，而且患者也要理解精神分析师。他必须看到人，而不是一个屏幕，在上面投射他的"移情"和隐藏的自体部分。只有当他成功地穿透了由幻觉、评价、移情和固化所编织的面纱时，他才学会了去看事物的本来面目：他通过运用自己的感官来获得感觉。他实现了与现实的真正接触，而不是与他的投射的伪接触。

正统分析师制造的障碍有几个。与患者的任何个人接触都是禁忌，因为这可能会干扰"移情"。许多投射被当作移情现象而不是投射来对待,因此对偏执狂核心的分析无法奏效。

这个错误是如何产生的?

患者经常在精神分析师身上看到一些与他童年时期的重要人物相似的东西,但精神分析师的形象很少与原始形象相同,后者后来经历了伪新陈代谢和其他一些变化。每个分析师都有这样的体验:"被移情"的图像在分析的过程中会发生变化,现在是图像的这个特征,然后是图像的那个特征会出现在前景中。我们可以把所谓的移情情境比作一条河。一条河的历史表明它起源于一个或几个源泉。然而,这条河的水还和源泉的水一样吗?它不是在途中吸收了许多化学物质和有机物吗?饮用这两种水可能意味着健康与疾病之间的所有区别,这种变化不是已经发生了吗?

以下是"移情"被消解的典型方式,在大多数情况下,"移情"不是简单地从最初的人的形象转移到分析师身上:比如说,患者在分析师身上看到了一个缺乏理解的严厉的人,就像——他坚持认为——他的父亲一样。后来看来,他的父亲并没有那么严厉。所以我们必须纠正移情机制。我们不得不承认,他不可能简单地把父亲的形象转移到分析师身上。他在分析师身上看到的是他想象中的父亲。当他还是个孩子的时候,他就把自己的不宽容投射到父亲身上。后来(也许是为了统治妹妹们),他把自己对父亲的形象进行了内摄和复制,最后,他不同意投射出来的"像父亲一样"。像往常一样,他会在分析中对自己的投射做出反应,并将自己的恐惧和限制归因于分析师的严厉。这整个复杂过程,这两个方面——残忍的父亲和残忍的分析师——可以归结为一个简单的事实,那就是投射出患者自身性格中未被承认的残忍。换句话说:处理移情意味着不必要的复杂——意味着浪费时间。如果我能从我房间的水龙头里取水,就没必要到井里去取。

像往常一样，我们要分步骤完成我们的任务，第一步是觉察投射。就像当我提到你没有觉察到你没有专注于你的进食时，你很惊讶，所以你现在会否认你是一个"投射者"的事实。但是，如果你真的不投射，那就应该全力以赴地去寻找。投射可以发生在任何地方。我已经在前面指出了有机体内部对良心的攻击性投射。我也提到了**自我功能**被投射到生殖器的个案。

这种有机体内部的投射连同一种奶嘴态度是对偏执投射的防范，人们常常看到，强迫性性格是如何在自己内心的迫害者与受害者之间发展出无休止的斗争的。良心的要求得到了其余人格坚决服从的回应，但这很快就会被违背良心所取代。越来越多的罪恶感是由良心上越来越沉重的要求所叠加而成的，如此循环往复。①

有一个领域，在其中不难发现投射——梦的世界。梦至少有两种，愉快的和不愉快的。愉快的梦是未完成情境的直接或间接的完成：在弗洛伊德的术语中，它们与愿望的实现相吻合。不愉快的梦总是包含着投射，其中最著名的类型是噩梦。控制噩梦的人或动物通常是你自身不想要的一部分。如果你梦到自己被毒蛇咬了，把它解释为具有攻击性的阳具象征可能是正确的，但更有用的是寻找隐藏在你自己性格中的毒蛇。每当牙齿攻击没有被表达，而是被投射时，你会发现自己在梦中被狗、狮子和其他象征咬人的动物所追赶。因为害怕被袭击或被捕，被投射的愿望会成为一个窃贼、杀手、警察或其他幼稚的理想在梦中出现。

---

① 偏执型性格与强迫性性格的一个重要区别是：当强迫性性格的人在他的活动范围内表现出明确的限制时，而且当他的冲突发生在有机体场内时，偏执型性格的人则会发展一种过度活跃，但只是指向并发生在伪世界中。由于无法区分现实世界和投射世界，他将试图在**环境场**里解决自己的内在冲突。两种类型都存在客体接触的限制。

第十章 投射的同化

梦境部分的投射本质比其他大多数投射更容易把握，在普通投射中，外部世界的某些部分被误认为是有机体内部的，而我们在梦中发现了一个零点——知道梦发生在我们有机体内部，但同时又具有发生在外部世界的特质。

* * *

在认识到投射存在的第一步并承认它们属于你自己人格的第二步之后，你必须同化它们。这种同化是治愈所有偏执倾向的良药。如果你只是内摄"投射"，那么你只会增加成为偏执狂的危险。因此，你必须触及核心——触及每一个投射的感觉。如果你觉得被一个警察迫害了，而你只是内摄了他，那么你会想象自己是一个警察，或者你想成为一个警察。另一方面，适当的同化会表明你想要守护或惩罚某人。如果你坚持认为你是一只熊，那么你会被认定为疯子，但如果你表达这种认同的感觉，说你像一只熊一样饿，这就是完全不同的事情。有人投射了欺负妻子的愿望，他梦见自己被公牛追赶。

第一步可能是一种有趣的智力消遣——也就是说，接受在某些条件下你想当小偷或警察，但要真正重新认同迫害者可能会很困难。当你自己想清楚成为妖魔鬼怪的所有后果时，就会遇到引入投射的阻抗。当你做了可怕的梦时，很难承认你从惊吓别人中找到了一种恶魔般的快感，或者承认自己是一条毒蛇或食人魔。

下面几页的梦的图画很有启发性。做梦的人患有严重的精神病。他有温和、无私的宗教信仰。他在受到攻击时无法还击。他的攻击性在很大程度上是被投射的。结果是：一个焦虑的神经症患者，第一张图的噩梦就是一个例证。攻击者——火车——甚至是不可见的。在第二张图中，我们找到了解决办法：他有意识地将自己与受害者相认同。他忍受着另一个人（象征着他自己投射出来的攻击性）强加给他的一切折磨。实际上，他有一种非常强烈的，虽然被压抑的虐待狂倾向。

噩梦

消除宗教投射的困难在于承认某些全能思想的尴尬，例如，海涅曾这样表达：

　　如果我是全能的神，
　　并坐在天上……

第十章 投射的同化

我们不常把自己想象成上帝,但很少有人不会偶尔说道:"如果我是独裁者,那么……"

在人们身上,当然在每个神经症患者身上,都有一个性格上的困难,在此消除投射尤其有帮助。这是一种对感情、赞美和爱的需要,最值得关注的是自恋性格——霍尼对这种类型进行了详细的描述。这种类型的人不会表达感情,而是不断地投射并想要它。

在被投射的攻击与被投射的爱之间有一个决定性的区别。如果你不敢表达"我恨你",你很快就会想象自己被全世界所憎恨,同样,如果你羞于说"我爱你",你会发现自己在期待全世界的爱。当然,不同之处在于,我们宁愿被爱而不是被恨所纠缠。将这种自恋态度转变为一种客体关系,并不像投射出来的攻击那样困难。至少我们不用经历意识形态的阻抗,因为爱在宗教上是最受欢迎的。

要把我们刚刚学到的东西付诸实践,我们最好先去做白日梦。假设你发现自己因运动技能而受人钦佩,或因某些英雄事迹而被授予勋章,或被你选择的女孩宠坏了,那么,认真地尝试扭转这种情境,寻找一些例子,让自己欣赏一个运动员,对一个英雄充满热情,或者宠溺别人。通过消除这些投射,你不仅会发展出一种更积极、更成熟的态度,而且还会达到这样一种状态,即你可以完成各种情境,并恢复有机体的平衡,这种平衡被一种想要溢出却找不到出口的感情所破坏。如前所述,被投射的感情会产生对感情无法满足的贪婪。

在处理投射时遇到的最大困难是它们与外部世界客体的关系。一个人的推理能力越强,他就越害怕"想象"的事情。因此,他会使投射合理化,通过在外部世界寻找证据和关联来证明

拷打

它们。在这种情况下，投射的活动和图形-背景的形成（兴趣）相吻合，他就会发展出一种神奇的能力来发现与投射相对应的客体。

通常，仅仅对某些方面的选择和对其他方面的盲点化（单价态度）就足以导致一个偏执狂的曲解。在这种情况下，我们可以说"**选择性偏执**"，这是关于矛盾冲突的最糟糕的可能解决方案。如果你寻找观点，你总能找到它们。你可能会误解事情，你可能

第十章　投射的同化

会看重一个人性格的一个方面，而低估另一方面来达到你的目的。你可能小题大做，看见邻居眼中的尘埃，而看不见自己眼里的梁木。①

多疑的人会怀疑自己，受害的人肯定会伤害环境。如果你觉得受到不公平的对待，可以确定你是最后一个公平对待别人的人。就拿一个嫉妒的丈夫来说吧！当他投射自己不忠的愿望时，他会把妻子毫无恶意的友好微笑解读为对另一个男人的一种爱的接近。他忍受着，坚持认为她不应该有任何进展，他竭尽全力去发现最小的迹象来证明他想象中的怀疑是正确的，但他一直没有审视自己。一般来说，当你感到嫉妒、怀疑、不公正对待、迫害或抱怨时，你可以断定你很有可能是在投射，甚至可能你是一个多疑的人。

对抗所有这些偏执行为带来的不快有一个巨大优势。一旦你认识到投射机制，就很容易获得关于你自己的大量知识。在压抑中，人格的重要部分从视线里消失，只有在穿过阻抗的大墙后才能重新获得，即使那样，正如我接手未完成的分析时所体验的那样，释放出来的部分可能还没有融入有意识的人格之中，但常常被投射。

一旦你能读到投射的书，一旦你理解了你就是我的意思，你就有机会极大地扩展你的人格范围。然而，尽管承认和同化尽可能多的投射是有价值的，但只要投射的倾向仍然存在，这就将是

---

① 西洋谚语"看见别人眼中的砂，看不见自己眼中的大梁"，指只看别人的错。——译注

一项永无止境的西西弗斯任务①。要处理这种倾向，还需要两个步骤。

首先，消除肛门和口腔冷淡，以便在人格与外部世界之间建立适当的边界。这项任务需要更广泛的处理。这已经在前面的章节中讨论过，并将在下一章中进一步阐述。

第二步是学会充分表达你自己。之前我曾指出，一种未命名的前差异状态存在于投射和表达中，而人格的命运在很大程度上取决于其发展过程是投射还是表达。能表达自己想法的人不是偏执狂，偏执狂不能充分地表达自己。

这条规则的明显例外是脾气发作，这是偏执性格的攻击浪潮。这些浪潮不是真正的表达：它们是误导的敌意，可能非常危险。② 由于方向错误，它们无法得出具体冲突的结论。从表面上看，它们是对偏执狂自我投射的积极防御，从生物学层面上看，它们是对重新融入的尝试。每当偏执性格的人感到内疚，并因为太尴尬而无法忍受和表达是自己错了的感受时，他马上会设法把这种内疚投射出去，去说教和伤害环境（参见安娜·弗洛伊德关于晚回家的男孩的例子）。

抑制表达的一个明显迹象是"它"语言的使用，以及应用前奏曲将表情转变为声明，使任何明确的情绪变得模糊。这样的前奏曲诸如"我认为""你看""我想知道""在我看来"等等。试着不带这些边饰说话，你会立刻遇到阻抗、尴尬、试图改变措

---

① 西西弗斯是希腊神话中的人物，因触犯众神而遭到惩罚。诸神要求他把一块巨石推上山顶，因巨石太重，每每未推上山顶就又滚下山去，于是他就不断重复、永无止境地做这件事。——译注
② 杀害一百万犹太人，无助于希特勒主义者处理他们投射到犹太人种族身上的他们自己的特点。

辞，或保持沉默。

如果你想要学着自体表达，那么当你感觉到阻抗时，首先在幻想中表达你自己。在《可视化》一章中，我强调了详细描述的重要性，但我同时强调这样的事实，即描述只是一个中间阶段，一旦房屋建成，脚手架就会被移除。这一次视觉化一个你怨恨的人，确切地告诉他你对他的看法。释放你自己，尽可能地情绪化，扭断他血腥的脖子，你要像从来没有发过誓的那样骂他。不要害怕这将成为你的性格。相反，这种想象的工作将释放许多敌意，特别是在潜在敌意的情况下，例如，在紧张或疏远的婚姻里。这经常会创造奇迹！你没有强迫自己表现得友善，也没有礼貌地隐藏自己的易怒，而是消除了误会。然而，通常这种想象的行动是不够的，尤其是在你的幻想中，当你面对你的敌人时，你会把恐惧推到一边。

在你冷静下来之后，采取下一个，也是最重要的步骤：认识到一直以来你只是在为你自己的自体而战——记住尘埃和梁木。别介意为自己的"愚蠢"感到羞耻。如果它能让你同化你的投射，那就值得了。

有几个例子可以用来说明投射行为。

有两部优秀的电影呈现了两个不同的投射主题。其中一个是关于完全发展的偏执狂的投射攻击：《情海妒潮》。在另一部电影《巧克力士兵》中，投射机制不那么明显，在这部电影里爱是被投射的。男主角无法表达对妻子的爱，脾气暴躁易怒。他把自己热爱的活动投射到一个竞争对手，即那个俄罗斯歌手身上，这是创造并扮演的一个拥有所有他无法表达的特点的人。只有在他学会了通过创造这一媒介来表达他自己时，投射的需要才会消失，他才会成为自己所爱的人。不再嫉妒、猜疑或易怒。

一位女士在她的遗嘱中留下了这样的愿望：她的金鱼必须得到照顾，但它必须穿一件连衣裙。在此我们看到了一个双重投射。正常人是看不出金鱼有什么不雅之处的。她把自己想裸体游泳的愿望投射到了鱼的身上，同时也投射了她的防御、她的羞耻。因此，这条可怜的鱼儿，即使在她死后，也不得不忍受去穿一件连衣裙。

更复杂但更有趣的是一个中国人的故事，与阿图尔·施密特（Arthur Schmidt）有关。一个中国人去拜访他的熟人。他按要求在一个天花板上有横梁的房间里等候。横梁上放着一罐油。一只老鼠被访客打扰了，它跑过横梁，把罐子打翻了。罐子打在访客身上，他很痛，而且油弄脏了他珍贵的衣服。当主人进来时，受害者正气得满脸通红。寒暄了几句后，客人说道："当我走进您那尊贵的房间，坐在您那尊贵的横梁下面的时候，我吓了您那尊贵的耗子一跳，您那尊贵的油壶掉在我那肮脏的衣服上。这就是我在尊贵的您面前显得难看的原因。"

第十一章
消除否定（便秘）

弗洛伊德的言论，很少会像他回应把一切都颠倒过来的指责时那样令我印象深刻。他否认了这一点："如果人们是倒立的，那么就有必要把他们倒过来——让他们再次站起来。"

在本书中，我们称这种反转为"消除"（"重新"调整）。运用辩证术语，我们可以将对记忆的压抑（隔离性失忆）描述为对记忆的否定。① 要处理这些被遗忘的事件，就需要消除这些否定——使它们回归到精神代谢之中。然而，经常会发生这样的情况：患者宁愿把被遗忘的事实变成一种神经症症状（一般的健忘），而不是面对有问题的记忆。他将发展对否定的否定，而不是消除否定。

压抑某段记忆的人——最初只是为了否认某一特定事实的存在——并没有认识到自己失忆的目的，而是将其解释为精神障碍的一种标志。他会抱怨自己的记忆力不好，养成记笔记的习惯，从而进一步削弱他的记忆能力。他可能会选择一门商业心理学的课程，这门课程让他相信，通过每天学习无意义的诗句，他会提

---

① 生物的遗忘，即有机体对事件的吸收，不同于压抑的遗忘。在第一种情况下，"记忆"消解了，而在第二种情况下，记忆和压抑活动都很活跃。

高自己的记忆力。实际上，他只会制造出一层与最初的问题无关的神经症层——他会创造一个否定的否定。

我们遇到过一些这样的双重否定。例如，我们广泛地将食用非常辛辣的食物视为对腭冷淡的否定，而腭冷淡又反过来是对呕吐欲望的否定。我们把这个过程（根据精神分析术语）称为对阻抗的阻抗。

类似于口腔中的双重否定，有时存在于肛门中。其结果是便秘——显性或隐性。①

对于正常健康的排便而言，只有三种活动是必不可少的：上厕所、放松括约肌和感受排便本身。任何超越这些功能的事情都是不必要的、病态的，并且会产生大量的并发症和困难。记住这三点，学会理解和掌握它们。将三种健康功能与病理程序进行对比！

健康排便的主要条件是，你必须把自己限制在仅仅是去排便的地方，但只是为了促进排便，而不是为了克服便秘。如果你腹泻，就不需要有意识地去厕所。相反，你的努力会引导你把大便憋回去，直到你坐到厕座上。这种冲动驱使你去正确的地方。便秘的人的态度是多么不同啊！他们没有任何冲动，只是在命令的驱使下去厕所。

认识到便秘是一种无意识的不愿与粪便分离的行为，那你已经赢了一半的战斗。事实上，大多数人觉得这很难接受。但如果你"患有"便秘，如果你不承担责任，你保留，你不放手，那么真正的治疗是不可能的。

---

① 我所说的隐性便秘是指便秘不是通过排便的冲动，而是通过习惯来克服，例如，每天在完全相同的时间上厕所。

第十一章 消除否定（便秘）

为了证明我错了，你会告诉我，你已尽一切可能不患便秘，你不会想要隐瞒任何事情，因为这对你的健康有害。然而，所有这些都是正当的理由，是为**超我**服务的过度补偿，是由责任、良心或所谓的"为了你的健康"所决定的，正如你的祖母和泻药制造商向你保证的那样。如果你有意识地让自己便秘，你的良心就会不安。尽管你做了所有的保证，事实仍然是，在便秘中，你只是没有感觉，因此不服从冲动，而是遵循关于便秘的内摄想法。

鼓起勇气，等待冲动的到来。K. 兰道尔曾经告诉我有人便秘了四星期。当然，这是一个极端的情况，我提到它只是为了表明便秘的危险在我们的时代是非常夸张的。我们要实现的是自体调节。赖希提出的一个最好的观点是，他要求用自体调节的节奏取代道德规范我们的性生活。性冲动不是通过压抑而消失，而是通过满足，直到新的紧张再次需要我们的关注。同样，"你"不能调节你的肠道。需要的是它们的自体调节。

在《身体专注》一章中，我们主要对肌肉收缩感兴趣。肌肉收缩是一种压抑因素：我们限制、阻止那些我们不想释放的感官、感觉或情绪。所有"阻止"的基础都是截留排泄物，这是清洁训练的结果。由此产生这样一种观点，即自体控制与压制是相同的。精神分析学，根据其对压抑的主要兴趣，决定将便秘作为基本的阻抗。我已经提到过，费伦齐充分认识到括约肌收缩功能的重要性，他把括约肌收缩的强度称为阻抗的测量仪。大量的便秘，无论是精神上的还是身体上的，都与括约肌（肛门闭合肌）的僵硬收缩相吻合。专注练习和恢复对这块肌肉工作的有意识控制将有助于治疗肛门功能失调和压抑。

如果你从来没有冲动，或者患有慢性便秘的不良后果之一，即痔疮，你应该采取什么措施呢？

痔疮是一个否定（便秘）之否定（强迫）结果的很好例子。在下面的图片中，S代表关闭的肌肉，即括约肌，M代表内部皮肤，即直肠黏膜。

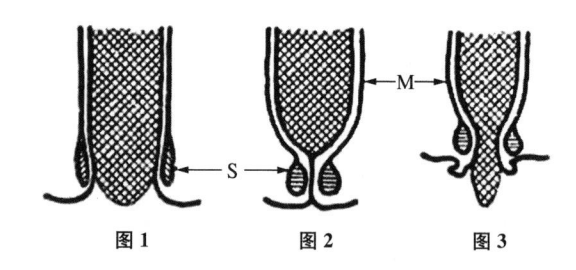

图1　　　　图2　　　　图3

在图1中，括约肌是放松的，粪便排出时没有任何不适当的阻抗。在下一幅图中，括约肌完全收缩（便秘），在图3中，粪便被强迫挤出收缩的括约肌。内部的薄膜与它们一起被推出。结果一定是痔疮甚至是直肠脱垂。

适当的专注练习，旨在控制收缩和放松，是改善"心因性"痔疮的唯一手段。通过参加以下练习，一些患者已经有了很大的改善，或者至少防止了进一步的恶化，但这种练习适用于每一种便秘的情况，不仅仅是那些已经患有痔疮的人。

坐到马桶上，你必须纠正的第一件事是避免对排便活动有意识，例如阅读、思绪漫游或胡思乱想。你必须把注意力集中在那一刻正在发生的事情上。任何展望未来，比如"我想尽快把它拉完"——"今天还要拉多久？"——"我要拉多少？"——对任何事情都期待这样去实现，你应该回到你的感觉运动系统中去实际体验。意识到你正在摁压或挤压，并试着忽略这两者。看看如果你不去挤压会发生什么。可能什么都不会发生——但你可能会顿悟：事实上你只是在装傻，你只是在假装，你只是坐在马桶上，没有任何真正的冲动或意图去排便。

在这种情况下，你最好站起来，等待真正的冲动出现。如果你不想这样做，那么就专注在阻抗上：弄清楚你是如何制造便秘的，你是如何收缩括约肌的，以及通过这些方法，你是如何把肠道里的东西藏起来的。学会去感受正在阻抗的肌肉，有意识地去收缩它。你很快会感到疲劳，你就会放松括约肌，以自然的方式消解便秘。试着把紧张的肌肉与其周围环境隔离开来，随意地故意收缩整个底部区域并不能建立有意识的肛门控制。一旦你学会了有意识地隔离和控制括约肌，你就可以自由地收缩或放松它了。

然而，如果你对排便感觉已经有了盲点，那么前面的练习将会很困难。消除盲点和放松练习或多或少会彼此重叠。

在**身体专注**的讨论中，我们主要感兴趣的是运动感觉，即对肌肉的感觉，而相当忽视完全麻木的可能性。我们感兴趣的是实际存在的东西，而不是缺少的东西。因此，我们练习的下一步必须是找到盲点、缺口和我们在感觉自己时所回避的地方。再次审视你的整个身体，观察你要跳过的部位或者你感觉不到的部位。比如，你能感觉到自己脸上的表情吗？你的嘴里有什么感觉？感觉到你的骨盆区域有多大？你觉察到你的生殖器的存在吗？你觉察到你的肛门的存在吗？

你避开所有这些"感觉"，因为你不想去感觉。弄清楚你想要避免的是什么，以及你是如何设法避免真正的感觉。你是否让自己的注意力转移得太快？你想象过像棉绒或被冻住的感觉吗？你是否注意到，一旦你试图把注意力集中在一个地方，你就会陷入思考、白日梦、睡觉或反对（"那都是胡说八道），或者你突然想起另一项紧急任务？把所有这些用来避免你的**"自我"**与你的其他部分接触的技巧都揭露出来。①

肛门的感觉比生殖器的感觉要弱得多。虽然它们的功能障碍没有产生非常明显的症状，但仍然是一些神经紊乱的原因。肛门麻木是恶性循环的一部分。在清洁方面的训练，或者在你想上厕所的时候缺乏去厕所的勇气，诱使你避免这种冲动的感觉。感觉的减少增加了被冲动惊吓的危险，主要是在兴奋的状态下，因此，一个人通过严格的控制完全锁住了肠道。在某些情况下，这种麻木是如此彻底，以致人们完全忘记了想要排便的感觉。他们总是表现出偏执狂性格的迹象，尽管偏执狂机制的肛门连接更集中于排便过程中的麻木，而不是缺乏排便的冲动。

治疗偏执狂的一个条件是对排便过程的适当感觉，对粪便与肛门之间接触的适当感觉。如果没有适当的接触，就会导致一种病态的融合——无法区分内部和外部。在这种新洞见的帮助下，那些看起来毫无希望的病例都得到了很好的康复，并且他们支离破碎的人格得到了治愈。我怀疑用其他方法能否实现这一点。无论如何，他们的分析只花了相当短的时间。因此，在我们的专注练习中，我强调肛门专注的极端重要性，这并不容易，因为许多人的麻木已经达到这样的程度：他们在那个区域没有任何感觉。

一旦你意识到你什么都感觉不到，试着一次又一次地穿透那层面纱、麻木、棉绒般的感觉，或任何你在"头脑"与"身体"

---

① 无论有没有分析师的帮助，这种专注方法是治疗性冷淡的最佳方法。没有对生殖器接触有足够觉察的性不满的个案。在每一个个案中，注意力都被某种恐惧、思考或实验所消耗。在我看来，这就是阉割情结的实际基础。阉割的记忆是纯粹的合理化。一个人可以让阴茎的感觉存在而不用挖掘出任何阉割的威胁。这种性冷淡的基础是一种否定：生殖器的高潮感觉一度强烈到无法忍受。再加上在发出相应的声音和做出相应的动作时感到害羞，你很容易意识到结果：一种避免这些强烈感觉的冲动。

之间制造的阻抗。一旦你成功地进行了精神接触，你就像在其他专注练习中那样进行：观察发展，主要是观察像痒或热这样的感觉，它们想要浮出水面，对此你会发现自己再次收缩。

接下来是最重要的一点，即去感觉排便的功能，去感觉粪便的排出及其与通道的接触。一旦这种感觉被确定，偏执的新陈代谢的恶性循环就会遭到中断，对投射的认识就会得到促进，这个融合的病理部位就会被隔离和阻断。

下面的推测可能也有帮助：肛门麻木类似于口腔冷淡。一般来说，排便时的麻木与厌恶相对应。因此，当你发现排便的过程有问题时，试着去了解口腔领域的平行现象。我的调查表明，肛门与口腔态度之间有很强的关系。① 虽然我还没有足够的材料来证明这一点，但这个投射最初是一个呕吐的过程，这似乎不是不可能的。这就解释了不能被利用的物质的非同化和排出。十分清楚的是，内摄和投射的互换像雪崩一样运作，接触的可能性越来越大，直到个体与世界之间的所有关系变得空虚而偏执。

---

① 通过肛门向嘴巴学习证实了弗洛伊德的观察，但我不认为在这个过程中有涉及力比多的必要。

第十二章
关于存有自体意识

人们常说"下意识头脑",但这个术语在精神分析学或格式塔心理学中是不被认可的。然而,我们可以发现,在一种情境中,"下意识"一词是可以被允许的:当情绪和冲动想要显现出来,却不能正确地表达时。在这种情况下,它们既不被压抑也不被表达,与此同时,有太多的自体觉察允许它们投射。自体觉察变为自体意识。

在这些情况下,一旦意识到适当的自体表达可能给自己或环境带来决定性的变化,它就会被抑制。例如,一场冲突绝不能演变成一场危机:它必须保持伪善。它没有被表达出来,但又不能被压抑,这种具有挑战性的冲动既不能消失在背景中,也不能支配前景。它必须找到某种媒介,所以在这些病态的条件下,我们必须接受下意识的存在,接受中间立场的存在。

在健康的头脑中,中间立场是不存在的。只能有前景图形从背景中浮现出来,又隐退到背景之中。然而,有时两个图形同时出现。然后我们说到冲突。忍受这样一种冲突的处境,这样一种双重轮廓,是与人类头脑所固有的整体倾向不相容的。一个图形总是倾向于把另一个图形推到一边,否则,妥协或神经症症状之类的综合就会带来一种统一。这两个图形经常坐在跷跷板上,这种心态我们称之为优柔寡断和不稳定。

然而，在某些情况下，一种情绪会努力争取来到前景里，但没有成功，在这种情况下，我们可以谈论中间立场，但我们必须记住，中间立场现象是一种病理现象。抑制的例子一部分是审查官（根据弗洛伊德的意思），但在更大程度上也是被投射的审查官——担心人们会说什么。审查官是对我们自己的一种内转、贬低和批评态度，在投射中，我们感觉自己"仿佛"受到了别人的审视和聚光灯下的关注。例如，如果我们隐藏表达烦恼、爱、嫉妒或任何其他我们感到羞耻、害怕或不好意思表露的强烈情感，那么，我们就会体验自体意识及其肌肉运动的对等物——尴尬。

最近，一个男人专门向我咨询他的不自在。他惊讶地发现，与他的预期相反，他对上司没有不自在，反而只是对下属，尤其是对打字员有不自在。他无法或不愿表达她在他心中激起的厌烦，因此当她在场时他感到尴尬、不安和不自在。不是他的厌烦被压抑了，而是他对厌烦的表达被压抑了。我劝他在幻想中对她说话，就像他在现实中想要的那样，让自己解脱出来，他立刻就感到轻松了。由于他善于控制自己的想象力，他把自己的责骂充分地发泄出来，自由地表达他累积起来的所有愤怒和厌烦，把它从中间地带转移到属于它的前景里。在这种情况下，光有幻想行为是不够的，后来他告诉我他换了打字员。幻觉的爆发给了他足够的信心，使他不仅可以随意地对待这个傲慢的雇员，而且还可以解雇他。

"自体意识"并不是一个不好的词。它表明了一种内转，即一个人的注意力是指向自己，而不是指向自己愤怒或潜在兴趣的客体。它暗示了一种向内拓展而不是向外拓展的情感。它是一个人自我谴责或鄙视的特征和行为的意识。

自体意识通常形成一个核心，围绕着它发展出许多性格特征。在它的影响下，一些人变得厚颜无耻、放肆无礼、轻率、愤世嫉俗、粗鲁或亵渎。另一些人则朝着相反的方向发展，变得卑躬屈膝、油腔滑调（Uriah Heep）或局促不安，以致他们把东西都打翻了，并通过打翻或打碎东西（"偶而""我没办法"）来发泄他们的攻击性。对使自己难堪的客体的回避往往表现为无法直视被恨或被爱的人的眼睛，而有自体意识的人担心自己的态度会暴露自己，就会通过发展一种僵硬的注视来训练自己加以克服。

在每一次自体意识的发作中，都有一些压制的（不是被压抑的）行为或情绪——一些未说或未做的事情。对于自己想要拒绝的要求，往往不能明确地说"不！"，这是自体意识的基础。对提出这些要求的人的怨恨会让我们产生一种软弱和无能的感觉，从而导致紧张和自体意识的气氛。不能说"不！"代表着对改变世界的恐惧，在这种情况下，是对放弃我们环境的仁慈的恐惧。在这种情况下，投射与自体意识之间的区别在于，在投射中，"不！"在应该成为前景图形的时候就消失得无影无踪，然后又以一种被你否定的感觉重新出现。在自体意识中，"不！"仍持中间立场，它想要变得突出，但你想让它保持低调。

避免混淆自体意识和自体觉察是很重要的。可惜的是，在表达自体觉察的含义时，没有一个词可以去表达在自体觉察中也会发生内转。然而，事实并非如此。自体觉察——至少我所指的自体觉察——意味着一个人存在的原始感觉的主观状态，以及对一个人如何存在的感觉，这种状态被精神分析称为"原初自恋"（primary narcissing）。"直觉"这个词在柏格森的意义上是合适的，但这个词通常用来表示一种心理行为。遵循一种广泛的科学习惯，从拉丁语或希腊语中组合术语，我建议用"自我审美"

(autaesthetic)来表达"觉察到一个人的存在和行为",但是——除了与"自体意识"相混淆的风险外——我考虑用"自体觉察"这个词,因为它能够很好地表达我的意思。

例如,当你完全沉浸在舞蹈中时,你感觉到了头脑、身体、灵魂、音乐和节奏的完整性,然后你意识到自体觉察,即"感觉"到你自己的愉悦。但是可能会有一种扰乱使你无法捕捉到音乐的节奏,或者你的头脑和身体可能不合拍,或者你的舞伴可能与你不协调。如果在这种情况下你想发泄你的失望,却没有这样做,那么你失去了自体觉察,变成了自体意识。

在自体觉察中,哪怕是最激动人心的事,也能带来满足感和内心的平静,它们在自体意识中是不存在的,因为在自体意识中总是有一些未被表达的东西,这是一种只有通过表达来打破紧张感才能克服的不完整性。通常,在幻想中这样做就足够了,但有时,自体意识只能通过现实中向有关的人传达你的感受来处理。在任何情况下,只有当你能想象你的对手是可塑的、四维的,这样你就能感觉到他发生了变化时,幻想行动才能成功。事实上,改变会发生在你自己身上,通过表达的力量,你会失去你的自体意识,你会获得——这是非常重要的——自信,获得一种处理困难情境的新方法,以及对你所处环境的认识。

有远大抱负的人,想要被赞美,成为吸引人的中心,往往会有强烈的自体意识。他们必须与那些同样需要赞美的人形成对比,而那些人却总是迫不及待地想要展示任何能满足他们自恋需求的东西。他们可能会展示珍贵的珠宝,或者展示他们穿得体的孩子,他们可能会展示聪明或滑稽,讲述淫秽或不那么淫秽的故事,他们可能会做一切能让人印象深刻的事情,从他们的朋友那里榨取赞赏。然而,如果这种自恋的需求强烈地存在,而手头没有"凭借的方法",或者对于是否产生他们期望的反应的不确定感占上风,那么结果一定是自体意识。很少有年轻女孩不梦想成为舞会上的焦点,相较于成熟老练的女人想捕获多少骑士就能捕获到多少,她们由于无法确定自己的目标能否实现,会显得尴尬而慌乱。

一般来说,自恋愿望得不到满足的人,只要有机会成为吸引的中心,成为他们所在环境背景下的图形,就会产生自体意识。每当他们站在人群中,例如,当他们进入一个满是人的房间时,当他们必须站起来发表演讲时,当他们必须离开公司去洗手间时,他们会感觉到自体意识,以为所有的目光都在他们身上。一旦他们忘记了自恋的愿望,或者完全专注于他们的客体而不是他们自己,他们的自体意识就消失了。总之,治疗自体意识的一种方法是将它转化为客体意识。

很多人体验过类似的自体意识,如果他们觉得自己在工作时,比如在弹钢琴、打字或写作时,有人在看着他们。他们完全能觉察到自己态度的变化,觉察到自己注意力的缺乏、混乱和浑身不适。他们经常——错误地——认为自己遭受自卑情结之苦。事实上,一旦前景图形是工作,而不是他们自己,他们就会失去所有不愉快的感觉,这一事实应该足以证明他们遭受的不是自卑情结之苦,而是自体意识之苦。如果他们专注于自己给人的印象,就会失去对工作的专注,就会导致错误和不连贯。

深入理解图形-背景现象,才能更好地认识自体意识。人们甚至可以坚持认为,自体意识是"人格"的图形-背景现象的扰乱者。是个体的人格想要在环境的背景里脱颖而出,例如,如果一个小学生突然被要求上前一步,假如他没有顾虑的话,他就会很高兴地展示自己。他甚至可能会骄傲地发光,自然地溜进画面的前景里。然而，如果他未表达出来的赞赏愿望在这种强迫的关注面前退缩了，他就会羞得脸红，想要消失，重新成为背景。突然发现自己到了他一直想去的地方，他就会意识到自己的存在，并把这种自体意识表现得很不自然。这种态度可能会变成永久不变的。胆小的人，总是充当副手的人，总是把事情做得完美而不引人注目以至融入背景里的尽职尽责的员工、戏剧的制作人、坐在患者身后逃避观察的精神分析师——他们都倾向于避免引人注目，他们都谴责任何出现在前台的人都是喜出风头癖。然而，喜出风头癖是一种自体意识的表达形式，是将羞耻感、恐惧和尴尬推到一边而产生的。

要采取的治疗步骤是显而易见的：你不仅要彻底觉察到你隐藏的情绪、兴趣或冲动，而且必须通过语言、艺术或行动加以表达。

自体意识和白日梦经常相伴而行，因为白日做梦者充满了未表达的材料。他的想象飞得越高，他所遭受的冲击就会越大，因为在现实中，他接触的环境包含着实现他被压制的愿望的可能性。由于他被奶嘴幻想事先占据了，他无法将他的肌肉运动表达系统运用到真实的情境之中，而是在他的愿望与抑制之间保持着自体意识和麻痹无力。

在自体意识的治疗方法中，场概念的价值变得特别明显。如同把线圈放入电磁场中，就能感应出电流一样，在特定的危险场中，一个人也能感应到自体意识，并随着距离的变化而增强或减弱。这个危险场的两极是患者的自体意识和他投射的批评（抑制）。

去掉两极中的一个极点，自体意识就会消失。为了使自己从难以忍受的冲突中解脱出来，人们常常通过饮酒、鲁莽、无礼或其他方式使自己的情绪变得冷淡。① 这种克服自体意识的方法是"错误的"。如果说自体意识是对自发性的否定，那么，饮酒、厚颜无耻等等都是否定的否定。而"正确"的方法，则是通过消除内转和同化投射来取消否定，在自体意识的情况下，这意味着：你必须将被赞美的愿望、被注视的恐惧、成为兴趣中心的感觉，转变成充满热情的活动、观察的活动，以及将自己的兴趣专注在某个客体上的活动。

---

① 无法处理自己的自体意识是毒品或酒精成瘾的一个常见诱因。我知道有两个患者正处于一种可悲可叹的渐进式酗酒状态，他们无法忍受任何不醉的人的陪伴，只有在他们的自体意识被治愈后才能戒酒。

第十三章
失眠的意义

人们越来越认识到，非常不愉快的"失眠"现象不能通过药物、放松、静默、黑窗帘或数羊来治愈。不可否认，在单个事件中，这些"补救措施"经常导致一种类似睡眠的无意识，但与睡眠的目的即让人休息和精神焕发背道而驰。偶尔几个晚上无法入睡不应该被称为失眠，在任何情况下都不应该被当作神经症症状来处理。我想把"**失眠**"这个词保留为一种状态，即大多数夜晚都被严重打扰，而"**慢性失眠**"则是指在很长一段时间内很少能睡个整觉。只有真正的失眠需要治疗。由于以上提到的所有处方都不能治愈失眠，我建议从一个完全不同的角度来探讨失眠的问题。

如果有机体被细菌入侵，你就会发现它们的敌人白细胞在血液中增加了。如果某人喝了太多的酒，他可能会呕吐。你会把白细胞增多或呕吐视为疾病现象吗？你会试图去压制它们吗？我相信，你宁愿去寻找它的含义，这两种情况下的含义都是明确的：有机体自卫。失眠在大多数情况下不是一种疾病，而是为整体主义服务的有机体长期健康政策的一个症状。所有的麻醉剂，无论是药物、睡前酒或睡前阅读，都是压抑的手段，与有机体的需要相反。

失眠不是一种病理症状，而是一种有疗效的症状，这一说法使大多数人感到困惑，就像我们曾经经历过的一样，当时我们知道是地球而不是太阳在运动。然而，在我能够证明我显然自相矛盾的说法是正确的之前，关于休息，我不得不说几句。你和我的观点是一致的，睡眠的目的是休息，而药物产生的是麻痹而不是休息。寻找一种药物来消除患者的头痛和头晕就表明了这一点。寻求休息只是我们经常提到的有机体想要通过消除一种令人不安的影响或结束一种未完成的情境来恢复它平衡的一种普遍倾向。你对填字游戏的兴趣会持续多久？确切地说，直到你解决了问题，解出的谜题要被当成无聊的纸扔掉，或者充其量，收集起来用于战争游戏。

一个乐天派的商业旅行者到一个小镇去参访。旅馆的老板请求他尽量小声一点，因为他的邻居非常紧张。他答应了，但他回去时有点醉醺醺的，高兴地唱着歌。他开始脱衣服，并朝墙上扔了一只鞋。突然，他吓了一跳，想起了自己的诺言，于是就安静地上床睡觉去了。就在他打瞌睡的时候，他听到一个愤怒的声音从隔壁房间传来："见鬼，另一只鞋什么时候来？"

我们经常带着不完整、未完成的情境去睡觉，有数百种可能性，对有机体来说完成一种情境比睡觉更重要。在大多数情况下，我们没有觉察到这种有机体需要。我们只觉得有什么东西扰乱了我们的睡眠，然后我们对扰乱者发泄我们的愤怒。我们把自己的愤怒从未完成的情境错误地导向了吠叫的狗，或交通的噪声，或硬的枕头，我们认为是它们的责任，或更确切地说，我们把它们当作替罪羊。实际的交通噪声并不比我们在那些晚上做睡觉的准备这件事更糟糕。

就像我之前说的，有无数的未完成情境的可能性。扰乱者可能是一只蚊子，除非你杀死蚊子，消除被蚊子叮咬的恐惧，否则情境不会完成；或者也许有人冒犯了你，你满脑子都是复仇的幻想。一场考试，一个重要的面试可能在第二天等着你，你宁愿预见困难的情境，而不是让自己休息。一股未满足的性冲动，一阵饥饿，一种罪恶感，一个和解的心愿，一种摆脱丑陋处境的愿望，所有这些未完成的情境都会扰乱你的睡眠。

古谚云："问心无愧，枕头软。"你是否记得关于失眠的经典例子：麦克白夫人。她试图说服自己，谋杀情境已经完成了："我再告诉你一遍，班柯已经被埋了，他不会从坟墓里出来的。事情已成定局，无法挽回。"但这位夫人的自我暗示并不成功："什么，这双手永远不会干净吗？所有阿拉伯的香水都不能把这双手弄香。"

不久前，我治疗了一位对自己良心有非常严厉要求的警官。这个人每天都要处理很多问题，他的雄心壮志让他在同一天处理太多不同的事情。未完成的问题随他上床睡觉，结果他没有得到足够的休息，第二天开始时很疲劳。疲劳降低了他处理第二天问题的能力，形成了一个恶性循环，结果是每隔几个月他就会精神崩溃，完全无法工作。一旦他明白了限定每天处理问题的数量和在睡觉之前完成情境的重要性，他就迅速改善了。

反对这种方法的理由是：首先，失眠是非常不愉快的，有机体需要休息，因此，我们不能浪费宝贵的夜晚时间。其次，认为我的理论只适用于心理方面。

我们首先处理后一个反对意见。我坚持认为，失眠的生理原因（疾病、疼痛）与心理原因（例如担忧）属于同一类别。疾病是一种未完成的情境，只有治愈或死亡才能结束。然而，在紧急情况下，当与疾病有关的疼痛是干扰因素时，这种干扰因素可以通过止痛药物暂时消除。（没有药物可以消除疼痛。）第一个反对意见——失眠的不愉快——将很快通过适当的方法加以解决。一旦患者理解了失眠的含义，他就能够调整自己，将精力引导到正确的生理通道上，并将失眠的不愉快转化为一种令人满意且富有成效的体验。

如果我们想要治愈失眠，我们就必须面对一个矛盾的情境：我们必须放弃睡觉的意愿。睡眠发生在**自我**融化的时候，意志是一种**自我**功能，只要你说"我想睡觉！"，你的**自我**就会起作用，睡眠就不能发生。最困难的任务是要意识到，尽管在意识上我们完全相信我们渴望睡眠，如果我们不能得到它，就会不快乐，但这个有机体不想睡觉，因为有问题需要处理，而这些问题比睡眠更重要。

除了你想要睡觉，如果你对你不能睡着感到烦恼，那么一种非常不健康的情境一定会出现，屈服的兴奋会更加影响你的睡眠，带着未被释放的烦恼，你创造了一个额外的未完成情境。如果你在床上翻来覆去，至少可以释放和表达你的兴奋！但是没有！你强迫自己躺着不动，密切注视着（另一种有意识的活动）睡意的最初迹象，与此同时，兴奋继续沸腾，结果你消耗的能量比你起床做点工作消耗的能量还要多。试图睡觉往往比睡眠不足更容易使人疲惫。

第二个步骤是，不要对扰乱者（无论是狂吠的狗，还是那些始终是未完成情境一部分的思想和画面）感到厌烦，而是要产生兴趣。不要抗拒它们，而是给予它们你所有的注意力。听听周围的噪声，或者看看脑海中的画面，你很快就会体验到昏昏欲睡的感觉，这是睡眠的前兆。

通常一些被遗忘的记忆，或者一个问题的解决方案，会闯入你的脑海，给你带来满足感，并回报给你一个闲适宁静的睡眠。

不是每一种情境都能在那天晚上完成，或者永远完成，然而，认识到这一事实，即使在解决不了问题的情况下，也会大有帮助。然后，总有一种可能性是，当一个人只好接受不可避免的——什么也做不了的事实时，这种情境就会结束。

前几天我读到失眠的定义是失眠加上担忧。这对强迫性性格来说是正确的，但失眠也会影响其他类型的人。它经常发生在神经衰弱患者身上。你们都知道担忧会让你清醒，忧虑者很少能得到闲适宁静的睡眠。这一点也不奇怪，因为忧虑者的特点就是无法完成情境，无法采取行动。

认为闭上眼睛就会睡着是错误的想法。情况恰恰相反。闭上眼睛不会诱发睡眠，但睡眠诱发闭眼。在一场无聊的讲座中，这种情况有时会非常强烈，尤其是在炎热的日子或深夜，以至人们几乎不可能保持眼睛睁开。那些抱怨失眠的人往往会第一个入睡。

梦是睡眠与未完成情境之间的相互妥协。例如，人们发现，一个尿床的人总是通过梦见自己在厕所里来完成他想小便的欲望。至少在这种情况下，我相信你不会不惜任何代价地维护睡眠。相反，治疗尿床的困难是孩子不愿打扰自己的睡眠。带着一点失眠，父母和孩子都可以免受很多痛苦。

第十四章
口　吃

所有人都会口吃。当然，很少有人会意识到这一点，而且通常只是非常轻微地结结巴巴，以至不会被注意到。即使是那些滔滔不绝的上流社会的女士，她在节目中到处乱说一些毫无意义的词和短语，把人淹没在一大堆琐事之中——甚至她有时也会感到震惊，目瞪口呆，不知该如何表达，然后可能开始结结巴巴。你们都知道说话的人会犹豫，会寻找一种表达方式，用他的"呃——呃——"或结结巴巴来填补时间的空隙。

口吃是自体表达不足这个主题的另一种变体。我们发现由于尴尬和自体意识会偶尔结结巴巴。同样一个人，几分钟前还在兴致勃勃地和你流利地交谈着，但当他被要求做公开演讲时，却会可怜地结结巴巴起来。因此，我们所说的关于慢性口吃者的内容，在一定程度上适用于所有那些只在某些情况下说话受到阻碍的人。

慢性口吃者的特点是缺乏耐心、时间观念未开发以及抑制攻击。他的话没有按适当的时间顺序来说，他的大脑和嘴巴都塞满了一堆话，等着一下子说出来。这完全是他贪婪的假象，是他想一下子吞下所有东西的欲望。在每一个口吃的人身上，我们都能发现，由于这种贪婪的结果，他说话的时候都有吸气的倾向，这样就暴露了他甚至连自己说的话都想再吞下去的倾向。口吃的人总是不能充分使用牙齿，他的攻击性一旦被剥夺了其自然功能，就会寻找奇怪的出路。通常，口吃者在一次短暂的暴力攻击后，会制造出一些难以理解的话。例如，他可能会用一只手狠狠地击打另一只手，或者猛烈地咬牙切齿，或者用脚跺地。这种攻击性和他口吃的主要特征一样，都是急躁。然而，当他勃然大怒时，情况就完全改变了。一旦他准备发泄他的攻击性，突然发现自己有了施展的手段，他就会流利地喊叫和咒骂，没有丝毫结巴的迹象。

同样，在另一种情况下，他也可以不结巴：当他的语言不能表达任何情感，或者当他完全没有兴奋的动力时，他就能正确地再现那些对他毫无意义的，或者不是他真实自体表达的词语。只要他把注意力集中在说话的技术方面，而不是内容方面，他就可以完美地掌握造字的技巧，例如，在朗诵或唱歌时。但是，一旦他必须表达自己，他又会不耐烦，他变得越加兴奋，他的口吃会变得更加严重——除了他允许自己爆发的少数场合。

无视攻击和急躁的重新整合，这样的口吃治疗，在最好的情况下，只会栽培出会说话的机器人，而不会培养出一个能表达自己和自己情感的人。因此，要治疗口吃，绝对有必要首先调整其攻击性，并注意《专注于进食》这一章的练习，尤其是那一章提到的每次啃咬后都要排空嘴巴的练习。

然而，演讲方面也不能忽视。在那里，口吃者在试图表达他的"**自体**"之前，必须在一开始以一种人造的技巧造出句子来满足。他还必须学会——这是最重要的——区分"训练情境"和"真实情境"。对这一区分的忽视毁掉了很多学生的努力。只要他不明白"情境"的重要性，就一定会一次又一次地失望。失望会导致沮丧，并使已经取得的成就黯然失色。口吃者如果不抱太多期望，就不会失望。一开始，只有在"训练"情境中才能学会正确地说话，在克服他的悬挂态度之前，他不能指望在任何"真实"情境中会有所改善。否则，他只能通过使他的人格去敏化——通过失去他的"灵魂"，通过成为一具木乃伊——把"训练"情境变成"真实"情境。

为了避免这种危险，他必须防止自己的兴奋变成焦虑。在前面的章节中，我们已经看到焦虑是氧气供应不足的兴奋。口吃者总是呼吸困难。他没有觉察到在吸气与呼气之间的混乱，他也没有觉察到合理地节约呼吸。这听起来愚蠢且陈腐，真正的口吃者意识不到一个人说话的时候是在呼气，也意识不到他必须"有意识地呼吸"。除了下一章所论述的对焦虑的具体治疗外，我建议口吃者做以下循序渐进的练习。

(1) 没有任何干扰或动作地吸气和呼气，但要觉察并区分进和出。不能紧张，不能夸张。只需躺下来，专注于"感觉"你的呼吸。抵制所有改变任何事情的倾向。继续——不要干扰或分心——你可以保持有意识的呼吸几分钟。

(2) 正常吸气，呼气时发出"M－N－S"的声音，直到变得自然。呼气应该是一种崩溃，类似于叹息或呻吟。

(3) 随便选一个你喜欢的句子，在每一个音节后吸气，像这样："The（吸气）rose（吸气）that（吸气）lives（吸气）its/little/ hour/is/praised /be/ yond/ the /sculp/ tured/flower."①

---

① 意为："生命短暂的玫瑰，在雕刻的花朵之外得到赞美。"此处呼吸练习的句子保留英文原文，下同。——译注

(4) 只要有机会，就在你的幻想中重复这个练习。最主要的是在每一个音节之间吸气。如果你能坚持 5 分钟，你就迈出了朝向正确呼吸和克服急躁的最重要的一步。

(5) 只有当你完全掌握了前面的练习之后，才再用完整的单词代替音节做同样的练习（3）和（4）。

(6) 下一个练习需要稍加思考。把你所有的句子切成语法正确的小组。例如："It is easier（吸气）to pretend（吸气）to be（吸气）what you are not（吸气）than to hide（吸气）what you really are（吸气）but he（吸气）that can accomplish both（吸气）has little to learn（吸气）in hypocrisy."①

(7) 运用上述技巧在你的幻想中与人交谈。开始的时候默默地做，然后用耳语，无声地说话。之后，在你说话时加入越来越多的声音。

(8) 学会精简你的声音。训练自己用渐强或渐弱的语调说每一个单词。你怎么估计这个练习的重要性都不为过。攻克那些难度最大的单词，比如那些以"P"开头的单词。深呼吸，放松你的嘴巴和喉咙肌肉，尽可能轻声地说"P"，但要渐强地加重接下来的元音。

(9) 暂时将训练情境转移到真实情境中，找一个有耐心、愿意帮助你的朋友，每次你陷入呼吸困难时，都请他帮你喊停。

(10) 在你的幻想中寻找兴奋、尴尬或自体意识的情境，并

---

① 意为："假装自己不是真实的自己要比隐藏真实的自己容易得多，但能同时做到这两点的人在虚伪方面可学不到什么。"——译注

再次进行练习（7）。

(11) 训练自己不说话。培养倾听的艺术。宁可吞下别人的话，也不要吞下自己的话。最重要的是，记住：结巴的任何复发对你来说都是一个危险的信号，这是在警告你停下来并放松。记住，生活中很少有绝对必须说些什么的情境。

(12) 在你学会了保持静默和倾听之后，准备去获得内在静默的艺术吧。虽然听起来很矛盾，但你会通过适当的静默来学会适当地说话。身体专注的练习也同样十分重要，不仅在你保持静默的时候（慢性收缩），而且在说话的情境之中，都要弄清楚你收缩的是哪部分肌肉（下巴、喉咙还是横膈膜）。目的是为了了解口吃是如何产生的。一旦在每个细节上完全有意识地控制口吃的产生，说话不结巴就是很容易学会的。然而，很少有口吃者愿意有意识地口吃，愿意放弃对口吃的敌意，愿意停止与口吃做斗争。很少有人愿意为自己的口吃负全部责任！

(13) 一旦接受了这种责任，口吃的感觉往往就会暴露出来。目的可能是为了争取时间，以隐藏最初的自体意识，或者，就像我经历的接下来的个案一样，来遮盖隐藏的虐待快感。

对一个年轻口吃者的分析显示，他有一个口吃严重的哥哥。当我们的患者不得不听他说话时，他感到非常痛苦。由于他是一个非常不耐烦的人，所以当他倾听的时候，他的焦虑、他的紧张比其他人更强烈。后来，他内摄了哥哥的口吃，这成了他折磨周围人的"手段",正如他所体验到的因哥哥口吃带来的折磨一样。与此同时,他可以通过把责任推给一个身体残障的人来为自己做无罪辩解。

假如你是一个口吃者,你的这一症状会让你获得什么呢?

第十五章
焦虑状态

在抑制表达的许多症状中，焦虑发作值得特别讨论。没有任何其他症状能像焦虑发作那样令人信服地证明需要充分释放被压抑的能量，焦虑神经症（习惯性焦虑反应）更是如此。

只要记住两点，就比较容易理解焦虑的动力学，并重新控制特定的肌肉收缩。首先，焦虑发作背后的兴奋必须得到释放。幸运的是，如果你不喜欢展示自己，你可以靠自己实现充分的释放。但是，如果你是那种认为每一次情绪爆发都是精神错乱症状的人，那么，你一定不要介意发疯半小时。虽然在心爱的人的怀里痛哭流涕是一种极大的解脱，但你也可以独自在自己的房间里哭泣。你可以在镜子前做鬼脸，或者变得非常疯狂，捶打枕头直到筋疲力尽。作为第二步，你必须把胸部铠甲改造成整个有机体的一个有生命的部分：你必须重建你的呼吸。

弗洛伊德主义研究了性本能的含义，阿德勒研究了自卑感，霍尼研究了爱的需要，赖希研究了肌肉阻抗，我研究了饥饿本能，但对呼吸的心理分析还有待完成。抑郁时的浅度呼吸和叹气，无聊时的反复打哈欠，几乎和焦虑状态时为了呼吸而战一样众所周知。我已经证明，这种为了呼吸的斗争是有机体对氧气的需求与胸部僵硬之间冲突的结果。那些倾向于扩张胸部的肌肉会被那些使胸部狭窄的肌肉无意识地抵消掉。通过接纳这种狭窄，在获得完全意识掌控之前，我们就可以缓解焦虑发作。我们只需避免过度补偿，避免"深吸一口气"。这种深呼吸——"扩大胸部"——是一种被误解的理想，是我们社会的一种迷恋。下面的比喻可以说明我的意思：如果你想洗手，却发现盆里有一半是脏水，那么你不会把干净的水倒进脏水里，但你先得把盆里的脏东西全部倒干净。这样的一丝不苟同样也适用于呼吸。

在兴奋或焦虑的状态下，氧气代谢增加，因此残留的空气（未呼出的剩余部分）比正常情况下含有更多的二氧化碳。在（含氧的）新鲜空气能与肺的肺泡充分接触之前，这些浊气必须先被排出。因此，增加吸入是没有用的。结论很明显：首先尽可能彻底地呼气。接下来的吸气不用费力就能完成，这将是一种深受欢迎的轻松，而这正是你一直渴望的。

焦虑的一个常见并发症是胸部狭窄和有机体缺氧的投射。这种并发症被称为"幽闭恐惧症"。氧气饥饿是对户外空气渴望的体验，胸部铠甲是对无法待在密闭空间里的体验。我的一个患者是空勤机械师，每当他兴奋的时候，他甚至不能待在飞机库里，尽管那里不会缺乏氧气供应。

正统的精神分析学将密闭的空间解释为子宫或阴道的象征。这种解释在某些情况下是正确的，但对幽闭恐惧症的治疗几乎没有帮助。在此可以：

（1）去解释铠甲的投射；

（2）去意识到胸部肌肉（铠甲）的具体收缩；

（3）去溶解铠甲的僵硬（提供足够的氧气供应）；

（4）去表达被掩盖的兴奋。

第十六章
杰基尔博士和海德先生[1]

如果你成功地通读了本书中描述的所有练习，你一定会感到困惑，不知道该做什么。你面前似乎有一项艰巨的任务，你可能根本不敢去处理它。

但不要灰心！每一个练习都可以作为一种起点，每一个练习都会给你一个达到专注的机会。当你能够在某个练习的整个过程中都保持专注时，其他的都不会有困难了。

通过把本书中概述的技术称为专注治疗，我想传达两个事实。

(1) 专注是治疗神经症和偏执障碍最有效的"凭借手段"。"最终获益"（endgain）是一种消极手段：一种对干扰的破坏。

(2) 专注本身也是一种"最终获益"。这是一种积极的态度，与健康和幸福的感觉相结合。这是健全的整体论最突出的迹象。

---

[1] 《化身博士》是19世纪英国作家罗伯特·路易斯·史蒂文森创作的长篇小说，书中塑造了文学史上首位双重人格形象，后来"杰基尔和海德"（Jekyll and Hyde）一词成为心理学"双重人格"的代称。——译注

第十六章 杰基尔博士和海德先生

专注的艺术为你的人格发展提供了一个重要的工具，但是如果不这样应用，工具就不再是工具。同样，一个不能胜任其任务的工具，就不是工具。① 因此，有必要认识专注的重要性、结构和应用。由于我们已经充分地讨论了它的重要性和结构，我只需要对其应用说几句话。当我们关心如何补救人格的缺点时，我们必须把注意力集中在产生心理障碍的"凭借手段"上。

在俄罗斯，如果国家重建中的一个薄弱环节已经显露出来，那么整个国家——官员和人民、报纸和电台、科学家和工人——都会专注于消除这个瓶颈。在那里，在相互认同中，每个人的兴趣都专注在掌控共同的敌人上。弱点就这样被消灭了，不是通过镇压或毁灭，也不是通过理想主义的要求，而是通过分析和重组。在战争中，专注也起着决定性的作用，这一点一直为战略家们所认同。当然，所需的专注程度是相对的：抵抗越弱，专注在进攻上的兵力和物资就会越少。

人类有机体对专注程度的影响也类似。不需要太多有意识的努力专注在弱点上——比如痛苦的疾病或强迫性的想法，它们依然会引起注意。另一方面，有强大的"全息体"，必须把它们从自主存在的黑暗中带出来，进入意识的聚光灯下。

这些"全息体"是人类人格的分支，具有非常顽固的保守倾向——一种我们认为理所当然并辩解为"习惯力量""性格""体质"等的倾向。"全息体"不会改变它们自己的一致性，它们不能在没有意识专注的情况下被重组。没有这种重组，就无法实现

---

① 用来剪纸的家用剪刀就是一种工具。如果你用它来剪一块钢铁，就会被人嘲笑。

人格的重建。

有机体的"全息体"有不同的名称：行为反应、性格特征、情结和"凭借手段"。最后一种表达（由 F. M. 亚历山大提出的）特别有用，因为它传达了工具的意义。在《对个体建设性的有意识控制》（Constructive Conscious Control of the Individual）一书中，亚历山大清楚地指出了对感官欣赏的理解，对"凭借手段"的觉察，对期望改变"最终获益"的不可或缺的分析和重组。然而，在对精神分析的反对中，亚历山大逾越了界限，他谴责了心理"全息体"的处理，如强迫症和情结。事实仍然是，弗洛伊德和亚历山大各自独立地发现了详细分析"全息体"和完整意识的需要。

这两种方法都专注于"凭借手段"——专于程序的细节。最终获益或目的被压制或遗忘。在亚历山大的方法中，这是一个内在固有的部分，在弗洛伊德主义中，这是专注于分析的实际程序的副产品。这种片面的倾向最终和以前片面专注于最终获益一样，不会成功，例如，通过决心或建议来改变习惯，或者通过惩罚来改变治疗性格特征。

在精神分析学中，人们常常得出这样的结论：只要患者只对他的治愈感兴趣，其他什么也不谈，他就不会取得什么进展。只有当他对被分析的过程产生兴趣，并忘记"最终获益"，即治愈时，情境才会改变。但是，尽管明显地专注于分析程序，尽管不断地有微小的改进，分析仍在无休止地进行，没有实现根本的改变。患者把他的兴趣完全专注在治疗上，忘记了——压抑了——他想要治愈的愿望。通过永久地寻找原因，治疗的目的就被抹杀了：精神分析变成了一种纯粹的奶嘴活动。

亚历山大虽然正确地强调了重置"凭借手段"的决定性重要

性,但错误地应用了"遗忘"这个术语。他的意思不是忘记,而是暂时推开"最终获益",培养延缓的能力(弗洛伊德的"现实感")。打高尔夫球的人,只专注于"凭借手段"——如何握住他的球杆或如何转动他的手腕——如果他完全忘记了打高尔夫球的目的,他要么会失去兴趣,并完全停止打高尔夫球,要么会陷入一种纯粹强迫性的、毫无意义的奶嘴活动。

如果你正在学习音乐,你当然不会仅仅为了"最终获益"而成为音乐家:成为一名伟大的艺术家,充其量你是个有才华的业余爱好者。另一方面,如果你纯粹专注于"凭借手段"(技巧)而完全忘记"最终获益"(欣赏、录制,也许甚至作曲),你的练习将变得机械且毫无意义。在最好的情况下,你可能成为一个"大演奏家",但不是一个艺术家。

"最终获益"一定不能忘记。它必须留在意识场里。它必须待在背景里,但要保护和规划不同的"凭借手段",它们暂时在前景中。在任何情况下,"凭借手段"都不能被孤立,失去其作为达到目的的手段的意义。

从前,当你学习写字时,你只需要注意"凭借手段",即字母的复制。计划,即对"最终获益"的关注,是老师的任务。但是,当你长大以后,你并不总是会有老师听命于你,如果你打算利用这本书中的练习,你必须在头脑中保持目的和技术的相互依赖。你必须弄清楚自己是"如何"具体反应的("凭借手段"的结构),要意识到这些细节,你必须去感受它们(感官欣赏)。如果在这个过程中,你"忘记了"最终获益,你将使自己适应思想或行动的逃离。这种对目标的遗忘(无目的的谈话或行动)是精神错乱的症状。现在你会明白,"忘记最终获益"和"把它留在背景里"之间的区别不是措辞上的争论,而是意味着意义上的决定性差异。

"最终获益"最初与生物的图形-背景形成是相同的（参见第一部分第三章和第四章）。有机体使用工具——可自行支配的"凭借手段"，如果它们不够用，就开发新的工具。婴儿为了争取最终获益——食物——需要简单的"凭借手段"：哭叫和悬挂着咬。成年人为了维持生计，必须处理无数的"凭借手段"，而他赖以谋生的收入只是其中一项。

在大多数情况下，所得到的"最终获益"和"凭借手段"已被整合成一个心理-身体单位。只要这个单元工作得令人满意，有机体就没有必要去修改一个感觉熟悉或"正确"的过程。但这样令人满意的工作是骗人的，我已经举了很多这样的例子。如果你不能入睡，诱导睡眠的凭借手段是药物或入睡的决心，那么实际上失眠本身是为了"最终获益"的"凭借手段"：未完成情境的终结。

我们知道，没有所需的材料就无法建造一所房子；我们了解，有机体在追求满足的过程中，发展了使满足得以实现的凭借工具；在所有这些情况下，我们很容易接受"凭借手段"和"最终获益"是一个整体的组成部分。但对于这条规则，至少有一个例外，在此"凭借手段"被忽视或以反生物的方式被应用：理想主义，这显然是一种完全专注于最终获益的态度。我之所以说显然，是因为一旦我们更密切地观察理想主义的个体案例，我们就会发现理想本身是一种凭借手段，借此我们对爱、欣赏和赞美的需要得到了满足。即使有崇高理想的人坚持认为他是为了完美而追求完美，他通常也是错误的；他想被上帝登记进入好书，或者他在满足自己的虚荣心，把自己描绘成完美的人。

他无法接受自己本来的样子，因为他已经失去了"自己的感觉",也失去了追求生物最终获益的动力。失去了对自己生物存在的觉察之后,他必须创造一种"生命的意义"来证明自己的存在。这些被创造出来的目标被称为理想——与他的生物学现实无关——飘浮在空中,任何试图实现这些目标的努力都会让他感到自卑、无力,甚至绝望。那些尚未压抑或无法压抑的生物目标,在干扰他理想的同时,也会让他为之战斗到精疲力竭。结果是:神经崩溃和冲动爆发。

通过坚持不可能的行为标准,父母把孩子的生活变成了地狱。他们犯了追求完美而不追求发展的根本错误。他们那理想主义和野心勃勃的态度与他们的意图背道而驰,他们阻碍孩子的发展,传播困惑,助长自卑感。

如果你理解正确的话,有一本著名的书非常清晰地呈现了理想主义的灾难性后果:杰基尔博士和海德先生的故事。杰基尔博士代表一种理想,而不是一个人。他是人类无私的施主,尽管历经挫折却依然忠诚,在强烈的本能面前保持贞洁。为了实现他的理想,他使用了压抑的"凭借手段";他压抑自己的兽性存在;他藏在了豺狼(杰基尔)① 海德先生身上。人被分化成对立的"天使"和"魔鬼",一个被赞扬和欢迎,另一个被憎恶和排斥,但是,一个人离开了另一个,就像光离开了它的影子一样,难以存在。

隔离主义者和一厢情愿的人不喜欢这样的事实。然而理想主义和宗教——通过试图实现不可能的事情,从人类有机体中产生了杰基尔博士——同时创造了他们的对立面:成千上万的海德先生。如果不接受他们的生物学"现实","理想主义的"杰基尔博

---

① 英文豺狼(jackal)与杰基尔(Jekyll)的读音相似。——译注

士和"物质主义的"海德先生就将继续存在,直至人类最终毁灭自己。

一个个体的鸦片瘾可以被治愈,甚至他的精神鸦片和理想主义也可以被治愈。然而,人类会意识到理想只是美丽的海市蜃楼,却无法为真实的骆驼提供真正的水,让它真正地穿越真实的沙漠吗?

译名对照表

（按汉语拼音顺序排列）

专有名词

阿德勒　Adler

阿芬那留斯　Avenarius

埃尔利希　Ehrlich，

爱丁顿　Eddington

本尼迪克特　Benedikt

波拿巴，玛丽　Bonaparte, Marie

柏格森　Bergson

布里丹　Buridan

布施　Busch

达朗贝尔　D'Alembert

多伊奇，海伦妮　Deustch, Helene

厄庇米修斯　Epimetheus

范奥费吉森　Van Ophuijsen

费伦齐　Ferenczi

费德恩，保罗　Federn, Paul

弗莱彻　Fletcher

弗里德伦德尔，西格蒙德　Friedlaender, Sigmund

弗洛伊德，安娜　Freud, Anna

弗洛伊德，西格蒙德　Freud, Sigmund

福克纳　Faulkner

戈尔德施泰因，库尔特　Goldstein, Kurt

格罗德克　Groddeck

焦耳　Joule

伽利略　Galileo

哈尔尼克，欧根·J.　Harnik, Eugen J.

哈特曼　Hartmann
海森堡　Heisenberg
赫尔曼，伊姆雷　Hermann, Imre
赫胥黎　Huxley
黑格尔　Hegel
霍尼，卡伦　Horney, Karen
康德　Kant
科勒，沃尔夫冈　Köhler, Wolfgang
柯日布斯基　Korzybski
克罗宁　Cronin
库埃　Coué
拉多　Rado
莱布尼茨　Leibniz
赖希，安妮　Reich, Annie
赖希，威廉　Reich, Weilhelm
兰道尔，卡尔　Landauer, Karl
兰克，奥托　Rank, Otto
劳施宁　Rauschning
勒维耶　Leverrier
勒温，库尔特　Lewin, Kurt
利文斯顿，大卫　Livingstone, David
罗素，伯兰特　Russell, Bertrand
马尔库塞　Marcuse
马赫　Mach

毛特纳　Mauthner
诺丁格　Nordinger
皮尔斯，洛尔　Perls, Lore
普朗克　Planck
普罗米修斯　Prometheus
琼斯，欧内斯特　Jones, Ernest
荣格　Jung
舍勒　Scheler
施密特，阿图尔　Schmidt, Arthur
施特克尔　Stekel
史末资，菲尔德-马歇尔　Smuts, Field-Marshal
斯宾诺莎　Spinoza
斯卡沃拉，穆西乌斯　Scaevola, Mucius
斯特巴，理查德　Sterba, Richard
韦特海默，马克斯　Wertheimer, Max
温兰　Weinland
雅各布森　Jacobson
延奇　Jaentsch
亚伯拉罕　Abraham
亚历山大　Alexander
张伯伦　Chamberlain

术语

背景	background
本能	instinct
场	field
超我	super-ego
冲突	conflit
创造性中立	creative indifference
挫败	frustration
反射	reflex
防御	defence
分化	differentiation.
否定	negation
改变	change
尴尬	embarrassment
感知	perception
格式塔	Gestalt
隔离	isolation
攻击	aggression
固化	fixation
后撤	withdraw
环性心境	cyclothymia
幻觉	hallucination
回避	avoidance
毁灭	annihilation
焦虑	anxiety
接触	contact
觉察	awareness
客体	object
力比多	libido
联想	association
盲点化	scotomizing
内摄	introjection
内醒	introspection
内转	retroflection
能量	energy
破坏	destruction
前差异	pre-difference
情结	complex
情境	situation
情绪	emotion
取代	displacement
去敏化	desensitization
扰乱	disturbance
人格	personality
熔合	fusion
融合	confluence
上位狗	top dog

神经症	neurosis	移情	transference
升华	sublimation	异体塑	alloplastic
施虐	sadism	抑制	inhibitions.
施虐狂	sadist	意识	conscious
疏离	alienation	忧郁症	melancholia
顺势疗法	homoeopathy	有机体	organism
死亡本能	death-instinct	语境	context
所指	referent	语义学	semantics
调整	adjustment	整合	integration
投射	projection	整体论	holism
投注	cathexis	专注	concentration
条件反射	conditioned reflex	专注治疗	concentration therapy
同化	assimilation	自体保存	self-preservation
同情	sympathy	自体调节	self-regulation
图形	figure	自体控制	self-control
退行	regression	自体塑	autoplastic
伪代谢	pseudo-metabolism	自体意识	self-consciousness
无意识	unconscious	自我	ego
喜爱	affection	自我边界	ego-boundary
现实	actuality	自我发展	ego-development
象征符	symbol	自我功能	ego function
宣泄	catharsis	自我聚合	ego-conglomeration
压抑	repression	阻抗	resistances
厌恶	disgust		

译后记

2021年12月6日晚上9点，费俊峰老师突然在微信里问我："皮尔斯的经典著作请您翻译可以吗？"当时我的第一反应是感恩费老师的信任，同时进入脑海的是一阵惊讶——这么有名的书居然还没有翻译为中文？接下来是我的矛盾和纠结，一方面内心有一种想通过翻译本书与皮尔斯的最初格式塔思想进行深度接触的强烈冲动，另一方面担心自己的能力难以胜任以及时间是否允许。最后，对格式塔的热爱和对皮尔斯的好奇，让我决定冒险突破一下自己，尽全力译好本书，并觉察和享受翻译的整个过程。

皮尔斯在前言的开头就写道："本书有诸多缺点和不足，我完全明白这一点。因此，我告诫读者您对此要有所预期，尽管我无法为它们的出现而道歉。"或许皮尔斯是谦虚，但此时此刻，当我完成本书的译稿时，真正有着这样的心情，改写第一句为"本书的翻译有诸多缺点和不足……"。接着皮尔斯说："如果再有50到100年的经验，我会用大量的个案故事去对读者产生巨大影响。"本书写于1942年，距今已有整整80年，书中的很多原创性思想和洞见，依然影响着一代又一代格式塔心理学家和格式塔治疗师，这种影响在我翻译《朝向未来的此时：后现代社会中的格式塔治疗》（玛格丽塔·斯帕尼奥洛·洛布著，南京大学出版社，2022）一书时令我印象深刻，并好奇皮尔斯是如何对当时如日中天的精神分析理论提出修正的，又是如何创造性地整合当时各种先进思想，发展出本书中所称"专注治疗"的格式塔理论新取向的。

翻译本书既有着巨大挑战，又充满了愉悦和享受。本书的最初思想是皮尔斯于1936年为参加在捷克斯洛伐克举行的国际精神分析大会而准备的论文，题目为《口腔阻抗》，主要基于妻子罗拉在喂养第一个孩子时的观察。论文认为婴儿通过进食与世界发生联系，并将人们的进食习惯和他们与环境的互动进行对比。皮尔斯希望对已有的精神分析阻抗理论做出贡献，提出阻抗与愤怒的孩子拒绝从妈妈那里获得营养这一阶段有关。然而他的这一愿望未能得以实现，一方面弗洛伊德几乎不和他讲话，另一方面一两年后国际精神分析协会做出决定：之前未在欧洲做过培训师训练的精神分析师，也不能在其他地方开展培训，因此皮尔斯当时在南非的培训师身份被取消了。这一连串被拒绝的经历，对皮尔斯产生了巨大影响，他原本想成为精神分析团体中创新一员的愿望落空了，于是他修正、扩展了口腔阻抗的论文，在此基础上写出了他的第一本书，就是《自我、饥饿与攻击》。本书的原文写于1941—1942年间，最初在南非出版，1947年在英国出版，副标题为《对弗洛伊德理论与方法的修正》。尽管本书在某些方面对精神分析提出了强烈批判，但副标题也许透露出了与精神分析彻底决裂的矛盾和犹豫，这也是我翻译时遇到的挑战：有些词语带着精神分析的烙印却有着格式塔的新意，再加上皮尔斯的母语是德语，他在序言里谦虚地说，"如果我讲英语超过10年，我的词汇量和表达方式都会更加充足"。本书的写作背景和作者的心路历程，赋予本书独特的魅力和特点。从结构来看，本书三部分共 42 章，犹如对格式塔治疗进行探索的大纲。每一章的篇幅都不长，提纲挈领地表达探究和洞见。这样短小精悍的章节和充满智慧的洞见，正是我翻译过程中最享受的体验来源，尤其是第三部分 16 个章节的格式塔实践技巧，比如专注于进食、可视化、内在静默、第一人称单数、身体专注、消除否定（便秘）、失眠的意义、口吃等，我一边翻译一边在日常生活中实践，保持觉察，开放接触边界，做出创造性调整。所以我建议读者可以先读第三部分，甚至一边读一边运用到自己的生活中去，然后再回过头来读第一和第二部分的原理。

我在翻译本书的过程中恰好遇到了与本书主题有关的两件事情，一件是社会大背景的，另一件是家庭小环境的。前者是因受新冠疫情的影响，我在家两个多月，边翻译边借助书中的理论和分析去理解当下的背景和图形，特别受益。后者发生在家庭小环境里的事便是恰好我家里新添了小孙女依依，我翻译本书的 8 个月她正好从 6 个月成长到 14 个月，也就是正好可以让我零距离全天候地观察牙齿攻击和口腔阻抗。感恩小依依给予我翻译本书提供的幸福陪伴和观察机会，让我体验到了陪伴一个小生命成长和翻译一本喜欢的书所带来的双重快乐和满足。

在翻译本书的过程中，我要特别感谢陶慧丽，她在 18 年前上过我的"家庭治疗"课，去年参加了我的"禅遇格式塔"半年培训，对格式塔治疗非常热爱，且她在德企已工作了十余年，这诸多因缘让我们俩在翻译本书中拥有了一份独特的接触：我每译完一章就发给慧丽，她阅读并批注后再发还给我，我们俩就一些有疑义的词语和译句进行讨论，也会分享对这一章内容的看法和感受，这样因翻译而深度接触的体验真的非常奇妙。同时我也要感谢我的两个已经毕业多年的研究生肖庆和郭娟，谢谢你们在我翻译过程中技术上和精神上的支持。还有我的博士生赵建平，当我遇到难译的心理学专业词语和句子时，就会和你探讨，你的意见和贡献非常重要。

再次感谢费俊峰老师的信任，感谢责任编辑陈蕴敏的支持，感谢我全家人的理解和付出，因为有了你们，才使我拥有着做自己喜欢的事情的可能。

我在翻译本书的过程中努力忠于原文，并尽可能地符合中文表达和阅读习惯，同时力图准确地运用专业术语和学术概念，但依然难免会存在疏漏、错误或译文不够精确的地方，凡此种种，如蒙读者朋友指正，欢迎，感恩。

韩晓燕

上海世纪苑

2022 年 8 月 29 日